레이첼 카슨 전집 3

바다의 가장자리

The Edge of the Sea

레이첼 카슨 전집 3

바다의 가장자리

초판 1쇄 인쇄일 2018년 3월 20일 **초판 1쇄 발행일** 2018년 3월 26일

지은이 레이첼 카슨 | **그린이** 밥 하인스 | **옮긴이** 김홍옥
펴낸이 박재환 | **편집** 유은재 김예지 | **관리** 조영란
펴낸곳 에코리브르 | **주소** 서울시 마포구 동교로 15길 34 3층(04003) | **전화** 702-2530 | **팩스** 702-2532
이메일 ecolivres@hanmail.net | **블로그** http://blog.naver.com/ecolivres
출판등록 2001년 5월 7일 제10-2147호
종이 세종페이퍼 | **인쇄 · 제본** 상지사 P&B

ISBN 978-89-6263-176-0 04450
ISBN 978-89-6263-165-4 세트

책값은 뒤표지에 있습니다. 잘못된 책은 구입한 곳에서 바꿔드립니다.

바다의 가장자리

레이첼 카슨 지음 | 밥 하인스 그림 | 김홍옥 옮김

에코리브르

썰물의 세계를 나와 나란히 거닐며 그 아름다움과 신비를 함께 느낀

도로시 프리먼과 스탠리 프리먼에게 이 책을 바칩니다.

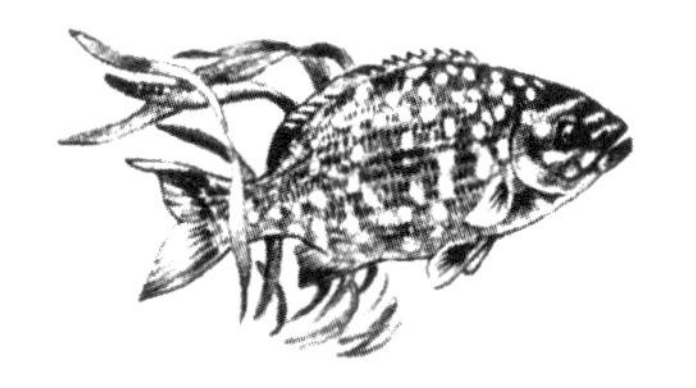

감사의 글

단 한 종의 바다 동물을 연구하는 데 일생을 바친 수많은 이들의 노고 덕택에 우리는 해안의 특성과 거기에서 살아가는 바다 동물의 삶을 이해할 수 있게 되었다. 이 책을 쓰려고 조사 작업을 하면서 우리가 그들에게 얼마나 큰 신세를 지고 있는지 깊이 깨달았다. 그들이 애써준 덕분에 우리는 해안에 살아가는 수많은 생물의 삶을 서로의 관련성 속에서 총체적으로 바라볼 수 있었다. 그보다 훨씬 더 직접적으로 빚진 것은 관찰 결과를 비교하거나 도움말과 정보를 구할 때마다 흔쾌하고 너그럽게 도와준 이들이다. 모두의 이름을 일일이 열거하며 감사를 표하기는 어렵겠지만, 몇 사람만큼은 특별히 언급해야 도리일 것이다. 미국국립박물관(United States National Museum)의 몇몇 직원은 내가 맞닥뜨린 숱한 난제를 해결해주었을 뿐만 아니라 이 책의 삽화를 그린 밥 하인스(Bob Hines)에게 소중한 조언과 도움을 주었다. 이와 관련해서는 터커 애봇(R. Tucker Abbott), 프레더릭 베이어(Frederick M. Bayer), 페너 체이스(Fenner Chace), 고(故) 오스틴 클라크(Austin H. Clark), 해럴드 레더(Harald Rehder), 레너드 슐츠(Leonard Schultz)에게 특히 감사드린다. 미국지질조사국(United States Geological Survey)의 브래들리(W. N. Bradley) 박사는 수많은 질문에 답하고 원고를 읽으면서 지질학 관련 주제를 자상하게 지도해주었다. 미시건 대학의 윌리엄 테일러(William R. Taylor) 교수는 바닷말의 이름을 식별하기 위해 도움을 청할 때마다 즉각적이고 즐겁게 응해주었다. 또한 고무적인 해안 생태 연구를 수행한 웨일스 대학의 스티븐슨(T. A. Stephenson) 교수는 편지 교환을 통해 나를 돕고 격려했다. 수년 동안 용기를 북돋우고 친절하게 상담해준 하버드 대학의 헨리 비글로(Henry B. Bigelow) 교수에게 진 빚은 끝내 갚을 길이 없을 것 같다. 구겐하임 펠로십(Guggenheim Fellowship)의 지원금 덕분에 집필 첫해에 이 책의 기본 얼개를 짜고, 메인주에서 플로리다주까지 이어지는 조간대로 몇 차례 현장 조사를 다녀올 수 있었다.

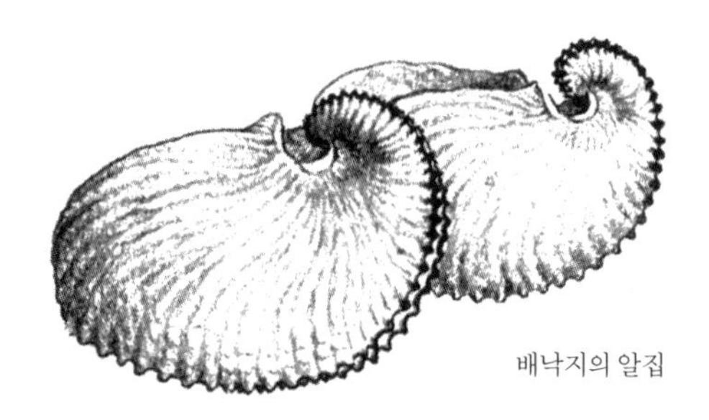
배낙지의 알집

차례

머리말

바다 자체처럼 해안 역시 머나먼 우리 선조들의 삶이 시작된 그곳을 찾는 우리의 마음을 사로잡는다. 끊임없이 되풀이되는 조수와 파도의 리듬, 그리고 조간대에서 살아가는 더없이 다채로운 생명체에게는 운동과 변화와 아름다움이라는 확실한 매력이 있다. 또한 나는 그들에게 내적인 의미와 중요성을 지닌 깊은 매혹이 어려 있다고 확신한다.

우리가 해안에서 저조선까지 내려간다는 것은 지구 자체만큼이나 오래된 세계로, 즉 땅과 물이라는 요소가 처음 만났던 장소, 타협과 갈등과 끊임없는 변화가 한꺼번에 아우성치는 장소로 접어드는 것이다. 살아 있는 우리 생명체에게는 이곳이 각별한 의미를 지닌다. '생명체'라고 확실하게 구분할 수 있는 모종의 존재들(이들은 진화와 생식을 거듭하며 시공간을 통해 지구상에서 명멸해간 수많은 생명체를 만들어냈다)이 최초로 얕은 바닷물 속을 떠돌아다니던 곳이기 때문이다.

해안을 이해하려면 거기에서 살아가는 생명체의 목록을 정리하는 것만으로는 부족하다. 바닷가에 서서 해안의 지형을 주조하고 그 구성 요소인 암석이며 모래를 만들어내는 바다와 대지의 기나긴 리듬을 느낄 때에만, 우리의 발치로 거세게 밀려오면서 쉴 새 없이 해안을 때리는 생명의 파도를 마음의 눈과 귀로 보고 들을 때에만 우리는 비로소 해안을 온전히 이해할 수 있다. 해안에서 살아가는 생명체를 이해하려면 빈 조개껍데기를 집어 들고 "이건 뿔고둥(murex)이야", "이건 우줄기(angel wing)야" 하고 읊조리는 것만으로는 충분치 않다. 이들이 어떻게 거친 파도와 폭풍우를 이기고 살아남았는지, 이들의 적은 누구인지, 어떻게 먹이를 발견하고 새끼를 낳는지, 제 삶터인 특정한 바다 세계와 어떤 관련을 맺고 살아가는지 등 과거 그 껍데기 속에서 서식하던 생명체의 삶 전반을 직관적으로 파악해야만 진정으로 이들을 이해한다고 말할 수 있다.

세계의 해안은 크게 세 가지 유형으로 나뉜다. 울퉁불퉁한 암석 해안, 우리에게 해변으로 익숙한 모래 해안, 그리고 산호초나 그와 관련한 특징을 갖고 있는 산호 해안. 이들 각각은 전형적인 동식물군을 간직하고 있다. 미국의 대서양 연안은 이런 유형을 모두 분명하게 보여주는, 세계적으로 몇 안 되는 해안 중 하나다. 나는 해안 동식물을 묘사하기 위한 배경으로 이 대서양 연안을 선택했다. 그렇더라도 내가 개괄한 내용은 바다 세계의 보편성 덕분에 지구상에 존재하는 수많은 다른 해안에도 무리 없이 적용할 수 있을 것이다.

나는 지구상의 생명체를 하나로 엮어주는 통일성이라는 관점에서 해안을 해석하고자 노력했다. 나를 강렬하게 사로잡은 장소에 대한 일련의 회고를 담은 1장에서는 해안을 더없이 아름답고 매혹적인 장소로 느끼게 해준 생각과 감정을 표현했다. 2장에서는 파도·해류·조수·해수역 등 해안 생명체의 삶을 주조하고 결정하는 바다의 힘이라는 기본 주제를 다루었다. 이는 책 전반을 관통하는 주제가 될 것이다. 3, 4, 5장은 각각 암석 해안, 모래 해안, 산호 해안에 관한 내용을 실었다.

밥 하인스의 삽화가 풍부하게 실려 있어, 독자들은 책 곳곳에서 살아 숨 쉬는 생명체들에게 친근감을 느낄 것이다. 그뿐만 아니라 해안을 탐험할 때 만나는 동식물을 식별하는 데도 적잖은 도움을 받을 것이다. 부록에서는 식물과 동물을 문(phylum, 門)이라는 편리한 분류군으로 나누고, 거기에 속한 전형적인 예들을 제시했다. 인간이 고안한 분류 체계로 자신의 조사 결과를 깔끔하게 정리하고자 하는 이들에게 유용할 것이다. 찾아보기에서는 책에서 언급한 각 생명체의 라틴어 학명을 함께 표기했다.

서문

레이첼 카슨은 1964년 봄 쉰여섯이라는 창창한 나이에 세상을 떠났다. 진즉부터 문학적 평판과 유명세를 누려온 카슨은 생전에 모두 네 권의 저서를 남겼는데, 하나같이 나름의 의미를 지닌 빼어난 작품으로 빠짐없이 베스트셀러에 올랐다.

살충제의 위험성과 그것이 자연 세계에 미치는 해악을 폭로한 《침묵의 봄(Silent Spring)》은 카슨이 맨 마지막으로 출판한 책이다. 카슨은 이 책을 내고 채 2년도 되지 않아 그전부터 그녀를 괴롭혀온 암과 그로 인한 합병증에 시달리다 끝내 숨을 거두었다. 시기적절하게 출간한 《침묵의 봄》은 대중들로부터 큰 인기를 끌었고, 카슨은 이로써 자연스럽게 우리가 오늘날 환경보호주의라고 부르는 운동의 선봉장으로 떠올랐다. 그런 명성 탓인지 빼어난 문체를 자랑하는 카슨은 다른 무엇보다 정녕 바다를 사랑한 작가였다는 사실을 많은 이들이 놓치곤 한다.

훈련받은 해양동물학자로서 카슨이 《침묵의 봄》 이전에 쓴 책은 하나같이 바다에 관한 것이었다. 《침묵의 봄》이 그토록 커다란 성공을 거둘 수 있었던 것은 얼마간 이전에 썼던 세 권의 책 덕분에 그녀의 이름이 널리 알려졌기에 가능했다. 그럼에도 오늘날 바다에 관해 쓴 카슨의 책들은 거의 잊히고 있는 것 같다. 무척 안타까운 일이다. 여러 측면에서 《바다의 가장자리》를 비롯한 그녀의 바다 3부작은, 기념비적이긴 하나 이제 다소 낡은 주제가 되어버린 《침묵의 봄》보다 한층 더 이해하기 쉽고 문체도 더 유려하며 오늘날과의 관련성도 더욱 깊기 때문이다.

《바다의 가장자리》가 세상에 나온 직후인 1955년 10월, 존 레너드(John Leonard)는 "수영복을 입고 해변을 찾았으되 …… 너무나 오랫동안 나른하게 늘어져 있던 탓에 무료해질 대로 무료해진 현대의 도시 거주민에게" 그 책을 사서 읽으라고 적극 권유했다. 레너드는 훗날 선정적인 서평가로 유명해졌는데 (이때까지는 그렇지 않았음에도) 진즉부터 자신의 말에 거침이 없던 인물이다. 그는 "《바다의 가장자리》는 아름다운 글일뿐더러 과학적으로도 올바르다"고 평가했다. 그로부터 40여 년이 흘렀지만 여전히 레너드의 조언은 적절하며 그의 평가 또한 유효하다. 그간 계속된 과학적 발견으로 카슨이 다룬 사실을 능가하는 결과가 얼마간 나왔음에도 불구하고 말이다.

한편 오늘날 같은 지적 풍토에서라면 《바다의 가장자리》는 생태적 관점에서 쓴 선도적 작품이라는 평가를 받을 만하다. 생태적 관점은 이 책을 출간한 1950년대에만 해도 아직껏 생소하고 낯설었다. 카슨은 어떤 접근법을 취할지 고심에 고심을 거듭한 끝에 누구보다 먼저 생태적 관점을 취함으로써 독자들의 관심을 끌 수 있었다.

책을 쓰는 과정은 지난했다. 카슨이 당초 의도한 형식은 현장 가이드북 비슷한 것이었기 때문이다. 하지만 카슨은 이내 해안에서 살아가는 동식물의 관계, 그리고 조수와 기후와 지질학적 힘이 이들에게 미치는 영향에 관해 다루면 책이 한층 더 재미있을 거라는 사실을 직감했다.

카슨이 마침내 완성한 책은 예나 지금이나 읽기에 즐겁다. 우리는 마치 박식한 친구가 손을 잡고 함께 바다 가장자리를 따라 거닐면서 우리가 보고 있는 세계에 대해 온갖 이야기를 자분자분 들려주는 것 같은 느낌을 받는다. 《바다의 가장자리》는 우리로 하여금 그 모든 게 서로 어떻게 어우러지는지 이해하게끔 해주고, 새로운 사실을 깨닫도록 함으로써 과거라면 그냥 흘려버리고 말았을 것들을 알아보게 해준다.

20세기에 들어서기 전 독일의 위대한 동물학자 에른스트 헤켈(Ernst Haeckel)은 '동식물의 경제에 관한 학문'을 뜻하는 '외콜로기(oecology)'라는 용어를 사용했다. 그런데 이로부터 몇 십 년이 지난 20세기 상반기가 되어서야 학계는 변화하는 세상의 영향 아래 놓인 공동체의 일부로서 유기체를 연구하는 학문(문맥에 따르건대 생물학)을 널리 받아들이고, 그 생물학에 '생태학(ecology)'이라는 용어를 추가하기에 이르렀다. 레이첼 카슨의 책 등을 접한 일반 대중이 세상을 바라보는 이러한 새로운 방식을 이해하기 시작한 것은 20세기 중반을 넘어서면서부터였다. 이 새로운 방식은 외부의 힘에 영향을 받지 않고 그와 동떨어져 있는 일련의 생명체에 관한 생활사를 다루던 종래의 방식과는 확연하게 달랐다.

《바다의 가장자리》의 편집자 폴 브룩스(Paul Brooks)에 따르면, 레이첼 카슨의 애초 계획은 해안에서 발견할 수 있는 생명체와 관련해 일련의 등장인물을 내세워 집필하는 것이었다. 그렇게 해서 쓴 책은 아마도 '대서양 연안에서 살아가는 해안 동식물 안내서'라는 제목이 달렸을 것이다. 아울러 다소 산만하고 전체적으로 볼 때 덜 '생태적인' 책이 되었을 것이다. 그러나 카슨은 집필을 시작하면서 점점 더 이 책과 관련한 구상에 거북함을 느꼈다. 그 구상은 다름 아니라 필자와 편집자가 책이라는 자식을 함께 낳되 그 자식에 대한 양육권은 결국 고스란히 필자가 떠안는 것이었다.

그런 구상은 휴턴 미플린(Houghton Mifflin) 출판사의 편집자 로잘린 윌슨(Rosaline Wilson)이 "생물학적 지식이 부족한" 일군의 문학계 인사를 어느 주말 코드(Cod)곶에 있는 자신의 집으로 초대한 일에서 비롯되었다. 해안을 거닐던 일행은 투구게를 몇 마리 발견했다. 전날 밤의 폭풍우에 길을 잃은 게 틀림없다고 생각한 그들은 투구게를 모두 바다로 돌려보냈다. 그런데 투구게는 이 사건을 일생일대의 고난으로 기억할 터였다. 알을 낳기 위해 애써 해안으로 느릿느릿 기어오르던 중이었으니까 말이다.

월요일 아침, 보스턴에 있는 사무실로 출근한 로잘린 윌슨은 자리에 앉자마자 제안서를 작성하기 시작했다. 휴턴 미플린 출판사에서 "그 같은 무지를 날려 보낼" 안내서를 집필할 만한 저자를 발굴해보자는 내용이었다. 얼마 후 당시 자신의 첫 베스트셀러가 될 책 《우리를 둘러싼 바다(The Sea Around Us)》를 쓰고 있던 레이첼 카슨에게 그 안내서 집필 기획안이 전해졌고, 그녀는 이를 흔쾌히 수락했다.

카슨으로선 귀가 솔깃할 만했다. 자신이 지난 몇 년 동안 꼭 쓰고 싶었던 내용처럼 보였기 때문이다. 그녀는 이미 1948년 자신의 저작권 대리인 마리 로델(Marie Rodell)에게 이런 편지를 쓴 적이 있었다. "내가 장차 쓰게 될 책 목록에는 해안 동물의 삶에 관한 것도 있어. 틸 씨(Mr. Teale)가 언젠가 자신을 위해 꼭 좀 써달라고 부탁했거든."

1950년 카슨은 폴 브룩스에게 편지를 띄웠다. 저마다 중요한 생명체에 대해 다루는 그 책은 "간략하게나마 각각의 살아 있는 동식물을 제시하고, 그들 삶의 기본 조건, 즉 그들이 어떻게 자기 자신의 구조와 서식지를 환경에 맞춰 적응시켜왔는지, 어떻게 먹이를 구하는지, 그들의 생애 주기, 적, 경쟁자, 동지는 어떤지 따위를 조망하는 생물학적 스케치가 될 것"이라는 내용이었다. 카슨은 "전체 풍광 속에서 해안만 따로 떼어내 생생하게 조명하고" 싶어 했다. 그러면서 "생태학적 개념이 책 전반을 이끌어나갈 것"이라고 덧붙였다. 휴턴 미플린 출판사는 빼어난 현장 안내서를 출간하는 것으로 유명했던 만큼 그들 입장에서는 생물학적 스케치가 간단한 작업처럼 들렸을 게 분명하다. 하지만 저자의 입장에서는 전혀 그렇지 않았다. 생태학적 사고를 하는 레이첼 카슨에게 생물학적 스케치는 애초 구상한 틀보다 한층 더 복잡한 어떤 것으로 달라지고 있었다.

1953년 브룩스에게 "글을 쓰는 일이 어쩌면 이리도 고통스러울까요?" 하고 하소연하는 편지를 썼을 때, 카슨은 책 집필과 관련해 고전하고 있는 것처럼 보였다. 하지만 그녀는 이내 그에게 다시 이런 편지를 보냈다. "제가 너무 오랫동안 잘못된 책을 쓰느라 고심해왔다는 사실을 깨달았어요. ……그 책이 해안의 유형에 대해 풀어주는 꼴로 달라질 수 있겠다 싶어요. 지금 책을 쓰면서 본문에 녹여내는 게 너무 힘든 일상적인 사실은 사진이나 삽화의 설명으로 따로 떼어두고 있어요. 아니면 책 말미에 표로 요약해서 끼워 넣는 것도 좋을 듯해요. 이렇게 보완하면 제 문체를 살릴 여지가 커집니다. 지극히 간단한 생명체의 전기(傳記)를 줄줄이 엮어내는, 체계적이지 않은 장(章)을 쓰는 게 정말이지 고역이었거든요. 왜 전에는 이렇게 할 수도 있다는 생각을 하지 못했는지 모르겠지만, 이제야 제대로 방향을 잡은 것 같습니다."

폴 브룩스가 나에게 들려준 바에 따르면, 카슨은 책의 집필을 중간 정도 진행했을 즈음 모조리 폐기하고 결국 《바다의 가장자리》로 결실을 맺게 되는 원고를 새로 쓰기 시작했다. 그렇게 방향을 튼 것은 정말이지 다행스러운 일이었다. 새로운 책은 '……해안 동식물 안내서'가 될 뻔했던 것보다 한결 훌륭하고 생명력도 길었기 때문이다. 오늘날 시중에 나와 있는 안내서는 본문 내용을 보완하는 최근의 발견 결과를 추가하기 위해 수시로 개정판을 내야 하는 신세다.

카슨은 《침묵의 봄》의 저자로 이름을 떨쳤지만 그녀가 가장 깊은 관심을 기울인 것은 사실상 바다였다. 이는 카슨이 바다 및 해안과 관련한 세 권의 책을 집필했으며 해양동물학을 정식으로 공부했다는 사실을 통해 확인할 수 있다. 그뿐만 아니라 그녀가 경제적 여력이 생기자마자 메인주 해안가의 땅을 구입한 일을 통해서도 알 수 있다. 카슨은 메인주 해안가에 별장을 짓고 1년 중 상당 시간을 그곳에서 보내며 집필 활동에 매진했다. 카슨의 요청에 따라 사망 후 그녀의 유해 중 일부가 뿌려진 곳도 그 별장에서 가까운 뉴아겐(Newagen)곶 부근이었다.

카슨이 그 해안가 별장으로 완전히 이주한 것은 마흔여섯 살 때의 일이다. 두 번째 작품 《우리를 둘러싼 바다》를 출간한 후였다. 그녀는 존스홉킨스 대학원에 재학하던 젊은 시절부터 일찌감치 가족에 대한 경제적 부양을 떠안아왔다. 그런데 이런 부담은 처음엔 어머니가, 그리고 나중엔 조카가 자기 아들까지 데리고 그녀의 집에서 여러 해 동안 더부살이를 하면서 더욱 가중되었다. 조카가 죽자 카슨은 그 아들을 입양했다. 훗날 그녀는 '미국 어류·야생동물국(U. S. Fish and Wildlife Service)'에서 수생생물학자이자 정부 간행물 편집자로 재직했다. 그리고 중간중간 잡지사에 글을 기고했다. 원고료를 받아 살림에 보태기 위해서였다. 결코 녹록하지 않은 삶이었다.

카슨은 끝내 결혼도 하지 않았다.

레이첼 카슨은 1907년 펜실베이니아주 피츠버그에서 북동쪽으로 약간 떨어진 시골 마을 스프링데일(Springdale)에서 나고 자랐다. 어머니는 책벌레이던 카슨이 자연 세계에 관심을 가질 수 있도록 이끌어주었다. 그녀는 그곳에서 사는 동안 세계 도처의 바다에 매료되었고, 바다를 다룬 책을 닥치는 대로 읽었다. 중서부에 사는 사람들이 바다를 얼마나 열렬히 갈망하는지는 내가 잘 안다. 역시 중서부 출신인 나에게 바다란 밋밋한 일상 세계와 극명한 대조를 이루는 힘, 신비로움, 아름다움의 상징으로 다가왔다. 나는 언젠간 바닷가에서 살겠노라며 노래를 부르곤 했다. 그 다짐을 실행에 옮기자면 내 나이 일흔 줄에는 접어들어야겠지만 말이다. 어쨌든 나는 지금 카슨이 살았던 별장과 그리 멀지 않은 어느 집에서 이 글을 쓰며, 조수가 바다를 서서히 해안으로 끌어당겼다 도로 놔주는 광경을 바라보고 있다.

카슨은 젊었을 때 바다에 관한 과학적 관심과 진즉부터 갈고닦아온 글쓰기 역량을 결합해서 할 수 있는 일을 필생의 업으로 삼으리라 작정했다. 그 두 가지를 엮어낼 길을 찾은 것은 1930년대 들어서였다. 카슨의 회고에 따르면, 당시 그녀는 앨프리드 테니슨(Alfred Tennyson)의 시를 읽고 있었다. "비바람이 대학 기숙사 방의 창문을 때리던 어느 날 밤, 〈록슬리 홀(Locksley Hall)〉의 한 구절이 불현듯 내 마음을 사로잡았다.

강풍이 일어 노호하며 바다로 밀려가면, 나도 가리니."

폴 브룩스는 이제 은퇴했지만, 나는 어느 날 집에 머물고 있는 그에게 전화를 걸어 물어봤다. 만약 카슨이 살아 있다면 바다라는 주제와 관련한 책을 몇 권 더 쓸 것 같으냐, 아니면 《침묵의 봄》이 엄청난 성공을 거둔 만큼 바다와는 다른 주제를 새로 모색할 것 같으냐고. 그가 대답했다. "글쎄요, 잘 모르겠습니다. 카슨은 오랫동안 뭐라고 딱 꼬집을 수 없는 방대한 책, 즉 생명 자체에 관한 책을 쓰고 싶어 했죠. 하지만 저는 그녀가 그 책을 쓰지 않아서 천만다행이라고 생각해요. 언제 들어도 너무 모호하고 방대한 주제거든요. 그건 그렇고 《침묵의 봄》이 전례 없는 성공을 거두었음에도 카슨은 결코 스스로를 전사라고 여긴 적이 없어요. 그냥 그 책을 써야만 한다는 의무감을 느꼈을 따름이죠. 저는 그녀가 바다라는 주제에 대해 여한 없이 할 말을 다했다고는 생각지 않아요."

오늘날 우리에게는 바다의 '죽은 지대(dead zones)', 바다 서식지의 악화, 산호초의 사멸, 해수에 미치는 지구 온난화의 효과 등에 관한 책을 집필해줄 또 한 사람의 레이첼 카슨이 필요하다. 그중 마지막 주제와 관련해서는 그녀가 일찌감치 1950년대 초에 쓴 《바다의 가장자리》 앞부분에서, 따뜻해지는 바닷물로 인해 바다 생명체가 어떤 변화를 겪는지 소개한 내용을 발견할 수 있다.

브룩스는 또한 카슨이 자기 장례식에서 읽어달라고 부탁한 글이 가장 최근에 출간한 《침묵의 봄》에서가 아니라, 바다에 관한 책에서 발췌한 구절이었다는 사실이 중요하지 않겠냐고 덧붙였다. 그녀의 바람은 사정상 이뤄지지 못했지만, 애조 띤 그 구절은 장례식에서 읽기에 전혀 손색이 없었다. "나는 지금 나를 둘러싸고 있는 바다의 소리를 듣는다. 밤에 밀물이 차오르면서 서재 창가에 있는 암석에 부서지며 소용돌이치는 소리를……." 이는 《바다의 가장자리》 맺음말에서 따온 구절이다. 맺음말은 이 책 맨 마지막에 실려 있지만, 오늘날의 독자들은 거기서부터 읽기를 시작해도 좋을 듯하다.

1998년 2월 메인주에서

수 허벨(Sue Hubbell)

카슨의 책을 편집한 에디터이자 그녀의 친구인 폴 브룩스는 《생명의 집: 영원히 살아 있는 레이첼 카슨(The House of Life: Rachel Carson at Work)》의 저자이기도 하다. 브룩스의 책과 카슨에 관한 그의 추억담이 이 글을 쓰는 데 적잖은 도움을 주었다. 그가 쓴, 빼어난 카슨 전기의 개정판은 시에라 클럽 북스(Sierra Club Books)에서 곧 출간할 예정이다. 나는 또한 조지워싱턴 대학 환경사학과 연구교수이자 카슨의 삶과 작업에 대해 가장 잘 알고 있는 권위자 린다 리어(Linda Lear)와도 이야기를 나누었다. 그녀는 1997년 헨리홀트 출판사(Henry Holt and Company)에서 출간한 《레이첼 카슨: 자연의 증인(Rachel Carson: Witness for Nature)》의 저자이기도 하다.

Bob Hines

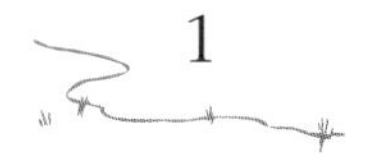

1

가장자리 세계

바다의 가장자리는 이상하고도 아름다운 세계다. 여기는 지상의 장구한 역사 속에서 파도가 육지에 부딪치며 거세게 부서지는 왁자한 곳, 조수가 뭍을 향해 밀려들었다 물러나고 또다시 밀려드는 곳이다. 해안은 이틀 연속 정확하게 똑같은 경우가 없다. 밀물과 썰물은 자신의 영원한 리듬 속에서 밀려들었다 빠져나가기를 되풀이한다. 해수면 자체도 결코 움직이지 않고 가만히 있는 게 아니다. 해수면은 빙하가 늘거나 녹으면서, 심해 분지의 바닥에 퇴적물이 쌓이면서, 또 대륙 가장자리를 따라 지각이 압력과 긴장에 적응하느라 위아래로 틀어지면서 오르내린다. 오늘은 바다가 좀더 늘어났다가 내일은 육지가 좀더 늘어날 수도 있는 것이다. 바다의 가장자리는 언제나 종잡을 수 없고 뭐라 설명하기 힘든 영역으로 남아 있다.

밀물과 썰물에 따라 변화하는 해안은 육지에 속했다 바다에 속했다를 반복하는 이중적 특색을 띤다. 썰물 때의 해안은 열기나 추위에, 바람에,

비와 쨍쨍 내리쬐는 햇빛에 속절없이 노출되어야 하는 육지 세계의 혹독함을 잘 알고 있다. 밀물 때의 해안은 짧으나마 상대적으로 안정된 망망대해에 잠기는 수중 세계다.

가장 강인하고 적응력 있는 생물만이 이 변화무쌍한 지역에서 살아남을 수 있다. 그러나 고조선과 저조선 사이 지대, 즉 조간대(潮間帶: 간만의 차이로 물에 잠겼다 드러났다 하는 지역—옮긴이)는 온갖 동식물의 보고다. 이 복잡한 해안 세계에서 생명체는 가능한 거의 모든 틈새에 비집고 들어앉음으로써 엄청난 강인함과 생존력을 과시한다. 동물이 조간대 해안의 바위를 뒤덮거나, 갈라진 틈새와 구멍 속으로 기어들어가 반쯤 몸을 숨기거나, 큰 암석 아래와 축축하고 음침한 바다 동굴 속으로 숨어드는 광경은 누구라도 분명하게 볼 수 있다. 하지만 무심한 관찰자들이 아무런 생명의 기운도 느낄 수 없다고 흘려버리는 곳에서조차 생명체는 어김없이 모래 속에, 구멍이나 관(tube)이나 통로 속에 깊이 들어앉아 있다. 이들은 딱딱한 암석에 터널을 뚫고, 토탄이나 점토에 구멍을 낸다. 또 바닷말, 부유하는 목재, 키틴질로 된 바닷가재에 달라붙어 피각을 형성하기도 한다. 이들은 암석 표면이나 부두의 말뚝을 뒤덮는 박테리아처럼, 반짝이며 해수면을 누비는 바늘구멍만 한 구형(球形)의 원생생물처럼, 그리고 모래 입자 사이의 어두운 웅덩이에서 유영하는 자그마한 동물처럼 극히 미세한 형태로 존재한다.

해안은 장구한 세계다. 육지와 바다가 존재해온 시기만큼 육지와 바다가 만나는 지점인 이곳 해안도 존재해왔기 때문이다. 그러나 해안은 끊임없는 창조와 끈질긴 삶의 본능에 관한 감각이 생생하게 살아 있는 세계이기도 하다. 해안에 들어설 때마다 나는 하나의 생명체가 다른 생명체, 그리고 자신을 둘러싼 환경과의 관련성 속에서 생명이라는 복잡한 옷감을 직조한다는 사실을 느끼고, 그 아름다움과 참다운 의미를 새삼스레 깨닫곤 한다.

'해안' 하면 그 정교한 아름다움에서 단연 앞서는 한 장소가 떠오른다. 1년 중 조수가 가장 많이 빠져나가는 때에 오직 드물게, 잠깐 동안만 가 볼 수 있는 바다 동굴 속 웅덩이다. 아마도 그런 사실로 인해 이곳은 그토록 특별한 매혹을 지닌 듯하다. 나는 그 같은 썰물 때를 기다렸다가 그 웅덩이를 잠깐이나마 보고자 했다. 이튿날 이른 아침이면 썰물이 빠져나갈 터였다. 북서풍이 불거나 먼 데서 시작된 폭풍 때문에 바다놀(바다의 크고 사나운 물결—옮긴이)이 밀려드는 불상사만 생기지 않으면 그 웅덩이 입구를 드러낼 만큼 해수면이 낮아지리라는 걸 나는 알고 있었다. 그런데 불길하게도 밤에 갑자기 소나기가 쏟아지기 시작했다. 자갈 무더기가 지붕을 때리는 것 같은 굵은 빗방울이었다. 이른 아침에 밖을 내다보니 하늘에는 잿빛 여명이 가득했지만 해는 아직 뜨지 않았다. 바다와 대기는 흐릿했다. 만 저편 서쪽 하늘에는 멀리 내다보이는 어스름한 해안선 위로 8월의 보름달이 떠 있었다. 달은 조수를 낯선 바다 세계의 문턱 너머까지 아주 멀리 밀어냈다. 눈앞에서 가문비나무 숲 위로 갈매기 한 마리가 날아갔다. 아직 뜨지도 않은 해의 빛을 받은 갈매기의 가슴이 장밋빛으로 물들었다. 결국 그날은 날씨가 썩 괜찮았다.

나중에 그 웅덩이 입구 근처 저조대에 있을 때도 내내 운이 좋았다. 내가 서 있던 암석의 가파른 절벽 아랫부분에 이끼로 뒤덮인 바위 턱이 깊은 바다 쪽으로 튀어나와 있었다. 그 바위 턱 가장자리에 부딪치는 파도 속에서 커다란 갈조류 오어위드(oarweed)의 검은색 엽상체가 부드러운 가죽처럼 살랑거렸다. 그 바위 턱이 감춰진 작은 동굴과 그 속에 자리한 웅덩이에 이르는 길이었다. 이따금 다른 것들보다 큰 바다놀이 그 바위 턱 가장자리를 부드럽게 덮치고 포말을 이루며 부서졌다. 그러나 들이치는 바다놀의 간격이 내가 바위 턱으로 다가가 좀처럼 드러나지 않거나 아주 잠깐만 드러나는 그 멋진 웅덩이를 살짝 들여다볼 정도는 되어주었다.

융단처럼 푹신하게 깔린 축축한 주름진두발(sea moss) 위에 무릎을 꿇고 얕은 웅덩이가 있는 컴컴한 동굴 속을 들여다보았다. 동굴 바닥이라고 해봐야 천장에서 10센티미터 정도밖에 떨어져 있지 않고, 아래의 잔잔하게 고인 물은 천장에서 자라는 모든 걸 거울처럼 비추고 있었다.

맑은 물속에 잠긴 웅덩이 바닥에는 녹색 해면이 융단처럼 깔려 있었다. 천장에는 우렁쉥이(sea squirt)가 여기저기 무리 지어 반짝이고, 연산호(soft coral) 군체가 옅은 주황빛을 발하고 있었다. 가느다란 실처럼 보이는 단 하나의 관족(管足)에 의지해 대롱대롱 매달려 있는 작은 불가사리도 보였다. 불가사리는 웅덩이 수면에 비친 제 형상에 닿을 듯 말 듯했는데, 그 형상이 어찌나 실물과 똑같던지 마치 하나가 아니라 두 마리가 서로 붙어 있는 것처럼 보였다. 수면에 비친 모습과 맑은 웅덩이 자체는 바닷물이 다시 밀려들어 그 작은 동굴을 가득 채울 때까지만 존재하는, 덧없는 생명체들의 애틋한 아름다움이었다.

대조(spring tide, 大潮: 보름과 그믐 무렵에 밀물이 가장 높고 썰물이 가장 낮은 때—옮긴이)에 저조선 부근의 매혹적인 지역에 들어설 때면 나는 그 해안에서 살아가는 거주민 가운데 가장 애처로운 아름다움을 뽐내는 생명체를 찾아보곤 한다. 깊은 바다로 들어서는 문지방에서 찬란하게 피어나는 꽃이다. 그러나 이것은 식물이 아니라 동물이다. 그 요정 같은 동굴은 역시나 나를 실망시키지 않았다. 동굴 천장에는 가장자리에 술이 달리고 아네모네꽃처럼 하늘거리는 연분홍색 히드라충 투불라리아(*Tubularia*)가 드리워 있었다. 매우 절묘하고 정교해서 도리어 가짜처럼 보이는 이 아리따운 히드라충은 무자비한 힘에 시달리는 이곳에서 살아가기에는 너무도 가냘팠다. 하지만 이들의 섬세한 모양은 저마다 기능적으로 쓸모가 있다. 줄기, 히드라꽃(hydranth), 꽃잎처럼 보이는 촉수는 하나같이 이들이 맞닥뜨린 현실에 대처하고자 고안한 것이다. 이들은 조수가 빠져나가면 그저 바닷물이 어서 돌아오기만을 기다린다. 그러다 밀물 때 몰아치는 파도의 압력을 받으면 부서질 것 같은 히드라충의 머리가 기세 좋게 흩날린다. 가녀린 몸통이 흔들리고, 기다란 촉수는 돌아오는 바닷물 속에서 먹고사는 데 필요한 모든 걸 얻어내기 위해 너울거린다.

바다로 들어서는 이 매혹적인 장소에서 내가 마주한 현실은 불과 1시간 전에 떠나온 육지 세계와는 사뭇 다르다. 좀 상이한 방식이긴 하지만 뭔가 세상으로부터 외따로 떨어져 있는 듯한 비슷한 느낌이 조지아주 해안의 드넓은 해변에서 황혼녘에 1시간을 보낼 때도 찾아왔다. 막 해가 진 시각에 당도해 어슴푸레하게 빛을 내며 드넓게 펼쳐진 축축한 모래 해안을 따라 썰물 바로 가까이까지 걸어 내려갔다. 그때까지 걸어온 광막한 모래밭을 돌아보니 물이 흐르는 구불구불한 도랑이 가로지르고, 여기저기 조수가 남겨놓은 얕은 물웅덩이가 보였다. 순간 바다는 규칙적으로 잠깐씩 버려두는 이 조간대를 밀물이 되어 어김없이 다시 찾아온다는 사실을 확연하게 느낄 수 있었다. 썰물 때 바닷가에 서 있노라면 육지의 흔적을 담은 해변은 저 멀리 떨어져 있는 것만 같다. 들려오는 소리라고는 오직 바람 소리, 바다 소리, 새소리뿐이다. 수면 위를 스치는 바람 소리, 한

바퀴 맴을 돌다가 모래 위로 미끄러지듯 부서지는 파도 소리……. 모래벌판은 새들로 활기를 띠었다. 도요새(willet)들이 지저귀는 소리가 연신 들려왔다. 그중 한 마리가 바닷가에서 요란하고 다급하게 울어댔다. 위쪽 해변에서 응답이 들리자 그 새는 짝을 만나러 냉큼 날아갔다.

황혼이 내려앉은 모래벌판은 마지막 남은 저녁 빛이 군데군데 파인 물웅덩이와 도랑에 비쳐 신비로운 기운을 자아냈다. 이제 새들은 색깔을 구분할 수 없는 검은 물체로만 보였다. 세발가락도요(sanderling)가 작은 유령처럼 종종걸음 치며 해변을 누비고, 여기저기서 도요새의 검은 형상이 도드라져 보였다. 이따금 아주 가까이 다가가면, 녀석들은 인기척에 놀라 소리를 지르며 달아나곤 했다. 세발가락도요는 종종거리며 도망치고, 도요새는 휘리릭 날아갔다. 검은제비갈매기아재비(black skimmer)가 어슴푸레한 금속성 빛을 배경 삼아 바닷가를 날아다니거나, 어렴풋이 보이는 커다란 나방처럼 모래 위를 휙 스쳐갔다. 녀석들은 더러 표면에 작은 파문이 둥글게 퍼져나가 거기에 작은 물고기가 있음을 알려주는, 구불구불한 조수 도랑 위를 '스치듯 지나갔다(skim)'(검은제비갈매기아재비의 영문명이 'black skimmer'이고 그 이름에 걸맞은 행동이라 저자가 따옴표 처리를 한 것임—옮긴이).

밤의 해안은 낮 동안의 온갖 소란을 잠재워주는 어둠 덕분에 본연의 모습에 더 집중할 수 있는, 낮과는 판이한 세상이다. 언젠가 밤에 해안을 탐사하면서 손전등 불빛을 비춰 작은 달랑게(ghost crab) 한 마리를 놀라게 한 일이 있다. 그 달랑게는 마치 바다를 바라보며 파도를 기다리는 듯 자기가 파놓은 구멍 속에 들어앉아 있었다. 바다와 대기와 해변은 모두 밤의 어둠에 잠겼다. 그 어둠은 인류가 등장하기 전부터 존재해온 유구한 것이다. 바다와 모래 위로 불어오는 바람 소리, 해안에 부서지는 파도 소리처럼 태곳적부터 있었던, 모든 것을 감싸는 소리만이 들리는 세계……. 바다 가까이 자리 잡은 작은 달랑게 한 마리 말고 눈에 띄는 생명체는 아무것도 없었다. 다른 곳에서도 달랑게를 수없이 봐왔다. 하지만 그때 문득 본래 서식지에 사는 달랑게를 보긴 처음인 것 같은, 그리고 그 생명체의 본질을 비로소 이해한 것 같은 기묘한 느낌이 들었다. 그 순간 시간이 멈추고 내가 속한 세계가 더 이상 존재하지 않는 듯했다. 나는 그저 외계에서 온 구경꾼인 것만 같았다. 부서질 듯 연약해 보이지만 믿을 수 없으리만치 강인한 생명력으로 무생물계(inorganic world)의 엄혹한 현실에 맞서 홀로 제자리를 지키는 그 작은 게만이 생명 자체를 상징적으로 웅변해주고 있었다.

생명의 '창조' 하면 무엇보다 남부 해안에 관한 기억이 떠오른다. 바로 바다와 맹그로브가 합세해 각기 만, 석호, 좁은 수로 같은 복잡한 유형으로 특징지어지는 플로리다주 남서부 해안의 수천 개 군도를 빚어낸 야생지대 말이다. 어느 겨울날, 하늘은 푸르고 햇살이 가득했다. 바람 한 점 없었지만 수정처럼 차디찬 대기를 느낄 수 있는 날이었다. 이들 섬 가운데 하나를 골라 파도가 부서지는 가장자리에 당도한 나는 풍파가 들이치지 않는 만 쪽으로 천천히 걸어갔다. 거기엔 조수가 멀리 빠져나가 작은 만의 드넓은 개펄이 펼쳐져 있었다. 그 개펄 위로 비비 꼬인 가지, 빛나는 이파리, 아래로 내려와 진흙땅에 자리 잡은 긴 지주근(prop root, 支柱根)이 특징인 맹그로브의 숲이 차차 경계를 넓히며 뭍을 이루고 있었다.

개펄에는 섬세한 색조의 작은 연체동물 껍데기, 분홍색 장미 꽃잎을 뿌려놓은 듯한 꽃조개류(rose tellin) 껍데기가 흩어져 있었다. 주변의 펄 표면 바로 아래 그들 군체가 묻혀 있음에 틀림없었다. 얼핏 눈에 띄는 생물이라고는 잿빛과 녹빛 깃털이 달린 작은 왜가리(heron)뿐이었다. 특유의 머뭇거리는 듯한 조심스러운 몸짓으로 개펄을 건너고 있는 붉은 새……. 하지만 맹그로브 뿌리 주위에 갓 들고 난 듯한 구불구불한 발자취가 나 있는 것으로 보건대 다른 육지 동물도 거기에 살고 있음을 알 수 있었다. 조개껍데기 바깥쪽에 달린 고리로 맹그로브 지근(枝根)에 매달린 굴을 잡아먹는 미국너구리의 흔적이었다. 세발가락도요인 듯한 해안 새의 발자국을 발견하고, 그 자취를 조금 따라가보았다. 물가에 다다르자 발자국은 이내 물속으로 사라졌다. 조수가 그 자취를 완전히 지워버려 마치 애초부터 거기에 없었던 것만 같았다.

작은 만을 굽어보는 동안 나는 해안이라는 이 가장자리 세계에서 육지와 바다가 서로 소통하고 있으며, 바다 생명체와 육지 생명체가 서로 이어져 있다는 사실을 생생하게 느낄 수 있었다. 또한 과거를, 그리고 그날 아침 바닷물이 새의 발자취를 말끔히 씻어낸 것처럼 전에 이뤄진 많은 것을 지우면서 시간이 끊임없이 흐르고 있음을 느낄 수 있었다.

시간이 어떤 순서로 흐르고 그 변화의 의미가 무엇인지는 맹그로브의 가지와 뿌리에 기어 다니는 수백 마리의 작은 달팽이, 즉 맹그로브총알고둥(mangrove periwinkle)을 보면 잘 알 수 있다. 이들의 조상은 본시 바다에 살았고, 그래서 이들의 생명 활동 또한 모두 바다에 묶여 있었다. 그런데 수십억 년의 세월이 흐르는 동안 바다와의 연결 고리가 서서히 끊어지고, 이들은 물에서 벗어난 생활에 차츰 적응하기 시작했다. 오늘날 이들은 조수선에서 몇 미터쯤 떨어진 위쪽에 살며, 오직 가끔씩만 조간대로 돌아간다. 오랜 시간이 흐르면 이들의 후손에게서 바다를 기억하는 몸짓조차 찾아볼 수 없을지도 모른다.

또 다른 고둥이 먹이를 찾아다니며 자그마한 나선형 껍데기로 진흙 위에 구불구불한 자취를 남긴다. 바로 다슬기(horn shell)인데, 이들을 본 순간 나는 한 세기도 더 전에 오듀본(John J. Audubon)이 목격한 광경을 나도 볼 수 있었으면 하는 향수 어린 바람을 품었다. 이 작은 다슬기는 한때 이곳 해안에서 떼 지어 살아가던 홍학(flamingo)의 먹이이기 때문이다. 그래서 반쯤 눈을 감았을 때, 참으로 장엄한 붉은 새 떼가 이 작은 만을 그들의 빛깔로 물들이며 먹이를 사냥하는 모습을 마치 손에 잡힐 듯 그려볼 수 있었다. 이들이 그곳에 살았던 것은 지구의 장구한 삶에서 불과 어제 일어난 일에 지나지 않는다. 본시 시간과 공간은 지극히 상대적이라 이와 같은 마법적인 때와 장소가 불현듯 불러일으킨 통찰 속에서 주관적으로 경험하는 것이다.

이러한 광경과 기억에서 이끌어낼 수 있는 공통점이 하나 있다. 그것은 바로 생명체가 등장하고 진화하고 소멸해가는 모든 다양한 징후 속에는 생명의 장엄함이 깃들어 있다는 것이다. 그 장엄한 아름다움의 바탕이 바로 생명의 의미와 중요성이다. 그런데 그 의미와 중요성을 알아내기가 지극히 까다롭기 때문에 우리는 커다란 숙제를 안고 낑낑거리는 것이며, 그 수수께끼의 답이 숨어 있는 자연 세계로 거듭해서 나아가는 것이다. 그 답을 찾기 위해 바다의 가장자리에 서면 우리는 생명의 드라마가 지구에 관한 첫 장면을 내보내거나 그 서막을 알리고 있다는 것을, 또한 우리가 생명체라고 알고 있는 존재가 출현한 이래 줄곧 그래왔듯 오늘날에도 역시 진화의 힘이 작용하고 있다는 것을, 그리고 자신을 둘러싼 세계의 우주적 실재에 맞서 살아가는 생명체들의 장엄한 모습을 생생하게 지켜볼 수 있다는 것을 깨닫게 된다.

Bob Hines

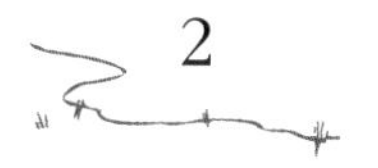

2

해안 동식물의 유형

바위에 새겨진 생명의 초기 역사는 지극히 불분명하고 단편적이라서 생명체가 처음 해안에 모여 살기 시작한 게 언제인지 말하기 어려울뿐더러, 심지어 생명체가 출현한 게 정확히 언제인지도 알 길이 없다. 지구 역사의 전반기인 시생대 때 침전물이 쌓여서 생긴 암석은 그 뒤 수백 미터의 지층에 눌리거나 오랜 기간 동안 깊이 묻혀 있던 지역의 강한 열기를 받아 화학적으로나 물리적으로 변화를 겪었다. 오직 캐나다 동부 같은 일부 지역에서만 그런 암석이 드러나 있어 연구에 활용할 수 있다. 하지만 설령 그 암석에 생명에 관한 분명한 기록이 남아 있었다 하더라도 이미 오래전에 지워져버렸다.

그 후 원생대라고 알려진 수억 년 동안 생겨난 암석은 거의 실망스러운 수준이다. 이 시기에는 일부 바닷말과 박테리아의 도움을 받았을 것으로 추정되는 철(iron) 퇴적물이 엄청나게 생성되었다. 그 밖의 것들, 이를

테면 이상한 구형(球形)의 탄산칼슘 덩어리는 석회를 분비하는 바닷말이 조성한 것으로 보인다. 이른바 화석이라고 일컫는 것과 이들 고대 바위에 새겨진 흐릿한 흔적을 보고 사람들은 자신 없는 말투로 해면이네, 해파리네, 혹은 껍질이 단단한 절지동물이네, 하고 식별하곤 했다. 하지만 좀더 회의적이거나 보수적인 과학자들은 무기물 기원(inorganic origin)의 입장에서 이런 흔적을 바라본다.

암석에 개략적 기록만 남은 초기를 지나면 돌연 역사 전체가 완전히 파괴된 것처럼 보이는 단계에 접어든다. 장장 수백만 년에 이르는 전(前)캄브리아기의 역사를 상징하는 퇴적암은 침식 작용, 혹은 지표면이 급격한 변화를 겪어 오늘날의 심해저로 달라진 현상을 거치면서 영영 사라져버렸다. 이러한 상실로 인해 생명의 역사에는 이어지지 않는 것처럼 보이는 간극이 가로놓였다.

초기 암석에 화석 기록이 희박하고 퇴적암이 몽땅 소실된 현상은 초창기 바다 및 대기의 화학적 속성과 관련이 있다. 일부 전문가는 전캄브리아기 바다의 경우 칼슘이 부족하거나, 최소한 동물의 껍데기나 뼈가 칼슘을 쉽게 분비할 만한 조건을 제대로 갖추지 못했다고 믿는다. 이게 사실이라면 바다 동물이 대부분 연조직화해서 쉽사리 화석화하지 못했음에 틀림없다. 지질학 이론에 따르면 탄산칼슘의 양이 대기 중에는 많은 데 비해 바다에는 부족해지면서 암석의 풍화 작용이 영향을 받았다. 전캄브리아기의 퇴적암이 계속 침식하고, 씻겨나가고, 다시 퇴적하는 과정을 거친 결과 화석이 사라진 것이다.

약 5억 년 전인 캄브리아기의 암석에 다시 기록이 남기 시작할 무렵, 갑자기 생물적 특징을 제대로 갖춘 주요 무척추동물(해안 동물 포함)이 다수 출현했다. 해면, 해파리, 온갖 종류의 갯지렁이, 고등처럼 생긴 단순한 연체동물 몇 종 그리고 절지동물이다. 고등 식물은 거의 없었지만, 바닷말 역시 풍부했다. 그러나 오늘날 해안에서 살아가는 동식물군의 기본 틀은 캄브리아기의 바다에서 갖춰졌으며, 우리는 상당한 근거를 통해 5억 년 전의 조간대가 현재의 조간대와 대체로 유사했다고 추정할 수 있다.

우리는 또한 적어도 지난 5억 년 동안 이런 무척추동물이 캄브리아기에 썩 잘 진화한 결과, 본시 어떻게 생겼는지는 몰라도 어쨌거나 좀더 고등한 형태로 발달했으리라고 추정해볼 수 있다. 아마도 현존하는 일부 종의 유생기(幼生期)는 그 조상과 비슷할 것이다. 그 조상의 유해가 지상에 보존되지 못한 채 종적을 감추기는 했어도 말이다.

캄브리아기가 시작된 이래 수억 년 동안 바다 생물은 진화를 거듭해왔다. 본래의 기본 집단에서 분기한 종이 출현하고, 새로운 종이 나타나고, 진화를 통해 자신을 둘러싼 환경의 요구를 충족하는 데 더 적합한 종이 등장함에 따라 초기 형태가 숱하게 사라진 것이다. 캄브리아기의 원시 동물 가운데 초기 조상과 크게 달라지지 않은 것도 더러 있긴 하지만, 이는 어디까지나 예외일 뿐이다. 변화무쌍한 해안은 확실하고 완벽하게 환경

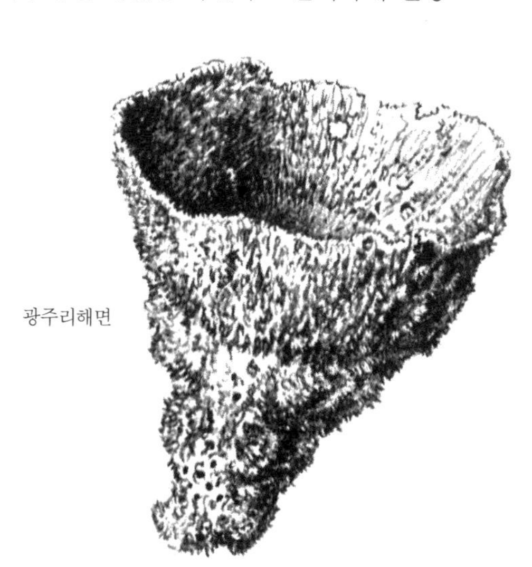

광주리해면

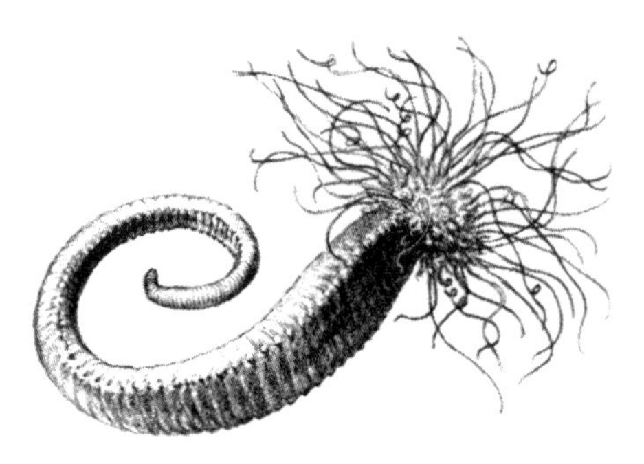

바위틈에 고인 진흙에서 살아가는
갯지렁이 암피트리테

에 적응하는 것이야말로 생존에 필수불가결한 요소임을 보여주는 시험대였다.

과거든 현재든 해안에서 살아가는 모든 생명체는 바로 이들이 거기에 존재한다는 사실만으로 자신을 둘러싼 현실, 즉 바다 자체의 혹독한 물리적 현실에 성공적으로 대처하고 있음을 입증한다. 아울러 모든 생명체가 그들의 공동체와 맺고 있는 미묘한 관계에도 성공적으로 적응해왔음을 보여준다. 이러한 현실에 의해 탄생하고 만들어지는 생명 유형이 서로 얽히고 중첩되어 이들의 세계는 지극히 복잡한 양상을 띤다.

천해(淺海)의 바닥이나 조간대가 바위 절벽과 암석으로 되어 있느냐, 넓은 모래벌판으로 되어 있느냐, 산호초로 되어 있느냐에 따라 생명체의 가시적 유형을 구별해볼 수 있다. 암석 해안에서는 대부분의 생물이 쇄파(surf, 碎波: 해안 쪽으로 밀려들어 부서지는 파도—옮긴이)가 들이친다 해도 그 힘을 누그러뜨리는 암석이나 그 외 다른 구조물의 단단한 표면에 찰싹 달라붙는 식의 적응을 통해 살아간다. 이런 곳에는 융단처럼 암석을 수놓는 다채로운 해조·따개비·홍합·고둥 같은 생명체들이 존재한다는 증거가 도처에 널려 있다. 하지만 좀더 연약한 동물은 갈라진 바위틈이나 구멍에 들어앉거나 큰 바위 밑에 숨어 있다. 한편 모래는 불안정한 특색을 띠는 유동적이고 변화무쌍한 저질(底質: 흙·암석 등 생물이 생존하는 기반—옮긴이)이며, 그 입자가 끊임없이 파도에 휩쓸린다. 따라서 모래 위 혹은 모래의 맨 위층에 삶의 근거지를 마련하는 동물은 거의 없다. 모든 동물은 모래 밑의 구멍, 관, 지하 공간에 숨어 지낸다. 산호초가 지배하는 곳은 틀림없이 따뜻한 해안이다. 산호 해안은 난류에 의해 형성되는데, 이 난류가 바로 거기에 서식하는 동물이 번성할 수 있는 기후를 만들어준다. 산호초는 산 것이든 죽은 것이든 생물이 들러붙을 수 있는 단단한 표면을 이루고 있다. 산호 해안은 어떤 면에서 암석 절벽에 의해 경계가 그어진 해안처럼 보인다. 하지만 백악질의 침전물이 켜켜이 쌓여 있다는 점이 좀 다르다. 따라서 산호 해안에 서식하는 더없이 다양한 열대 동물은 암석 해안이나 모래 해안에서 살아가는 동물과는 다른 적응 전략을 개발해왔다. 미국의 대서양은 세 가지 해안을 대표하는 사례를 두루 갖추고 있어 이들 해안의 속성과 관련한 다양한 생명체를 매우 뚜렷하게 보여준다.

이 기본적인 세 가지 지질 유형에 다른 것을 덧붙일 수도 있다. 쇄파 속에서 살아가는 동물은 비록 같은 종의 일원이라도 잔잔한 바다에서 살아가는 동물과는 다르다. 조수가 거센 지역에서는 생명체가 최고조선 지점과 최저조선 지점까지 이어지는 연속적인 띠〔zone(band)〕의 형태로 존재한다. 조석의 작용이 거의 없는 곳이나 동물이 밑에 들어앉아 있는 모래벌판에서는 그 같은 띠 형태의 지대를 찾아보기 어렵다. 해류는 수온을

모래에서 살아가는 케이크성게

바꾸고 바다 동물의 유생을 널리 퍼뜨리는 또 하나의 세계다.

다시 한 번 말하거니와 미국 대서양 연안의 물리적 여건이 이렇다 보니 거기에 서식하는 생물을 관찰하는 사람은 마치 자기 앞에서 조수, 쇄파, 해류의 효과가 어떻게 달라지는지 보여주는, 잘 짜인 과학 실험이 펼쳐지는 것처럼 느끼게 된다. 생명체가 제 모습을 드러내면서 살아가는 펀디(Fundy)만 유역의 북부 암석 해안은 세계에서 조수가 가장 거센 지역이다. 이곳에서는 조수가 만들어낸 생명체의 서식지를 분명하게 볼 수 있다. 모래 해안의 조간대에서는 쇄파의 효과를 자유롭게 관찰할 수 있다. 플로리다주 남단에는 강한 조수도, 드센 쇄파도 없다. 이곳은 전형적으로 잔잔하고 따뜻한 바다에서 증식하는 맹그로브와 산호충이 만들어낸 산호 해안이다. 여기서 살아가는 생명체는 서인도제도에서 해류를 타고 내려와 이 지역에 기이한 열대 동물을 퍼뜨렸다.

이 밖에 먹이를 유입하거나 저지한다든지, 모든 생명체에 좋든 나쁘든 영향을 미치는 강력한 화학 물질을 실어오든지 하는 바닷물 자체로 인해 생겨나는 유형도 존재한다. 어떤 해안에서도 하나의 생명체와 그를 둘러싼 환경을 단순한 인과 관계로 설명할 수는 없다. 모든 생명체는 수많은 경로를 통해 자신을 둘러싼 세계와 이어지면서 생명이라는 복잡한 옷감을 꾸미는 디자인의 일부다.

부서지는 파도는 외해에서 살아가는 동물들로서는 상관할 바가 아니다. 심해로 깊이 헤엄쳐 내려가 거센 파도를 피하면 그만이기 때문이다. 그런데 해안에서 살아가는 동물이나 식물은 거친 파도의 공격을 피할 재간이 없다. 쇄파는 해안에 부서지면서 엄청난 에너지를 쏟아낸다. 어떤 때는 거의 믿을 수 없을 만큼 맹렬한 기세로 해안을 내리치기도 한다. 영국이나 그 외 동부 대서양 섬의 '풍파에 고스란히 노출된' 해안은 광대한 대서양을 가로지르며 불어오는 바람 탓에 세계에서 쇄파가 가장 거센 곳이다. 이 기세 좋은 파도는 때로 1제곱피트당 2톤의 힘으로 해안을 때리기도 한다. 미국의 대서양 연안은 풍파가 들이치지 않는 '보호받는' 해안으로, 그런 무자비한 쇄파는 밀려들지 않는다. 그렇지만 이곳에서도 겨울 폭풍이 몰아칠 때나 여름 허리케인이 밀려올 때면 파도가 무서운 규모와 파괴력을 자랑한다. 메인주 해안의 몬헤건(Monhegan)섬은 그러한 폭풍이 지나는 길에 무방비 상태로 드러나 있어 파도가 가파른 바다 쪽 절벽을 마구 때린다. 거친 폭풍이 밀려들 때면 바위에 부서지는 파도의 물보라가 해수면에서 30미터쯤 솟아 있는 화이트(White)갑의 산마루까지 퍼져나간다. 어떤 때는 폭풍을 실은 녹색 파도가 '갈매기바위'라고 알려진 약 18미터 높이의 절벽을 덮치기도 한다.

파도의 효과는 상당히 멀리 떨어진 외안의 바닥에서도 감지된다. 약 60미터 깊이의 바닷속에 설치한 바닷가재 덫이 떠밀려가거나 그 안에 돌멩이가 들어가는 일도 생긴다. 그러나 물론 중요한 것은 파도가 부서지는 해안이나 그 부근에서 일어나는 문제다. 해안에 삶의 근거지를 마련하려는 생물의 시도를 무참하게 꺾어버리는 해안은 극소수에 지나지 않는다. 파도에 이리 쓸리고 저리 쓸리는 거친 모래로 이뤄져 있어 썰물 때가 되면 순식간에 말라버리는 해변은 생명체가 살아가기에 너무도 삭막해 보인다. 그러나 단단한 모래 해변은 겉으로는 황량해 보일지 몰라도 실제로는 모래 깊숙이 각양각색의 동물이 서식하고 있다. 파도에 쓸려 서로 몸을 부비는 조약돌 해변은 대부분의 생물이 살아가기에 버거운 곳이다. 하지만 바위 절벽이나 바위 턱으로 이뤄진 해안은 파도가 너무 심하게 몰아치지만 않는다면 다채로운 동식물이 풍부하게 살아갈 수 있다.

따개비(barnacle)는 아마도 파도가 들이치는 쇄파대(碎波帶)에 가장 성공적으로 정착한 거주민일 것이다. 삿갓조개(limpet), 작은 바위총알고둥(rock periwinkle) 역시 따개비에 버금간다. 다른 것들은 일정한 보호를 필요로 하지만 랙(wrack), 즉 록위드(rockweed) 같은 거친 갈조류는 쇄파가 제법 거센 곳에서도 잘 견딘다. 해안에 어떤 동식물이 사는지만 봐도 그 곳이 풍파에 어느 정도 노출되어 있는지 쉽게 파악할 수 있다. 가령 조수가 빠져나갔을 때 엉킨 밧줄처럼 보이는 길고 가느다란 해조 노티드랙(knotted wrack)이 널리 서식하는 곳이라면, 다시 말해 노티드랙이 우점종인 곳이라면 우리는 그 해안이 심한 쇄파가 좀처럼 찾아오지 않는, 꽤나 보호받는 해안임을 알 수 있다. 그러나 노티드랙은 거의 혹은 전혀 없지만, 그보다 키가 훨씬 작으며 가지가 갈라지고 납작한 잎이 끝으로 갈수록 점점 가늘어지는 록위드로 뒤덮인 곳이라면, 우리는 외해의 존재와 거기에 밀려드는 거센 쇄파를 좀더 확실하게 실감할 수 있다. 포크트랙(forked wrack)을 비롯해 키는 작지만 조직이 질기고 낭창낭창한 해조는 풍파에 노출되어 있음을 분명하게 드러내주는 지표다. 노티드랙은 도저히 견디지 못하는 바다에서 무성하게 자라기 때문이다. 어떤 해안에서 식물은 아무것도 자라지 않지만 살아 있는 따개비들이 허옇게 붙은 암석지대가 보인다면, 몸을 겹겹이 포개고 있는 따개비 수천 마리가 휘몰아치는 파도를 향해 끝이 뾰족한 고깔 모양의 껍데기를 쳐들고 있다면, 그 해안은 바다의 위력 앞에 거의 무방비 상태로 노출되어 있다고 확신할 수 있다.

따개비는 다른 거의 모든 생명체가 살아남을 수 없는 곳에서도 생존할 수 있는 두 가지 무기를 갖고 있다. 이들의 고깔은 파도의 위세를 누그러뜨리고, 바닷물이 아무런 해도 끼치지 못한 채 흘러내리게 해준다. 더욱이 고깔의 기단은 예사롭지 않은 힘을 지닌 천연 시멘트로, 암석에 찰싹 달라붙어 있다. 따라서 날카로운 칼을 쓰지 않고서는 따개비를 암석에서 떼어낼 재간이 없다. 쇄파대에서 만나는 두 가지 위험, 즉 파도에 쓸려가거나 부서질지도 모를 위험은 이들에게 아무런 문제도 되지 않는다. 그러나 따개비가 그런 장소에서 살아가는 것은 거기에 삶의 근거지를 마련한 게 성체 따개비(이들의 형태나 단단하게 암석에 들러붙은 기단은 성체 따개비가 파도에 확실하게 적응한 결과다)가 아니라 그 유생이라는 사실을 떠올리면 거의 기적이라고 할 수 있다. 험준한 파도의 소용돌이 속에서 연약한 따개비 유생은 파도가 훑고 지나가는 바위를 제 거처로 정하고 거기에 정착해야 했다. 그리고 성체로 변신하느라 조직을 재편하는, 즉 백악질 구조물을 단단하게 구축하고 연조직을 싸고 있는 각판(shell plate)을 키우는 이 중차대한 시기 동안 어떻게든 파도에 휩쓸려가지 않고 버텨야 했다. 거친 쇄파 속에서 이 모든 과업을 이루어내기란 록위드의 포자에게 요구되는 것보다 한층 더 버거워 보인다. 그러나 따개비가 록위드는 정착하지 못하는 노출된 바위에서 대규모로 서식할 수 있다는 사실에는 변함이 없다.

그런가 하면 유선형을 취하면서 이를 더욱 개선한 동물들도 있다. 개중에는 암석에 영구히 착생하지 않는 것도 있는데, 삿갓조개가 그러한 예다. 원시적인 단순한 고둥 삿갓조개는 중국 노동자들이 사용하는 모자처럼 생긴 껍데기를 조직 위에 눌러 쓰고 있다. 완만하게 경사진 이 고깔은 파도가 어떤 해도 끼치지 않은 채 흘러내리게끔 해준다. 실제로 썰물이 씻어 내려갈 듯 타격을 가하면 육질 조직의 흡착 빨판이 더 세게 눌려 암석에 들러붙는 힘은 되레 강해진다.

어떤 동물은 완만하게 둥근 모양을 유지한 채 암석에 붙어 있기 위해 닻줄을 만들어내기도 한다. 좁은 공간에서도 거의 천문학적인 개체 수를 자랑하는 홍합이 바로 그러한 예다. 홍합 껍데기는 빛나는 명주처럼 보이는 질긴 실, 즉 족사(足絲)로 바위에 묶여 있다. 일종의 천연 견사인 이 닻줄은 발에 있는 분비선에서 생성되어 사방팔방으로 뻗어나가며, 몇 줄이 망가지면 새로운 대체용 줄이 생겨난다. 하지만 대부분의 닻줄은 앞으로 향해 있으며, 홍합은 내리치는 쇄파 속에서 흔들거리며 파도와 맞서는 경향이 있다. 좁은 '뱃머리(prow)'로 파도를 받아들여 그 힘을 최소화하는 것이다.

성게(sea urchin)조차도 쇄파가 꽤나 거센 곳에 단단히 닻을 내릴 수 있다. 성게는 끝에 흡반이 달린 가느다란 관족이 사방으로 튀어나와 있다. 나는 메인주 해안에서 대조의 썰물 때 드러난 암석에 달라붙은 초록성게(green sea urchin)를 보고 감탄한 적이 있다. 드넓게 펼쳐진 아름다운 장밋빛 산호말 피각 위로 초록성게의 초록 몸통이 빛나고 있었다. 바닥이 가파르게 경사진 곳이었는데, 썰물 때의 파도가 그 경사면의 마루 위로 부서진 뒤 맹렬한 기세로 다시 빠져나갔다. 하지만 파도가 물러날 때마다 성게는 아무런 방해도 받지 않는 듯 천연덕스럽게 원래 자리에 붙어 있었다.

대조의 저조선 바로 아래 어두침침한 숲에서 흔들리고 있는, 줄기가 기다란 켈프(kelp)는 화학적 성질 덕분에 쇄파대에서 살아남았다. 이들의 조직은 인장 강도와 탄성을 갖게 해주는 다량의 알긴산(alginic acid)과 알긴산염을 함유하고 있어 끌어당기거나 때리는 파도의 공격을 이겨낼 수 있다.

세포로 이뤄진 얇은 매트 모양으로 형태를 바꿈으로써 쇄파대에서 살아갈 수 있게 된 동식물도 있다. 다양한 해면, 우렁쉥이(ascidian), 이끼벌레류(bryozoan), 그리고 바닷말은 바로 이런 식으로 파도의 압박을 이겨낸다. 그러나 이들은 자신을 주조하고 규정하는 파도의 영향에서 벗어나면 전혀 다른 형태로 바뀌기도 한다. 연둣빛이 도는 회색해변해면(crumb-of-bread sponge)은 바다를 마주한 암석에서는 종잇장처럼 얇고 편평한 모습을 띠고 있다. 그러나 깊은 암석 웅덩이 안에서는 조직을 두툼한 덩어리로 부풀린다. 거기에는 이 종의 특징이랄 수 있는 원뿔과 분화구 구조가 간간이 눈에 띈다. 판멍게(golden-star tunicate)는 바다가 잔잔하면 별 모양이 점점이 박힌 대롱을 늘어뜨리고 있지만, 파도가 밀려들 때면 간단한 젤리판처럼 외양을 바꾼다.

모래 해안에서는 거의 모든 동물이 모래 밑에 굴을 파고 들어가는 식으로 쇄파를 견뎌내듯, 암석 해안에서는 일부 동물이 암석에 구멍을 뚫어 피난처를 마련한다. 돌맛조개(date mussel)는 노스캐롤라이나주와 사우스캐롤라이나주 해안에 드러나 있는 오래된 이회토(泥灰土)에 구멍을 숭숭 뚫어놓는다. 토탄 덩어리에는 우줄기라는 조개의, 문양이 섬세한 껍데기가 박혀 있다. 우줄기는 도자기처럼 부서지기 쉬워 보이지만 점토나 바위에 구멍을 잘도 낸다. 콘크리트 부두도 작은 천공(穿孔) 조개에 의해 구멍이 뺑뺑 뚫려 있다. 목재 역시 그 밖의 다른 조개나 등각류에 의해 구멍이 난다. 이 모든 동물은 자유를 버리고 파도의 위험에서 벗어날 피난처를 선택했다. 스스로 뚫거나 파낸 저만의 공간에 영원히 틀어박힌 채 살아가는 것이다.

강처럼 대양을 흐르는 거대한 해류는 대부분 외안에 존재하는 만큼 조간대에는 별로 영향을 주지 않을 거라고 생각하기 쉽다. 하지만 해류는 방대한 바닷물을 멀리 실어 나르므로(바닷물은 본래의 온도를 유지한 채 수천 킬로미터를 여행한다) 실상 광범위한 영향을 끼친다. 이런 식으로 열대의 온기가 북쪽으로 이동하고, 북극의 한기가 멀리 적도까지 전달되는 것이다. 해류는 해안의 기후를 결정하는 데 다른 어느 것보다 중요한 요소다.

생명체(모든 종류의 살아 있는 생물을 포괄하는 것으로 폭넓게 정의한 생명체)는 온도가 섭씨 0도에서 100도에 이르는 지극히 제한된 범위에서만 살아간다. 이런 사실로 미루어 우리는 기후가 얼마나 중요한지 알 수 있다. 행성 지구는 생명체가 살아가기에 더없이 적합한 곳이다. 온도가 꽤나 안정적이기 때문이다. 특히 바다의 경우에는 온도 변화가 크지 않고 완만하다. 많은 동물이 이런 익숙한 기후에 잘 적응한 터라 갑작스럽거나 느닷없이 기온이 달라지면 치명적이다. 해안에 살면서 썰물 때 대기에 노출되는 동물은 좀더 강인할 필요가 있지만, 이들조차 선호하는 더위와 추위의 범위가 있으며 거기서 좀처럼 벗어나지 않는다.

열대에서 살아가는 대부분의 동물은 변화에, 특히 수온 상승에 북부의 동물보다 훨씬 더 민감하다. 아마도 이들이 평상시 살아가는 물의 온도가 1년 내내 기껏해야 몇 도밖에 차이가 나지 않기 때문일 것이다. 몇몇 열대 지방에 사는 성게, 열쇠구멍삿갓조개(keyhole limpet), 거미불가사리(brittle star)는 천해의 온도가 섭씨 37도 정도만 돼도 살아남지 못한다. 반면 북극에 사는 북극해파리(*Cyanea*)는 어찌나 생명력이 강한지 갓이 절반 정도 얼음에 묻혀도 숨이 붙어 있으며, 심지어 몇 시간 동안 꽁꽁 얼어붙었다가도 되살아난다. 투구게(horseshoe crab)는 온도 변화를 썩 잘 견뎌내는 동물이다. 이들은 서식 범위가 넓은 종이다. 남부형 투구게는 플로리다주와 남쪽으로 멕시코 유카탄반도에 이르는 열대 바다에서 번성하는 반면, 뉴잉글랜드의 북부형 투구게는 얼음 덩어리처럼 되었다가 도로 살아날 수도 있다.

해안 동물은 대체로 온대 해안의 계절 변화는 잘 견디지만, 일부 동물의 경우 겨울의 극심한 한파에만큼은 맥을 못 춘다. 달랑게와 갯벼룩(beach flea)은 모래 속 깊이 구멍을 파고 동면에 들어가는 것으로 알려져 있다. 1년의 상당 시간을 쇄파대에서 먹이 활동을 하는 데 쓰는 모래파기게(mole crab)는 겨울이 되면 외안의 바닥으로 숨어든다. 얼핏 활짝 피어난 꽃처럼 보이는 히드라충은 겨울이면 대부분 가장 기본적인 형태로 몸집을 줄인다. 모든 생체 조직을 기본 줄기 속에 접어 넣는 것이다. 어떤 해안 동물은 마치 식물계의 일년생 식물처럼 늦여름에 생을 마감하기도 한다. 여름 동안 연안해에 지천인 흰색 해파리는 모두 늦가을 돌풍의 공격을 받아 숨을 거둔다. 하지만 다음 세대는 조수선 아래 바위에 작은 식물 모양으로 붙어 있다.

연중 낮익은 장소에서 살아가는 해안 동물 대다수에게 겨울이 가장 위

석회질 관을 만드는 갯지렁이 히드라충

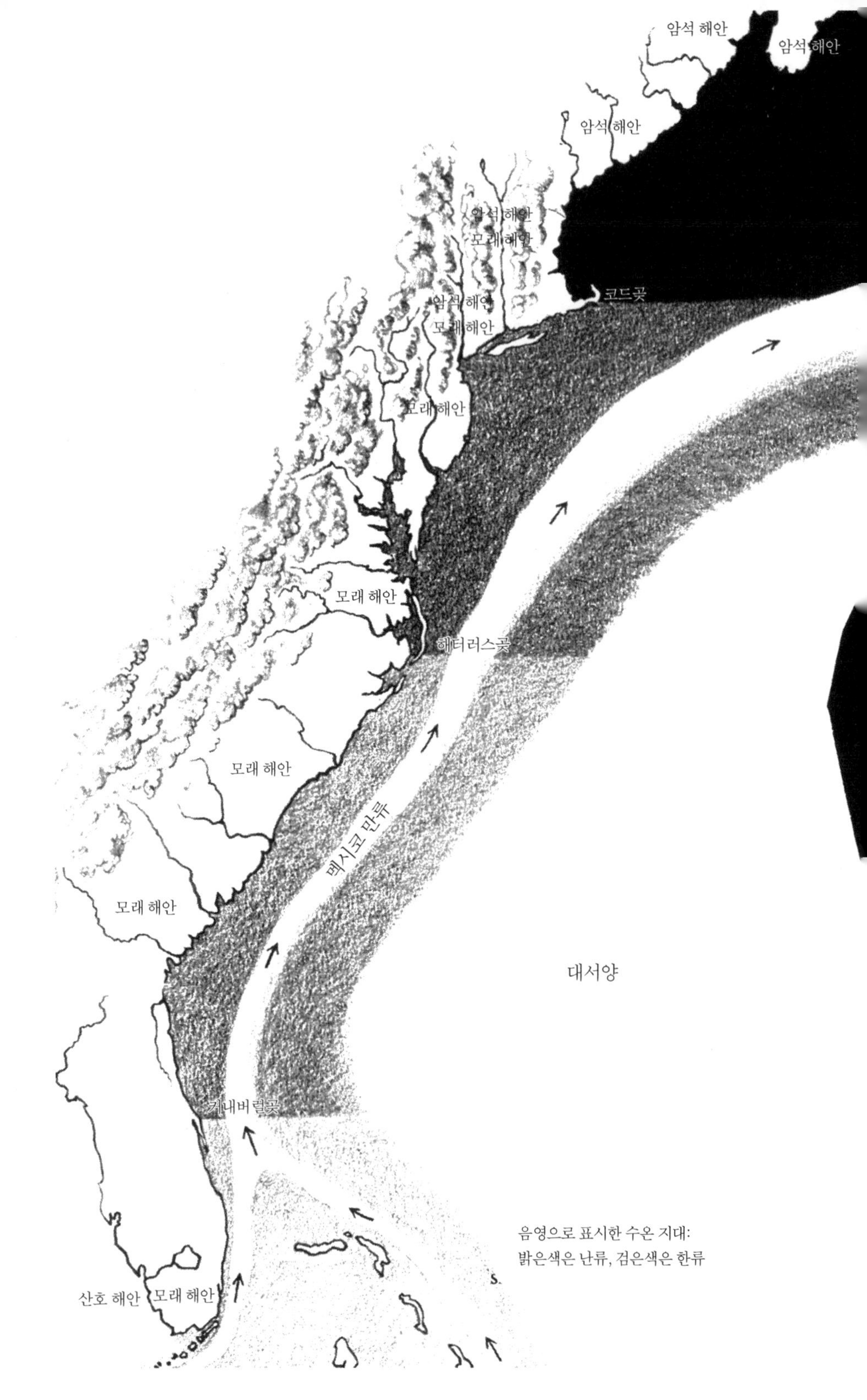

암석 해안
암석 해안
암석 해안
암석 해안
모래 해안
코드곶
암석 해안
모래 해안
모래 해안
모래 해안
해터러스곶
모래 해안
멕시코 만류
모래 해안
대서양
커내버럴곶
음영으로 표시한 수온 지대:
밝은색은 난류, 검은색은 한류
산호 해안
모래 해안

험한 이유는 추위가 아니라 얼음 때문이다. 해안에 얼음이 많이 낀 해에는 그저 파도에 실려온 얼음이 비벼대는 기계적인 동작만으로도 바위에 붙은 따개비·홍합·해조 따위가 말끔하게 떨어져나간다. 이런 일이 일어난 뒤 생물 공동체 전체가 복구되려면 몇 년 동안 생장철에 이은 겨울이 따뜻해야만 한다.

대부분의 해안 동물은 수중 기후에 관한 한 선호가 명확하므로 북미의 동부 연안해를 몇 개의 생명 지대로 나누어볼 수 있다. 이들 지대 내 수온 변화는 부분적으로 위도 차이에 따른 결과지만, 해류의 유형에도 적잖은 영향을 받는다. 해류의 유형에는 멕시코 만류가 북쪽으로 실어 나르는 따뜻한 열대의 물, 북쪽에서 출발해 멕시코 만류의 육지 쪽 경계선을 따라 내려오는 차가운 래브라도 해류, 그리고 이 두 해류의 경계선 사이에서 복잡하게 뒤섞이는 따뜻한 물과 차가운 물 등이 있다.

멕시코만에서 시작해 플로리다해협을 거쳐 멀리 해터러스(Hatteras)곶까지 이어지는 멕시코 만류는 폭이 제각각인 대륙붕의 바깥쪽 가장자리를 따라 흐른다. 플로리다주 동부 해안의 주피터(Jupiter)만에서 이 대륙붕은 폭이 몹시 좁아져 해안에 서 있으면 선명한 진녹색 천해 너머로 갑자기 짙푸른 멕시코 만류가 흐르는 곳이 건너다보인다. 이 지점쯤에 플로리다주 남부와 플로리다키스(Florida Keys)제도의 열대 동물군, 그리고 커내버럴(Canaveral)곶과 해터러스곶 사이 지역의 온대 동물군을 갈라놓는 온도 장벽이 놓여 있는 듯하다. 그리고 다시 해터러스곶에서 대륙붕이 좁아짐에 따라 멕시코 만류는 더욱더 연안 가까이 흐르고, 북쪽으로 이동하는 물은 혼란스러운 유형의 여울과 물에 잠긴 모래 언덕 및 모래 계곡 속으로 파고든다. 여기서 또다시 생명 지대들 간의 경계가 나타난다. 물론

이 경계선은 계속 변하므로 결코 절대적인 것이 아니다. 겨울에는 해터러스곶의 온도 때문에 따뜻한 물에 사는 동물이 북쪽으로 이동하지 못하는 것 같다. 그러나 여름에는 그러한 온도 장벽이 사라져 보이지 않는 문이 열리고, 그 같은(즉 따뜻한 물에 사는) 동물이 코드곶까지 멀리 이동하기도 한다.

해터러스곶 북쪽부터는 대륙붕이 넓어지므로 멕시코 만류가 멀리 외안으로 이동한다. 거기서 북쪽으로부터 내려온 차가운 물이 유입되고 뒤섞여 바닷물은 빠르게 차가워진다. 해터러스곶과 코드곶 간의 온도 차이는 상당하다. 거리로 치면 그 5배에 달하는 대서양 반대편의 카나리아제도와 노르웨이 남부 사이의 차이와 맞먹는다. 이곳은 겨울에는 차가운 물에서 사는 동물이 찾아오고, 여름에는 따뜻한 물에서 사는 동물이 찾아오는 중간 지대다. 이곳에 붙박여 사는 동물들조차 이런 면 저런 면이 뒤섞인 애매한 특성을 띤다. 이 지역이 북쪽에서 오든 남쪽에서 오든 가리지 않고 기온 변화를 잘 견디는 동물을 받아들이는 것 같긴 하나, 전적으로 여기에만 속한 종도 극소수이긴 하지만 존재하는 것이다.

코드곶은 동물학에서 오랫동안 수많은 생명체의 분포를 가르는 경계로 알려졌다. 바다 쪽으로 멀찌감치 튀어나온 코드곶은 남쪽에서 오는 따뜻한 물의 흐름은 막고, 북쪽의 차가운 물은 해안의 긴 만곡부 안에 가두어둔다. 이곳은 다른 종류의 해안으로 옮아가는 점이(transition, 漸移) 지대이기도 하다. 남부의 기다란 모래밭이 암석에 자리를 내주고 있어 암석이 이곳 해안의 경관을 점점 더 장악해가고 있다. 암석은 해안뿐만 아니라 해저에도 깔려 있다. 이 지역의 육지에 나타나는 것과 똑같은 울퉁불퉁한 지형이 외안에서는 물 아래 잠겨 시야에서 사라진다. 이곳에서는 수온이 낮은 심해 지대가 저 아래 남쪽의 심해 지대보다 대체로 해안에 더 가까이 자리한다. 이는 해안에 사는 동물에게 흥미로운 영향을 끼친다. 연안해가 깊음에도 불구하고 수많은 섬과 들쭉날쭉한 해안이 거대한 조간대를 만들어내고, 따라서 해안에는 동물군이 풍부한 것이다. 냉대 지역인 코드곶에는 그 남쪽의 따뜻한 물에서는 살아가지 못하는 수많은 생명체 종이 서식한다. 낮은 수온 때문이기도 암석 해안의 특성 때문이기도 한데, 해조가 썰물 때 드러난 암석을 다채로운 색조의 융단으로 뒤덮고, 총알고둥 무리가 먹이를 찾아 암석을 기어 다니는 것이다. 또한 여기는 수백만 마리의 따개비로 새하얗고, 저기는 수백만 마리의 홍합으로 새까맣다.

저 위쪽 래브라도, 그린란드 남쪽, 뉴펀들랜드 일부 수역에서는 바다의 수온이나 동식물군이 아북극(subarctic, 亞北極: 북극권 인근의 지역 또는 북극과 같은 특성을 지닌 지역—옮긴이)의 속성을 띤다. 그보다 더 북쪽은 아직 그 경계를 명확하게 규정하지 못한 북극 지방이다.

이런 기본적인 지대들이 여전히 미국 해안을 충분한 근거 아래 구분 짓는 편리한 틀이긴 해도 1920년대에는 코드곶이 절대적 장벽은 아니라는 사실이 분명해졌다. 한때 남쪽에서 올라와 코드곶을 돌아가려다 좌절한, 따뜻한 물에서 서식하는 동물을 그곳에서 발견했기 때문이다. 남쪽에서 많은 동물이 이 냉대 지역에 침투하고, 더 나아가 메인주 심지어 캐나다까지 밀고 올라오는 신기한 변화가 지금까지 이어지고 있다. 물론 이처럼 동물이 새롭게 분포하는 현상은 광범위한 기후 변화와 관련이 있다. 20세기 초에 시작되어 지금은 사람들이 널리 인식하고 있는 기후 변화, 즉 전반적인 지구 온난화는 처음에는 북극 지역에서, 그다음에는 아북극 지역에서, 이어 북부 국가들이 자리한 온대 지역에서 감지되고 있다. 코드곶 북쪽의 바닷물이 따뜻해지자 다양한 남쪽 동물(다 자란 성체뿐 아니라 결정적으로 중요한 유년 단계의 동물까지)이 그곳에서 얼마든지 생존할 수 있게 되었다.

북쪽으로 이동한 동물 중 가장 인상적인 예는 바로 녹색게(green crab)다. 녹색게는 과거에는 코드곶 북쪽에서 발견할 수 없었는데, 지금은 유년기의 조개를 먹는 습성 때문에 메인주의 조개잡이 어부들에게 너무나 낯익은 존재가 되었다. 20세기가 막 시작될 무렵의 동물학 안내서를 보면, 녹색게의 분포 범위가 뉴저지주에서 코드곶까지라고 쓰여 있다. 그런데 1905년에는 그 범위가 포틀랜드(Portland: 메인주 남부의 항구 도시—옮긴이) 부근까지 북상했으며, 1930년에는 더 올라가 메인주 해안 중간쯤에 있는 핸콕(Hancock) 카운티에서 표본이 발견되기도 했다. 녹색게는 1930년대에는 윈터(Winter) 항까지 이동했고, 1951년에는 루벡(Lubec: 캐나다와 국경을 맞대고 있는 메인주 남동부의 도시—옮긴이)에서도 발견되었다. 그 뒤로는 파사마쿼디(Passamaquoddy: 루벡 동북쪽에 있는, 캐나다와 미국의 국경을 이루는 만—옮긴이) 해안과 노바스코샤(Nova Scotia)까지 퍼져나갔다.

수온이 상승함에 따라 메인주에서는 바다청어(sea herring)가 희박해지기 시작했다. 바닷물이 더 따뜻해진 게 유일한 원인은 아닐지 몰라도 부분적 원인이었던 것만은 틀림없다. 바다청어의 수가 줄어들자 다른 청어 종들이 남쪽에서부터 찾아오고 있다. 비료, 기름, 그 밖의 산업 제품을 만드는 데 주로 쓰이는 그물눈태평양청어(menhaden)는 청어과에 속하되 몸집이 바다청어보다 훨씬 더 크다. 1880년대에는 메인주에 그물눈태평양청어 어장이 있었다. 하지만 그들은 언젠가부터 그곳에서 사라졌고, 수년 동안 거의 전적으로 뉴저지주 남쪽 지역에서만 서식했다. 그러다 1950년경 다시금 메인주로 돌아왔다. 버지니아주의 선박과 어부도 덩달아 이들을 따라왔다. 같은 청어과에 속하는 눈퉁멸(round herring) 역시 한참 더 북쪽까지 분포 영역을 넓혀가고 있다. 1920년대에 하버드 대학의 헨리 비글로 교수는 눈퉁멸을 멕시코만은 물론 코드곶에서도 발견할 수 있다고, 그러나 코드곶에서는 대부분 지역에서 매우 희귀하다고 보고했다. 〔프로빈스타운(Provincetown: 코드곶 북단에 있는 항구 도시—옮긴이)에서 잡은 눈퉁멸 두 마리가 하버드 대학의 비교동물학박물관에 보존되어 있다.〕 그러나 1950년대에는 거대한 눈퉁멸 떼가 메인주 수역에 나타났고, 이 지역의 수산업계는 눈퉁멸을 통조림으로 제조하기 위해 실험에 착수했다.

간간이 발표하는 다른 많은 보고도 같은 경향을 보여준다. 과거에는 코드곶으로 들어오지 못하던 갯가재(mantis shrimp)도 지금은 코드곶을 휘감고 들어와 메인만 남단에 자리 잡았다. 여기저기서 연성껍질조개(soft-shell clam)가 따뜻한 여름 수온에 피해를 입는 조짐이 나타나고 있다. 뉴욕 수역에서는 경성껍질조개(hard-shell clam)가 이들의 자리를 대신하고 있다. 과거에는 코드곶 북쪽에서 여름에만 서식하던 화이팅(whiting: 대구의 일종인 작은 물고기—옮긴이)이 지금은 그곳에서 1년 내내 잡힌다. 그리고 한때 확실히 남쪽에서만 사는 것으로 여겨지던 또 다른 물고기가 뉴욕 해안에서 산란을 하기도 한다. 뉴욕 해안은 과거에는 차가운 바닷물 탓에 이들의 예민하고 어린 새끼들이 살지 못하던 곳이다.

몇몇 예외가 있긴 하지만 코드곶과 뉴펀들랜드 해안은 전형적으로 바닷물이 차가운 지역이라 한대 동식물군이 서식한다. 이곳은 바다의 통일된 힘에 의해 북극해 그리고 영국제도나 스칸디나비아반도의 해안과 연결되어 있어 멀리 떨어진 북쪽 세계와 놀랄 만큼 유사하다. 거기에 서식하는 종 상당수를 대서양 동쪽에서도 동일하게 발견할 수 있다. 그래서 해조의 80퍼센트, 바다 동물의 60퍼센트를 포괄하고 있는 영국제도용 안내서를 뉴잉글랜드 지방에서 사용해도 전혀 문제 될 게 없다. 한편 미국의 한대는 영국 연안에 비해 북극과 더 밀접한 관련이 있다. 커다란 다시마류(*Laminarian* seaweed)의 일종인 북극켈프(arctic kelp)는 메인주 해안까지 내려왔지만, 대서양 동부에서는 발견할 수 없다. 북극말미잘(arctic sea anemone)은 북대서양 서쪽에서 노바스코샤까지 이어지는 지역에서는 풍부하게 발견되고, 메인주에서는 그보다 수효가 적다. 그러나 대서양 반대편에서는 영국을 넘어 더 북쪽의 차가운 바다에만 제한적으로 서식한다. 초록성게, 붉은불가사리(blood-red starfish), 대구(cod), 청어를 비롯한 수많은 종은 아한대에 분포한다. 지구 꼭대기를 중심으로 퍼져나가는 이런 현상은 녹은 빙하에서, 또는 떠다니는 총빙(叢氷: 바다에 떠다니는 얼음이 얼어붙어 생긴 덩어리—옮긴이)에서 비롯된 한류, 즉 북부의 대표적 동물군을 북태평양과 북대서양으로 날라주는 한류를 매개로 발생한다.

북대서양 양쪽 해안의 동식물군이 이토록 유사한 것은 이들이 대서양을 횡단하기가 비교적 손쉬웠음을 시사한다. 멕시코 만류는 미국 해안에서 반대쪽으로 많은 이동성 동물을 날라다준다. 하지만 양쪽의 거리는 너무나 멀다. 더욱이 대부분 종의 유생기가 매우 짧고, 또 성체의 삶을 살아야 할 시기가 되면 천해 가까이 있어야 한다는 사실로 인해 상황은 다소 복잡해진다. 대서양 북부에서는 바다에 잠겨 있는 산마루, 모래톱, 섬이 중간 기착지 역할을 하면서 횡단을 여러 단계로 쪼개준다. 지질 시대 초기에는 이들 모래톱이 훨씬 더 넓었고, 따라서 긴 세월 동안 적극적 이동이든 소극적 이동이든 대서양을 건너는 게 가능했다.

저위도 지역에는 대서양의 심해 분지가 가로놓여 있고, 섬도 모래톱도 거의 없다. 하지만 이런 곳에서조차 유생과 성체 동물의 이동이 이루어진다. 버뮤다제도는 화산 작용에 의해 바다 위로 솟아오른 뒤, 멕시코 만류를 타고 서인도제도에서 찾아오는 동물을 받아들였다. 그리고 기나긴 대서양 횡단은 좀더 작은 규모로 이루어져왔다. 이런 여러 난관에도 불구하고 인상적일 정도로 많은 서인도제도의 종들이 적도 해류를 타고 이동해 온 게 분명한 아프리카의 종과 똑같거나 매우 밀접하게 연관되어 있다. 불가사리·새우·가재·연체동물 종이 대표적이다. 이처럼 긴 횡단이 이루어지는 곳에서는 이동성 동물이 떠다니는 목재나 부유하는 해조에 붙어 여행하는 성체라고 가정하는 게 사리에 맞다. 오늘날 몇몇 아프리카의 연체동물과 불가사리가 이런 방식으로 세인트헬레나섬에 도착한 것으로 알려졌다.

고생물학의 기록을 보면, 대륙의 형태와 해류의 흐름이 변화했음을 알 수 있다. 초기의 지구 유형을 알고 나면 (만약 그렇지 않았다면 설명할 도리가 없는) 오늘날의 수많은 동식물 분포를 이해할 수 있다. 예를 들어 한때는 대서양의 서인도제도 지역이 해류를 통해 태평양이나 인도양 같은 머나먼 바다와도 직접적으로 교류했다. 그러다 남미와 북미 사이에 육로(파나마지협을 말함—옮긴이)가 놓이자 적도 해류는 동쪽으로 방향을 틀었고, 바다 동물이 퍼져나가지 못하도록 막는 장벽이 생겨났다. 하지만 우리는 오늘날의 동물들을 보고 과거에 이들이 어떠했는지 짐작할 만한 단서를 얻을 수 있다. 나는 언젠가 플로리다주의 텐사우전드(Ten Thousand)제도 사이 조용한 만 바닥에 깔린 거북말(turtle grass)밭에서 신기하게 생긴 작은 연체

여섯갈래민꽃게

동물을 한 마리 발견한 적이 있다. 그 풀의 색과 똑같은 연두색이고, 작은 몸은 얇은 껍데기에 비해 터무니없이 커서 밖으로 잔뜩 비어져 나와 있었다. 바로 스카판데르(scaphander: 바다고둥의 일종—옮긴이)였는데, 녀석의 가장 가까운 친척은 인도양에서 서식하고 있다. 또 노스캐롤라이나주와 사우스캐롤라이나주 해안에서는 검은 몸체의 작은 갯지렁이 군체가 분비한, 암석처럼 생긴 석회질 관(tube) 무더기를 발견했다. 이 갯지렁이는 대서양에서는 거의 알려져 있지 않지만, 그 사촌뻘인 갯지렁이가 태평양과 인도양에서 살아가고 있다.

이렇듯 넓은 지역을 무대로 이뤄지는 이동과 분포는 지속적이고 보편적인 과정으로, 지상에서 살아갈 수 있는 곳이면 어디든 찾아가 점령하고자 하는 모든 생명체의 생존 전략이다. 시대를 막론하고 동물의 이동과 분포 유형은 대륙의 형태나 해류의 흐름에 따라 결정되지만, 결코 완성되지 않고 끝없이 이어지는 과정이다.

조수 작용이 활발하고 그 범위가 넓은 해안에서는 조류가 밀려오고 빠져나가는 현상을 매일, 시간대에 따라 감지할 수 있다. 매번 되풀이되는 밀물은 바다가 육지의 턱밑까지 압박하면서 대륙을 향해 밀고 들어오는 적극적 활동이다. 그런가 하면 썰물은 이상하고 낯선 세계를 드러내준다. 드넓은 개펄에서 볼 수 있는 기이한 구멍, 둔덕, 혹은 동물의 자취는 육지 생활에 익숙지 않은 생명체가 거기에 숨어 있음을 말해준다. 바다는 바위에 붙어사는 해조로 하여금 물에 흠뻑 젖은 채 몸을 납작 엎드려 그 아래에서 살아가는 모든 동물을 위해 보호용 망토를 덮어주도록 한다. 훨씬 더 직접적으로 조수는 쇄파 소리와 분명하게 구분되는 저만의 언어를 들려준다. 밀물 소리는 외해의 바다놀이 들이치지 않는 해안에서 가장 분명하게 들을 수 있다. 밤의 정적 속에서 파동도 없는 밀물이 기세 좋게 차오를 때면 물소리가 왁자할 정도로 소란하다. 바닷물이 부서진 뒤 해변으로 밀려오는 소리, 소용돌이치는 소리, 육지의 바위 가장자리를 계속 찰싹거리는 소리……. 때로 낮게 웅얼거리는 소리, 속삭이는 소리도 들린다. 그러다 갑자기 엄청난 물살이 밀려들면서 그 모든 잔잔한 소리를 한꺼번에 집어삼킨다.

이와 같은 해안에서는 조수가 생명체의 행동과 속성을 결정한다. 오르내리는 조수는 고조선과 저조선 사이에서 살아가는 모든 생명체에게 하루에 두 번 육지 생활을 경험하도록 해준다. 저조선 가까이에서 살아가는 동물에게는 태양과 대기에 노출되는 시간이 짧다. 반면 더 높은 해안에서 살아가는 동물의 경우 낯선 환경에 처하는 시간이 훨씬 더 길고, 따라서 더 많은 인내심이 필요하다. 하지만 모든 조간대에서는 생물의 삶이 조수의 리듬에 맞춰져 있다. 바다와 육지를 번갈아 겪으면서 살아가는 해안 동물은 바닷물에 녹아 있는 산소를 들이마셔야 하고, 습기를 유지할 수 있는 방법을 모색해야 한다. 육지에서 고조선까지 내려간, 공기를 호흡하는 극소수 동물은 저만의 산소 공급 장치를 지님으로써 밀물 때 익사하지

장식게

않도록 대책을 세워야 한다. 조수가 빠져나가면 조간대에서 살아가는 대부분의 동물은 먹이가 거의 혹은 전혀 없다. 실제로 생명을 지키는 중요한 과정은 대개 바닷물이 해안에 들어차 있을 때 이루어진다. 따라서 밀물과 썰물이 만들어내는 리듬은 활동과 휴식을 번갈아 반복하는 생명체의 생물학적 리듬에 반영된다.

밀물 때에는 모래 깊숙한 곳에서 살아가는 동물이 위로 기어 나오거나, 기다란 숨관 또는 흡관을 내밀거나, 자신이 살아가는 굴속으로 물을 퍼 들이기 시작한다. 바위에 붙어사는 동물은 껍데기를 열고 먹이를 잡기 위해 촉수를 내민다. 포식 동물이나 방목 동물은 분주히 돌아다닌다. 그러나 바닷물이 빠져나가면 모래밭에서 살아가는 동물은 축축한 모래 속으로 깊이 퇴각한다.

바위에서 살아가는 동물은 갖은 수단을 총동원해 몸이 건조되는 것을 막는다. 석회질의 관(tube)을 짓는 갯지렁이는 그 관 속으로 기어 들어간 뒤 코르크로 병을 막듯 변형된 새사(gill filament, 鰓絲: 아가미의 구성단위를 이루는 실 모양의 조직—옮긴이)로 입구를 봉해버린다. 따개비는 껍데기를 닫아 아가미 주위에 있는 습기를 유지한다. 고둥은 껍데기 속으로 물러난 뒤 공기를 차단하고 내부에 바다의 습기를 유지하기 위해 문처럼 생긴 딱지(operculum)를 닫는다. 이각류(amphipod, 異脚類)인 스커드(scud)와 갯벼룩은 암석이나 바닷말 밑에 숨어 있으면서 물이 다시 들어와 자신을 풀어주길 기다린다.

한 달 내내 달이 차고 기우는 데 따라 그 인력으로 생기는 조수는 고조선과 저조선의 변화나 강도가 날마다 달라진다. 한 달 중 보름달이 지난 뒤, 그리고 초승달이 지난 뒤에는 조수를 생성하기 위해 바다에 가해지는 힘이 최고로 커진다. 이는 그때 태양과 달이 지구와 정확히 일직선상에 놓이고, 그래서 이 둘이 서로 끌어당기는 힘이 보태지기 때문이다. 무수히 많은 복잡한 이유로 인해 조수의 영향이 가장 커지는 것은 정확히 보름달과 초승달 때라기보다 그 직후의 며칠 동안이다. 이때의 만조는 다른 어느 때보다 높고, 간조는 다른 어느 때보다 낮다. 이것을 색슨어 'sprungen(가득 차다)'에서 따와 'spring tides', 즉 대조(사리)라고 부른다. 이 단어는 봄이라는 계절을 뜻하는 게 아니라 강하고 활동적인 동작이라는 의미로, 바닷물을 '솟구치게(spring)' 만드는 것을 뜻한다. 초승달 때의 조수가 바위 절벽을 때리는 모습을 본 적이 있는 사람은 아무도 이 말의 적합성을 의심하지 않을 것이다. 상현달과 하현달이 뜰 때는 달의 인력이 태양의 인력에 직각으로 작용함에 따라 두 힘이 서로를 방해해 조수의 움직임이 느려진다. 이때 바닷물은 대조 때의 높이만큼 차지도 않고 빠지지도 않는다. 이처럼 굼뜬 조수를 'neaps', 즉 소조(조금)라고 부른다. 이 단어는 고대 스칸디나비아어에서 기원한 것으로, '간신히 닿다', '가까스로

혹게

~하다'는 뜻이다.

북미 대서양 연안에서는 조수가 하루 두 번, 이른바 '반일(半日) 주기'의 리듬으로 움직인다. 즉 약 24시간 50분에 이르는 조석일에 고조 두 번, 저조 두 번의 주기를 갖는 것이다. 지역적으로 약간 차이가 있을 수 있지만 어쨌거나 이전 저조와 다음 저조는 약 12시간 25분 간격으로 되풀이된다. 물론 고조도 마찬가지다.

조차(潮差: 밀물과 썰물 때의 수위 차이—옮긴이)는 지구 전체에 걸쳐 저마다 크게 다르다. 심지어 미국 대서양 연안에서도 그렇다. 플로리다키스 주변에서는 밀물과 썰물의 차이가 30~60센티미터에 불과하다. 플로리다주의 기다란 대서양 연안은 대조 때의 조차가 90~120센티미터이지만, 조금 북쪽에 있는 조지아주 시(Sea)제도는 약 240센티미터다. 노스캐롤라이나주와 사우스캐롤라이나주, 그 북쪽에 있는 뉴잉글랜드의 연안에서는 조수의 힘이 다소 약해진다. 그 결과 대조 때 사우스캐롤라이나주 찰스턴(Charleston)은 180센티미터, 노스캐롤라이나주 뷰포트(Beaufort)는 90센티미터, 뉴저지주 메이(May)곶은 150센티미터다. 낸터킷(Nantucket)섬은 조수가 거의 없지만, 거기서 불과 48킬로미터밖에 떨어지지 않은 케이프코드만(Cape Cod Bay)의 해안은 대조 때의 조차가 무려 300~330센티미터에 이른다. 뉴잉글랜드의 암석 해안 대부분은 펀디만의 대조 지대 범위 안에 들어간다. 코드곶에서 파사마쿼디만까지는 그 차이의 진폭이 제각각이긴 하지만 아무튼 프로빈스타운 300센티미터, 바(Bar) 항구 360센티미터, 이스트포트(Eastport) 600센티미터, 캘리스(Calais) 660센티미터로 늘 적잖은 수준이다. 생명체 상당수가 풍파에 노출되어 있는, 암석 해안과 강한 조류가 만나는 이들 지역에서는 동식물에 미치는 아름다운 조수의 힘을 엿

볼 수 있다.

날마다 거대한 조수의 밀물과 썰물이 뉴잉글랜드의 암석 해안에 들고 나면, 바닷물이 그 해안을 가로질러 어디까지 밀려들었다 밀려나가는지가 바닷가와 평행한 선으로 분명하게 표시된다. 이 선, 즉 지대(zone)는 생명체로 이뤄져 있고, 조수가 어느 단계에 있는지를 드러낸다. 왜냐하면 특정 높이의 해안이 얼마나 길게 드러나 있느냐에 따라 거기서 어떤 동물이 살아갈 수 있는지가 대체로 결정되기 때문이다. 제일 강인한 종은 위쪽 지대에서 살아간다. 지구상에서 가장 오래된 식물 종인 남조류는 몇 백억 년 전부터 바다에서 살았지만, 서서히 거기서 벗어나 고조선 위 암석에 검은 흔적을 남기기 시작했다. 세계 거의 모든 지역의 암석 해안에서 볼 수 있는 검은 지대(black zone)가 바로 이들의 작품이다. 이 검은 지대 아래에는 서서히 육지 동물로 진화해가고 있는 고둥이 얇게 뒤덮인 식물을 뜯어 먹으며 기어 다니거나 바위의 갈라진 틈새 또는 이음매에 몸을 숨기고 있다. 하지만 가장 눈에 띄는 지대는 고조선에서 시작된다. 꽤나 거센 쇄파가 들이치는 해안에서는 고조선 바로 아래의 바위가 다닥다닥 붙은 수많은 따개비로 온통 새하얗다. 홍합이 그 흰 헝겊에 묻은 검붉은 얼룩처럼 듬성듬성 자란다. 그 밑에는 갈조류인 록위드가 밭을 이루고 있다. 저조선 쪽으로는 낮게 자라는 이끼, 주름진두발(Irish moss)이 폭신한 융단처럼 펼쳐져 있다. 짙은 빛깔의 널따란 주름진두발 지대는 움직임이 굼뜬 소조 때는 완전히 드러나지 않지만, 대조 때가 가까워지면 전부 드러난다. 이따금 이 적갈색 이끼 사이에 결이 뻣뻣한 머리카락 같은 연둣빛 해조 무리가 군데군데 섞여 있다. 대조 때 물이 가장 많이 빠져나가는 마지막 순간에 또 하나의 지대가 드러난다. 모든 바위가 석회를 분비하는 짙은 장밋빛 해조로 뒤덮여 있는 조하대(subtidal zone, 潮下帶: 조간대의 하부 지대로 저조 때도 물이 빠지지 않고 잠겨 있다. 대조의 저조 때만 잠시 모습을 드러낸다—옮긴이)다. 여기서는 빛나는 갈색 리본처럼 생긴 거대한 켈프가 바위에 몸을 드러낸 채 엎드려 있다.

이런 생물 유형은 세계 모든 지역에 대동소이하게 존재한다. 장소에 따라 차이가 나는 것은 대체로 쇄파의 세기와 관련이 있다. 그에 따라 어떤

1. 검은 지대 2. 총알고둥 지대 3. 따개비 지대 4. 록위드 지대 5. 주름진두발 지대 6. 라미나리아 지대

지대는 대폭 억제되고, 또 어떤 지대는 크게 번성하기도 한다. 가령 파도가 거센 위쪽 해안 지대에 따개비들이 넓게 흰 밭을 이루고 있으면, 록위드 지대는 크게 위축된다. 그러나 쇄파의 위험이 사라지면 록위드는 중간 해안에서 크게 번성할 뿐 아니라 서서히 위쪽 바위까지 침투해 따개비가 살아가기 어려운 조건을 만들어버린다.

어떤 의미에서 보면 진정한 조간대란 소조 때의 밀물과 썰물 사이 지대를 일컫는 것이다. 조수의 주기에 따라, 즉 하루에 두 차례씩, 바닷물에 완전히 덮이거나 아니면 바닷물이 완전히 빠져나가 공기에 노출되는 지대 말이다. 소조 때의 조간대에서 살아가는 생명체야말로 가장 전형적인 해안 동식물이다. 이들은 매일 바다와 접촉하지만, 잠시 육지 상태에 노출되는 것쯤은 문제없이 이겨낼 수 있어야 한다.

소조 때의 고조선 위쪽은 바다보다는 육지의 성격이 더 짙은 지대다. 이곳에는 주로 선도적인 종이 살아간다. 이들은 이미 육지 생활을 지향해 먼 길을 떠나왔으며, 여러 시간 혹은 여러 날을 바다와 떨어진다 해도 능히 버텨낼 수 있다. 따개비 가운데 한 종은 고조선보다 높은 조상대(supratidal zone, 潮上帶: 조간대의 상부 지대로 고조 때도 바닷물이 미치지 않는다. 대조의 고조 때만 잠시 파도가 닿는다—옮긴이) 바위에 떼 지어 산다. 이곳은 바닷물이 한 달 중 대조 때 불과 며칠 밤낮 동안만 찾아드는 지대다. 들어오는 바닷물은 먹이와 산소를 공급하고, 나가는 바닷물은 철이 되면 새끼들을 표층수의 양육장으로 데려간다. 따개비는 이 짧은 기간 동안 생존하는 데 필요한 모든 과정을 후딱 해치운다. 하지만 14일 만에 찾아온 대조의 밀물이 빠져나가면 다시 낯선 육지 세계에 남는다. 이때 따개비가 스스로를 방어하는 유일한 방법은 껍데기의 골판을 굳게 닫아 바다의 습기를 몸 안에 유지하는 것이다. 이들은 살면서 마치 동면 같은 침잠 상태를 오래도록 유지하다 짧은 순간 격렬하게 활동하는 생활을 번갈아가며 되풀이한다. 먹이를 만들어 저장하고, 꽃을 피우고, 열매를 맺는 등 여러 가지 일을 짧은 여름 몇 주 동안 재빨리 해치워야 하는 북극의 식물처럼 이 따개비들도 자기 삶의 방식에 철저하게 적응했고, 그 결과 조건이 험악한 지역에서도 얼마든지 살아남을 수 있었다.

몇몇 바다 동물은 대조의 고조선보다 더 위쪽, 그저 부서지는 파도의 물보라에서 염분 섞인 수분을 얻을 따름인 이른바 '비말대(splash zone, 飛沫帶)'로까지 밀고 올라왔다. 이들 선구자 가운데 하나는 바로 총알고둥 종족에 속한 고둥이다. 서인도제도의 고둥 중에는 바다와 여러 달 동안 떨어져 지내는 것도 너끈히 견뎌내는 종이 있다. 또 다른 종인 유럽바위총알고둥(European rock periwinkle)은 바닷물 속으로 알을 쏟아내기 위해 대조의 파도가 몰려오길 기다리고 있지만, 이 중요한 생식 활동 빼고는 바다와 거의 무관한 삶을 살아간다.

소조 때의 저조선 아래에는 주기적으로 왔다 갔다 하는 조수가 거의 대조 수준에 접근하면서 점점 더 낮아져야만 드러나는 지역이 있다. 조간대 중 바다와 가장 긴밀하게 연관된 지역이다. 이곳에 서식하는 동물 상당수는 외안형(offshore form)으로, 오직 대기에 노출되는 시간이 짧고 그 빈도가 잦지 않기 때문에 여기서 살아갈 수 있다.

조수와 동식물 지대의 관계는 분명하다. 하지만 동물은 알 수 없는 여러 가지 방식으로 자기 행동을 조수의 리듬에 맞추어왔다. 조수의 움직임을 잘 활용하는 기계 장치처럼 보이는 동물도 있다. 예를 들어 굴 유생은 조수의 흐름을 타고 제 몸을 붙이기에 적합한 장소로 이동한다. 성체 굴은 염해보다는 작은 만이나 해협, 강어귀에서 살아간다. 그래야 유년기의 굴을 외해에서 벗어난 곳으로 퍼뜨리는 경쟁에 유리하기 때문이다. 처음 알에서 부화해 소심하게 떠다니던 굴 유생은 조수에 실려 바다로 진출한 다음 다시 만으로, 강어귀의 상류로 귀환한다. 대부분의 강어귀에서는 밀려드는 바닷물의 힘이 더해지는 만조보다 간조가 더 길다. 그 결과 2주에 걸친 유생기 동안 바다 쪽으로 빠져나가는 물이 유년기의 굴을 수십 킬로미터 떨어진 바다까지 옮겨다준다. 그러나 유생은 자라면서 행동에 급격한 변화를 겪는다. 이제 이들은 간조 때가 되면 바닥으로 내려가 바다로 빠져나가는 물에 휩쓸리지 않으려 애쓴다. 하지만 만조 때 물이 차오르면 도로 올라와 밀려드는 물살을 타고 성체의 삶을 살기에 알맞은 저염 지역으로 이동한다.

그 밖의 동물도 새끼가 우호적이지 않은 바다로 휩쓸려갈 위험을 막기 위해 산란의 리듬을 조절한다. 조간대나 그 인근에 살면서 관을 만드는 갯지렁이 중 하나는 강한 대조의 힘을 기피하는 경향을 보인다. 즉 14일마다 한 차례씩 오는 소조 때 유생을 바다로 내보내는 것이다. 소조 때가 물의 움직임이 상대적으로 느려서 유영기(swimming stage)가 짧은 어린 갯

굴

지렁이들이 해안이라는 가장 우호적인 지대에 남을 가능성이 높기 때문이다.

그 밖에 뭐라 말할 수 없는 신비로운 조수의 효과는 또 있다. 동물은 더러 압력 변화에 반응하거나 고인 물과 흐르는 물의 차이에 반응하는 식으로 산란기를 조수에 맞추기도 한다. 딱지조개(chiton)라고 부르는 원시적인 연체동물은 버뮤다에서 이른 아침 저조 때, 일출 직후 물이 다시 차오르는 순간에 맞춰 산란한다. 딱지조개는 물에 뒤덮이자마자 알을 낳는다. 일본갯지렁이(Japanese nereid)는 10~11월의 초승달과 보름달 즈음처럼 연중 조수가 가장 거셀 때에만 산란한다. 단언할 수는 없지만 아마도 진폭이 큰 해수 운동에 자극을 받는 듯하다.

바다 동물을 통틀어 이들과 거의 관련 없는 분류군에 속하는 그 밖의 수많은 동물은 저마다 보름달과 초승달, 혹은 상현달과 하현달에 맞춰 확실하게 고정된 리듬에 따라 알을 낳는다. 하지만 이런 효과가 조수의 압력이 달라져서 생기는 것인지, 아니면 달의 빛이 달라져서 생기는 것인지는 알 길이 없다. 예를 들어 멕시코만의 드라이토르투가스(Dry Tortugas)제도에 서식하는 성게는 반드시 보름달이 뜬 밤에만 산란한다. 무엇 때문인지는 모르지만 아무튼 그 종의 모든 개체가 그러한 자극에 반응해 한꺼번에 어마어마한 양의 생식세포를 쏟아낸다. 잉글랜드 해안에서는 새끼 해파리를 만들어내는, 식물처럼 생긴 어느 히드라충 종이 하현달 때 새끼 해파리를 방출한다. 매사추세츠주 해안의 우즈홀(Woods Hole)에서는 조개처럼 생긴 한 연체동물이 보름달과 초승달 사이에 엄청난 양의 알을 낳는데, 상현달 때만큼은 반드시 피한다. 나폴리의 갯지렁이는 상현달과 하현달 때 떼로 모여서 교미하지만 초승달과 보름달 때만큼은 극구 피한다.

이와 유연관계에 있는 우즈홀의 또 다른 갯지렁이 종은 나폴리의 갯지렁이와 똑같은 달(moon), 그들보다 더 강한 조수에 노출되는데도 그 같은 상관관계를 전혀 보여주지 않는다.

우리는 이런 사례 중 어떤 것에서도 그 동물이 조수에 반응하는 것인지, 아니면 조수 자체가 그렇듯 달의 영향에 반응하는 것인지 알 도리가 없다. 하지만 식물의 경우는 사정이 다르다. 우리는 식물이 달의 영향을 받는다는, 세계적으로 오랫동안 공유해온 믿음을 곳곳에서 과학적으로 확인할 수 있다. 여러 다양한 증거에 따르면, 규조류나 기타 식물 플랑크톤이 빠르게 증식하는 것은 달이 어떤 상(phase, 相)인지와 관계가 있다. 강 플랑크톤(river plankton) 속에서 살아가는 어느 바닷말은 보름달일 때 세력이 가장 크게 불어난다. 노스캐롤라이나주 해안에 서식하는 갈조류는 생식세포를 오직 보름달 때만 방출한다. 그와 비슷한 행동이 일본이나 기타 세계 여러 지역에서 살아가는 다른 해조들에게서도 나타나는 것으로 알려져 있다. 이러한 반응은 일반적으로 다양하게 바뀌는 편광(polarized light, 偏光)의 강도가 원형질에 영향을 미친 결과로 설명할 수 있다.

그 밖의 관찰 결과도 동물의 생식 및 생장과 식물 사이에 모종의 연관성이 있음을 시사한다. 비록 다 자란 성체 청어는 식물 플랑크톤을 꺼릴 수도 있지만, 급성장 중인 청어는 식물 플랑크톤이 밀집한 곳 가장자리에 모여든다. 산란하는 성체, 알 그리고 다양한 바다 동물의 새끼는 식물 플랑크톤이 적은 곳보다 많은 곳에서 더 자주 발견되는 것으로 알려져 있다. 한 일본 과학자는 중요한 실험을 통해 파래에서 추출한 물질로 굴의 산란을 유도할 수 있다는 사실을 발견했다. 파래는 규조류가 성장하고 증식하는 데 영향을 끼치는 물질을 생산하고, 그 자신은 록위드가 무성하게 자라는 곳 근처에서 온 바닷물의 영향을 받는다.

바닷물 속에 존재하는 이른바 '엑토크린(ectocrine: 외분비물, 즉 외부 대사산물)'이라는 물질은 오늘날 과학에서 첨단 주제 중 하나로 떠올랐다. 실제로 이에 관한 정보는 파편적이고 감질날 정도이지만, 우리는 바야흐로 인류를 수세기 동안 괴롭혀온 문제 중 일부를 풀고 있는 중인지도 모른다. 이 주제가 선진 지식 간의 모호한 경계에 놓여 있다 하더라도, 엑토크린이라는 물질을 발견함으로써 과거에는 당연시하거나 풀 수 없다고 여겼던 많은 문제를 새로이 조명할 수 있게끔 되었다.

바다에는 시간적으로든 공간적으로든 신비로운 오고 감이 있다. 이동하는 종의 운동, 우리 눈앞을 스쳐가는 가장 행렬 참가자처럼 일정 지역에서 어느 종이 급속히 불어나 한동안 번성하다가 돌연 소멸하고, 그 자리를 다른 종 그리고 또 다른 종이 계속 메워가는 기이한 현상 말이다. 그 밖에도 바다에는 또 다른 수수께끼들이 있다. '적조(赤潮)' 현상은 예부터 익히 알려져왔는데, 오늘날까지 계속되고 있다. 이는 특정 미세 생명체, 특히 와편모충(dinoflagellate)이 비정상적으로 증식한 결과 바다의 빛깔이 달라지는 현상으로, 물고기와 일부 무척추동물이 떼죽음을 당하는 등 재앙에 가까운 부작용을 일으키곤 한다. 난데없이 물고기 떼가 어느 장소에서 도망쳐 나오기도 하고 또 그 장소로 몰려가기도 하는 등 도무지 종잡을 수 없이 행동함으로써 막대한 경제적 손실을 입히기도 한다. 이른바 '대서양의 물'이 영국 남부 연안에 밀려들면, 청어 떼가 플리머스(Plymouth: 영국 남서부 도시—옮긴이) 어장에 바글대고, 특정 동물 플랑크톤이 풍부하게 번성하고, 조간대에 특정 무척추동물 종이 득실거린다. 그러나 '영국해협의 물'로 바뀌면 그곳 해안의 드라마에 등장하는 출연진이 대거

바뀐다.

우리는 바닷물과 거기에 함유된 물질이 맡은 생물학적 역할을 알아냄으로써 이제 막 오래된 수수께끼를 풀기 시작했다. 오늘날에는 바다에서 홀로 살아가는 생물은 아무것도 없다는 사실이 분명해졌다. 내내 바다에서 살아가는 모종의 생명체가 광범위한 효과를 지닌 새로운 물질을 바다에 더해준다. 그에 따라 바다는 그 화학적 속성이나 생명 과정에 영향을 끼치는 능력이 달라진다. 이렇듯 현재는 과거나 미래와 연관되어 있고, 모든 생명체는 자기 자신을 둘러싼 모든 것과 맞닿아 있다.

Bob Hines

3

암석 해안

암석 해안에서 고조(밀물, 만조) 때가 되면, 그러니까 바닷물이 거의 육지에서 뻗어 내려온 향나무와 베이베리나무(bayberry)가 자라는 곳까지 가득 밀려오면, 우리는 이 바다 가장자리 수역에는 아무것도 살지 않을 거라고 단정하기 쉽다. 보이는 것이라곤 여기저기 몇 무리의 재갈매기(herring gull)뿐이니 말이다. 밀물 때 재갈매기는 쇄파와 물보라가 미치지 않는 마른 바위 턱에 내려앉아 깃털 속에 노란 부리를 끼워 넣은 채 물이 들어오는 몇 시간을 꾸벅꾸벅 졸면서 보낸다. 이때 조간대의 암석에서 살아가는 동물은 모조리 물에 잠겨 보이지 않지만, 갈매기는 거기에 무엇이 있는지 알고 있다. 또한 때가 되면 다시 물이 빠져나가 자신들을 조간대로 들여보내리라는 것도 알고 있다.

밀물 때의 해안은 아연 뒤숭숭한 장소다. 밀려오는 파도가 튀어나온 암석을 덮치고, 거대한 바윗덩어리의 육지 쪽 면을 레이스 같은 포말로 가득 덮어버린다. 그러나 저조(썰물, 간조) 때면 해안은 한결 평화로워진다. 이때는 파도에 밀고 들어오는 힘이 실리지 않는다. 조수가 바뀔 즈음에는 특별히 극적인 요소랄 게 없지만, 이내 잿빛 암석 사면에 물 젖은 지대가 드러나고 외안에서는 밀려드는 바다놀이 잠긴 바위 턱 위로 소용돌이치며 부서지기 시작한다. 그러면 곧 만조에 잠겨 있던 암석이 모습을 드러내고, 암석은 물이 빠져나가면서 남겨놓은 얼룩으로 반짝거린다.

작고 우중충한 고둥이 미세한 녹색 식물로 뒤덮인 미끄러운 암석 위를 기어 다닌다. 고둥은 쇄파가 되돌아오기 전에 먹이를 찾아 부지런히 암석을 긁고 또 긁어댄다.

오래전에 내린 눈처럼 더 이상 새하얗지 않은 꾀죄죄한 따개비도 시야에 들어온다. 이들은 암석이나 암석 틈새에 낀 오래된 목재를 뒤덮고 있다. 따개비의 뾰족한 고깔은 조수에 이리저리 떠다니는 부유물 속에 뒤엉켜 있는 빈 홍합 껍데기, 바닷가재잡이용 통발, 부표, 그리고 심해에 사는 해조의 단단한 줄기에도 덕지덕지 붙어 있다.

조수가 어느 사이엔가 빠져나가면 해안에는 경사가 완만한 암석 위에 갈조류밭이 펼쳐진다. 그리고 군데군데 그보다는 좁은 영역을 차지한, 인어 머리칼처럼 길고 가느다란 녹조류가 내리쬐는 햇살 아래서 허옇고 쭈글쭈글하게 시들어간다.

방금 전까지만 해도 높은 바위 턱에 앉아 쉬고 있던 갈매기들이 이제 고도의 집중력을 발휘하며 암석 벽 주변을 어슬렁거린다. 그리고 게나 성게를 찾기 위해 마치 커튼처럼 드리운 해조를 뒤적거린다.

아래쪽 해안에는 작은 물웅덩이와 도랑이 생기는데, 마치 소형 폭포처럼 보이는 이곳에서는 바닷물이 부드럽게 졸졸 또는 거세게 콸콸 흐른다.

때론 폭포처럼 쏟아지기도 한다. 암석 틈새나 그 밑에는 수많은 어두운 동굴이 보인다. 바닷물을 머금은 동굴 바닥은 햇빛과 파도의 공격을 피해 숨어든 연약한 생명체의 모습, 즉 작은 말미잘이 피운 크림색 꽃과 연산호의 길쭉한 분홍빛 가지가 암석 천장에 대롱대롱 매달린 모습을 비춰주는 잔잔한 거울이다.

거세게 들이치는 파도에 방해받지 않는, 좀더 깊고 조용한 암석 웅덩이 세계에서는 게들이 암석 벽을 타고 옮겨 다닌다. 이들은 바지런하게 집게발을 놀리면서 먹이를 만지고 느끼고 탐색한다. 이 암석 웅덩이에서는 은은한 초록색이나 황토색의 '피각화(encrusting, 皮角化: 직립 구조를 갖지 않고 표면에 납작하게 붙어 자라는 현상—옮긴이)한 해면', 연약한 봄꽃 무리처럼 화사하게 피어난 연분홍빛 히드라충, 구릿빛과 짙은 청색의 주름진두발, 회색빛 감도는 분홍빛의 아름다운 산호말이 저마다 색채의 향연을 펼치고 있다.

이 모든 것들 위에 희미하게 퍼지는 갯지렁이·고둥·해파리·게의 냄새, 해면의 유황 냄새, 록위드의 요오드 냄새, 바닷물에 젖은 바위가 햇빛을 받아 흰서리를 남긴 채 말라갈 때 나는 짠 내가 한데 뒤섞인 저조의 내음이 드리운다.

저마다 빈 껍데기를 하나씩 차지하고 있는 소라게

암석 해안으로 가는 길 중 내가 가장 좋아하는 곳은 고유의 매혹을 풍기는 어느 상록수 숲속에 난 험준한 오솔길이다. 이 숲길로 나를 인도하는 것은 대개 이른 아침의 조수다. 빛은 아직 희미하고 안개가 저 멀리 바다에서 밀려온다. 이곳은 살아 있는 가문비나무와 발삼나무 속에 죽은 나무가 수없이 뒤섞여 있어 거의 유령의 숲 같다. 어떤 나무는 똑바로 서 있고, 어떤 나무는 땅을 향해 축 늘어져 있다. 또 어떤 나무는 숲 바닥에 널브러져 있다. 나무는 죽은 것이든 산 것이든 온통 초록 또는 은빛 이끼에 뒤덮여 있다. 수염이끼(bearded lichen), 즉 소나무겨우살이과의 회녹색 수염틸란드시아(old man's beard)의 술이 마치 거기에 들러붙은 바다 안개처럼 나뭇가지에서 대롱거린다. 또 초록색 숲이끼(woodland moss)와 낭창낭창한 순록이끼(reindeer moss)가 이불처럼 바닥을 뒤덮고 있다. 이 고요한 장소에서는 파도 소리마저 메아리의 속삭임으로 잦아들고, 숲을 채우는 것은 그저 몽롱한 소리뿐이다. 떠도는 대기 속에서 침엽수가 가늘게 한숨짓는 소리, 절반쯤 넘어진 나무가 옆의 나무에 기댄 채 삐걱거리거나 '끙' 하고 신음하는 소리, 나무껍질이 서로 몸을 부대끼는 소리, 다람쥐 발밑에서 부러져 땅에 떨어지는 죽은 가지가 여기저기서 부딪치고 튕기는 소리…….

마침내 울창한 숲의 어두움 속에서 길이 나타난다. 그 길을 따라 걷노라면 파도 소리가, 바위를 때리며 물러났다 또다시 들이치는 웅장한 바다의 리드미컬한 소리가 숲의 소리보다 더 커지는 지점에 이른다.

해안을 따라 숲의 경계선이 쇄파와 하늘과 암석으로 이루어진 바다 풍광의 가장자리에 선명하게 그어져 있다. 부드러운 해무가 암석의 윤곽선을 흐릿하게 지워준다. 외안에서는 잿빛 바다와 잿빛 안개가 한데 어우러져 새로운 생명이 약동하는 창조의 세계일지도 모를, 해무가 잔뜩 낀 흐릿한 세계를 이루고 있다.

이 새로운 느낌은 이른 아침의 여명과 해무에서 비롯된 착각이 아니다. 실제로도 이곳은 생긴 지 얼마 안 된 해안이다. 해안이 물에 잠기자 바닷물이 밀려들어 계곡을 채우고 언덕 사면까지 차올랐으며, 바다에서 암석이 융기하고 상록수 숲이 해안 바위께까지 뻗어나온 결과 이 구불구불한 해안이 만들어진 것이다. 그런데 이는 지구의 장구한 역사에 비춰보면 불과 어제 벌어진 일에 지나지 않는다. 과거 이 남쪽 해안은 오래된 육지와 비슷했다. 그러나 이곳 해안의 속성은 바다와 바람과 비가 모래를 만들고, 그 모래를 다시 모래 언덕, 해변, 외안의 사주나 모래톱으로 만들어준 수백만 년 동안 거의 바뀌지 않았다. 북쪽 해안 역시 드넓은 모래 해변과 접해 있는 해안 평야 지대였다. 해안 뒤쪽으로는 개울이 깎아내고 빙하가 더 깊이 파내 주조한 계곡과 바위산이 번갈아가며 풍광을 장식했다. 바위산은 침식을 잘 견뎌내는 편마암(gneiss, 片麻岩) 따위의 결정암(crystalline rock, 結晶岩)들로 이뤄졌고, 저지대에는 바닥에 그보다 약한 사암, 셰일(shale), 이회토 같은 암석이 깔려 있었다.

그러던 풍광이 달라지기 시작했다. 롱아일랜드 부근의 어느 지점에서부터 유연한 지각이 거대한 빙하의 무게에 눌려 아래쪽으로 기울었다. 지금의 메인주 동부와 노바스코샤가 아래쪽으로 눌리는 바람에 그중 일부 지역이 바다 아래로 360미터나 내려앉았다. 북부 해안 평야가 모두 물에 잠긴 것이다. 그 해안 평야에서 약간 솟아 있던 부분이 지금의 외안 모래톱이다. 바로 뉴잉글랜드와 캐나다 연안해의 어장인 조지스뱅크(Georges Bank), 브라운스뱅크(Browns Bank), 큐로뱅크(Quereau Bank), 그랜드뱅크

(Grand Bank) 따위다. 이들 어장은 오늘날의 몬헤건섬처럼 외따로 떨어져 솟아 있는 구릉 빼고는 아무것도 바다 위로 드러나 있지 않다. 몬헤건섬도 옛날에는 틀림없이 해안 평야 위로 우뚝 솟은 잔구(殘丘: 준평원 위에 남아 있는 굳은 암석의 구릉—옮긴이)였을 것이다.

산등성이와 계곡이 해안에 비스듬히 놓인 곳에서는 바다가 구릉 사이로 높이 밀려 들어와 계곡을 메웠다. 메인주의 특징인 고르지 못하고 들쭉날쭉한 해안은 바로 이렇게 해서 생겨났다. 케네벡(Kennebec)·시프스콧(Sheepscot)·대머리스코타(Damariscotta) 같은 수많은 강의 길고 좁은 어귀는 30킬로미터 정도 내륙 쪽으로 뻗어 있다. 바닷물이 들어오는 이런 강들, 즉 바다의 만(灣)들은 지질학적 과거에는 풀과 나무가 자라던 계곡이 물에 잠겨 생겨난 것이다. 이 강들 사이에 자리한 숲 우거진 바위산은 오늘날과 거의 흡사한 모습이었을 것이다. 연안해에는 일련의 섬이 잇달아 바다 위로 비스듬하게 튀어나와 있다. 예전에는 육지였던 산들이 절반쯤 물에 잠겨 등성이만 물 위에 고개를 내민 모습이다.

하지만 거대한 바위산을 끼고 있는 해안선은 굴곡이 거의 없고 좀더 완만하다. 과거 수세기 동안 내린 비가 얕은 계곡을 깎아 화강암 산들의 간격을 점점 더 벌려놓았고, 마침내 바다가 높아지자 길고 구불구불한 만 대신 짧고 널찍한 만이 생겼다. 이런 해안을 대표하는 곳이 노바스코샤 남쪽과 내풍화성(耐風化性) 암석 지대가 해안을 따라 동쪽으로 굽이져 있는 매사추세츠주 앤(Ann)곶 지역이다. 이런 해안에서는 섬도 바다 쪽으로 대담하게 진출하는 대신 해안선과 나란히 놓여 있다.

지질학적 사건 대부분이 그렇듯 이 모든 일은 꽤나 급격하고 느닷없이 일어나서 풍광이 서서히 조정될 겨를이 없었다. 또한 이는 상당히 최근에 생겨난 일이라 오늘날 바다와 육지가 맺고 있는 관계는 그 역사가 고작 1만 년밖에 되지 않을 것이다. 지구 역사를 통틀어볼 때 몇 천 년은 기실 아무것도 아니다. 그리고 이렇게 짧은 기간 동안 파도는 단단한 암석〔거대한 빙상(氷床)이 이 단단한 암석 지대에서 느슨하게 놓인 암석이나 오래된 토양을 쓸어갔다〕을 상대로 거의 승리를 거두지 못했고, 나중에 절벽에 남게 될 깊은 흔적도 제대로 새겨놓지 못했다.

이곳 암석 해안의 울퉁불퉁함은 대체로 산 자체의 울퉁불퉁함에서 비롯되었다. 여기에는 오래된 해안이라거나 무른 암석으로 이뤄진 해안임을 분명하게 말해주는, 파도에 깎인 시스택(sea stack: 암석 해안에서 기반암이 육지로부터 떨어져 고립된 촛대처럼 생긴 바위섬—옮긴이)이며 해식 아치(sea arch: 연안 침식에 의해 형성된 구름다리 모양의 해안 지형—옮긴이)가 어디에도 없다. 파도의 작용은 몇몇 예외적인 장소에서만 찾아볼 수 있다. 마운트데저트(Mount Desert: 메인주 남쪽 대서양 연안의 섬—옮긴이)의 남쪽 해안은 거세게 때리는 쇄파에 고스란히 노출되어 있다. 파도는 여기에 말미잘 동굴(Anemone Cave)을 깎아놓았다. 천둥 구멍(Thunder Hole)에서는 고조 때가 되면 쇄파가 포효하듯 밀려들어 그 작은 동굴의 지붕을 때리면서 솟구친다.

그런가 하면 어떤 곳에서는 바닷물이 단층선을 따라 토압(土壓)의 전단(剪斷) 효과로 만들어진 가파른 절벽의 발치를 간질이기도 한다. 마운트데저트섬에 있는 절벽, 즉 슈너(Schooner)갑, 그레이트(Great)갑, 오터클리프(Otter Cliff)는 바다 위로 30미터 넘게 솟아 있다. 만약 우리가 이곳의 지질학 역사를 잘 모른다면 이 위풍당당한 절벽들을 보고 파도가 깎아서 만든 작품이겠거니 하고 넘겨짚을 수도 있으리라.

케이프브레턴(Cape Breton)섬과 캐나다 뉴브런즈윅(New Brunswick)주의 해안에서는 사정이 사뭇 달라서 후기 해식의 예를 도처에서 발견할 수 있다. 이곳에서 바다는 석탄기에 형성된 무른 암석 저지대와 접촉한다. 이들 해안은 파도의 침식 작용에 거의 맥을 못 추고, 무른 사암과 역암은 연간 평균 13~15센티미터씩, 어떤 장소에서는 자그마치 150센티미터씩 깎여나간다. 따라서 이들 해안에서는 시스택, 해식 동굴, 침니, 해식 아치를 흔히 볼 수 있다.

뉴잉글랜드 북부의 암석 해안에는 모래·조약돌·자갈 따위로 이뤄진 작은 해안이 곳곳에 있다. 이들 해안의 기원은 저마다 다르다. 어떤 것은 경사진 땅에 바닷물이 차올랐을 때 암석 표면을 덮어버린 빙하 부스러기에서 연유했다. 둥근 바윗돌, 조약돌은 때로 좀더 깊은 연안해에서 해조의 '부착근'에 단단히 붙들린 채 바닷물에 실려온다. 폭풍파가 해조와 돌을 이들이 본래 있던 곳에서 떼어내 해안에 패대기친 것이다. 해조의 도움이 없더라도 파도는 상당량의 모래, 자갈돌, 조개껍데기, 심지어 제법 묵직한 둥근 돌까지 날라다준다. 이들 모래 해안 혹은 자갈 해안은 거의 언제나 풍파로부터 보호받는, 안으로 굽은 해안이거나 막다른 작은 만이다. 이곳에서는 파도가 뭔가의 잔해를 퇴적할 수는 있지만 그것을 쉽사리 도로 빼앗아가지는 못한다.

톱니 모양의 가문비나무와 쇄파 사이에 자리한 이들 암석 해안에서는 아침 안개가 등대와 어선, 그 밖에 사람의 흔적을 떠올리게 하는 모든 것을 감추어준다. 시간에 대한 감각마저 무뎌진다. 그래서 우리는 바다가 바로 어제 이곳에 들어와 이 특별한 해안선을 빚어놓았다고 쉽사리 단정 지을 수도 있다. 하지만 조간대의 암석에서 살아가는 생명체는 더 오래된 해안의 특색인 모래·진흙 해안의 동물군을 서서히 몰아내면서 제 삶터를 일궈왔다. 뉴잉글랜드 북부 해안에 밀려들어 해안 평야를 물에 잠기도록 한 뒤 단단한 고지대에 막혀 멈춰 선 바닷물이 암석 거주 동물의 유생을 실어왔다. 어디든 적당한 곳을 만나면 무리 지어 살 태세로 해류를 타고 떠돌면서 정착지를 찾아 헤매는 유생은 요행히 제대로 길을 찾을 수도 있다. 그러나 이런 육지를 발견하지 못하면 끝내 죽음에 이르고 만다.

아무도 최초 거주민이 누구였는지 기록하지 않았고, 또 생명체가 어떻게 이어졌는지 추적하지도 않았다. 하지만 우리는 이 바위를 처음 점령한 생명체가 무엇인지, 그 뒤를 따른 생명체는 무엇인지를 꽤나 신빙성 있게 유추할 수 있다. 해침(海浸)으로 수많은 종의 해안 동물 유생과 새끼가 바닷물에 실려왔다. 하지만 그중 오직 먹이를 구할 수 있는 것만 이 새로운 해안에서 살아남을 수 있었다. 처음에는 이용 가능한 먹이가 암석 해안을 쓸고 가는 조수와 함께 새로 떠밀려온 플랑크톤뿐이었다. 최초로 암석 해안에 영구 정착한 거주민은 필시 이 플랑크톤을 걸러 먹는 따개비나 홍합 따위의 동물이었을 것이다. 몸을 부착할 단단한 장소 말고는 거의 필요한 게 없는 동물들이다. 따개비의 하얀 고깔 껍데기와 홍합의 검은 껍데기 부근에 바닷말 포자가 떨어지고, 그 결과 살아 있는 초록 바닷말이 암석 윗부분을 외피처럼 뒤덮기 시작했을 것이다. 그러자 이들을 뜯어 먹고 사는 동물이 들어올 수 있었다. 날카로운 혀로 바지런히 바위를 문지르고 다니는 고둥 무리가 거의 보이지 않는 작은 식물 세포를 핥아댔던 것이다. 플랑크톤을 걸러 먹는 여과 섭식자와 바위를 기어 다니며 먹이를 뜯어 먹는 방목 섭식자가 정착한 뒤에야 비로소 육식 동물이 터를 잡고 살아갈 수 있었다. 포식자인 좁쌀무늬고둥(dog whelk), 불가사리, 그 밖의 수많은 게와 갯지렁이는 이 암석 해안을 비교적 뒤늦게 찾아온 부류다. 하지만 이들은 오늘날 조수가 만들어놓은 이 평탄한 지대에서, 즉 쇄파를 피해갈 보금자리를 마련하거나 먹이를 구하거나 적의 공격으로부터 벗어날 필요성에 의해 만들어진 작은 생물 공동체에서 삶을 영위하고 있다.

그 숲길을 빠져 나왔을 때 내 눈앞에 펼쳐진 생명 유형은 노출된 해안의 전형적 특색을 보여주었다. 가문비나무 숲의 가장자리부터 검은 켈프 숲에 이르는 지역에서는 육지 생물이 우리의 기대보다 천천히 바다 생물로 변해가고 있다. 다양하게 서로 유대 관계를 맺음으로써 과거에는 별개였던 육지 생물과 바다 생물이 분명하게 하나로 통합되고 있는 것이다.

이끼류는 바다 위쪽 숲속에 산다. 수백만 년 동안 그래온 대로 이들은 조용하지만 격렬한 노동을 통해 바위를 부스러뜨린다. 이끼의 일부는 숲을 떠나 조수선 부근의 벌거숭이 바위 쪽으로 진출한다. 어떤 이끼는 훨씬 더 멀리 바다 턱밑까지 나아가 이따금 물에 잠기는 것조차 감수한 채 조간대의 바위에서 기이한 마술을 펼친다. 안개 낀 축축한 아침에 절벽 바다 쪽에 난 석이(石耳)는 마치 낭창낭창한 얇은 초록색 가죽처럼 보이지만, 해가 내리쬐는 한낮에는 바스러질 듯한 검정색으로 변한다. 이때 바위는 마치 얇은 외피가 벗겨지고 있는 것처럼 보인다. 바다 물보라 세례를 받고 무성하게 자라는 벽이끼(wall licken)는 암석 절벽에, 심지어 초승달과 보름달의 대조 때에만 조수가 찾아드는 큰 암석의 육지 쪽에 주황색 얼룩으로 퍼져 있다. 그 밖에 저지대 암석을 뒤덮은 회녹색 이끼는 인편(鱗片)이 이상한 형태로 말리고 꼬인 모양이다. 이들의 표면 아래쪽으로부터 부슬부슬한 검은색 돌기가 나와 암석 물질의 미세한 입자 속에서 작업을 벌인다. 암석을 분해하기 위해 산성 물질을 분비하는 것이다. 그 돌기들이 물기를 머금고 부풀면 미세한 암석 입자가 어그러지면서 흙으로 부서지는 과정이 이어진다.

숲 가장자리 아래에서는 암석이 그 구성 광물의 속성으로 인해 흰색이나 잿빛 또는 담황색을 띤다. 그 암석은 메마른 상태이며 육지에 속해 있다. 몇몇 곤충과 육지 동물이 바다로 가기 위해 지나는 통로로 이용할 뿐 대체로 쓸모가 없는 편이다. 그러나 분명 바다에 속한 지대 바로 위에서는 암석에 이상하게 변색된 부분이 보인다. 계속 이어진 검은색 띠나 줄, 아니면 주변과 다른 색으로 선명하게 도드라져 보이는 부분이다. 이 검은 지대는 그 어디에서도 생명의 기운을 느낄 수 없다. 그저 검은 얼룩, 아니면 기껏해야 펠트 같은 거칠거칠한 암석 표면쯤으로 비칠 따름이다. 그러나 여기에는 실상 미세한 식물이 무성하게 자라고 있다. 그 식물을 이루는 종은 어떤 때는 아주 작은 이끼이기도 하고, 또 어떤 때는 한두 종의 녹조류이기도 하다. 하지만 그중 최대 수효를 자랑하는 것은 가장 단순하고 가장 오래된 식물인 남조류다. 어떤 식물은 물기가 마르지 않도록 보호해주는 싸개처럼 생긴 가느다란 통 속에 들어 있기도 하다. 오랫동안 태양이나 대기에 노출되는 것을 견디기 위함이다. 모두가 너무나 미세한 존재라서 식물 개체 자체는 눈에 잘 띄지도 않는다. 젤리 같은 싸개와 이들이 분포한 지역 전체가 부서지는 파도의 물보라를 받는 곳이라 바다의 문턱인 이 지역은 매끄러운 빙판마냥 미끌미끌하다.

해안의 검은 지대에는 생명이 없고 단조로운 측면을 넘어서는 저만의 의미가 담겨 있다. 하지만 그 의미는 알쏭달쏭하고 애매하고 종잡을 수가 없다. 암석이 바다를 만나면 어디에서든 미세한 식물이 검은 흔적을 남기는데, 이는 얼마간 조수 및 바다의 보편성과 연관이 있는 듯하다. 그러나 우리는 이 메시지를 오직 부분적으로만 이해할 수 있다. 조간대에서 다른 요소는 저마다 다르기도 하지만 이 검은 얼룩만큼은 어디에나 두루 존재한다. 록위드·따개비·고둥·홍합은 이들 세계의 속성이 달라지면 조간대에서 나타나기도 하고 사라지기도 한다. 그렇지만 미세 식물이 새겨놓은 이 검은 얼룩만큼은 언제나 거기에 있다. 나는 메인주 해안에서 검은 얼룩을 보며 이들이 또 어떻게 키라고(Key Largo: 플로리다주 동남부 연안의 섬—옮긴이)의 산호 테두리를 검게 만들었는지, 세인트오거스틴(St. Augustine: 플로리다주 동북부의 항구 도시—옮긴이)의 매끈한 패각암 지대에 줄무늬를 새겨놓았는지, 그리고 뷰포트의 콘크리트 방파제에 흔적을 남겨놓았는지 떠올리곤 했다. 이는 남아프리카공화국이든 노르웨이든, 알류샨열도(알래스카 남서부의 군도—옮긴이)든 오스트레일리아든 세계 어디나 똑같다. 바다와 육지가 만나는 지점을 보여주는 표식인 것이다.

언젠가 그 검은 막 아래에서 나는 육지의 문턱까지 밀고 올라온 최초의 바다 생물을 찾아보기 시작했다. 그리고 해안 위쪽 암석의 틈새와 이음매에서 그들을 발견했다. 총알고둥 종족 중 가장 작은 바위총알고둥이었다. 이 영아기의 고둥은 너무나 작아서 자세히 보려면 확대경이 필요했다. 우묵한 곳이나 틈새에 들어앉은 수백 마리의 바위총알고둥 중에는 크기가 최대 1.3센티미터에 이르는 성체를 비롯해 저마다 몸집이 제각각인 개체들이 섞여 있었다. 만약 이 작은 고둥이 평범한 습성을 지닌 바다 동물이라면, 나는 이들이 약간 멀리 떨어진 군체에서 생겨났으며, 바다에서 얼마간 시간을 보낸 뒤 유생으로 이곳에 떠내려온 유년기 고둥이라고 생각했을 것이다. 그러나 바위총알고둥은 바다로 새끼를 내보내지 않는다. 대신 태생〔胎生: 어미 몸 안의 배 발달을 통한 출생. 알을 낳는 난생(卵生)과 대비되는 개

바위총알고둥(위), 유럽총알고둥(아래)

념—옮긴이]을 하는 종이다. 그래서 각각의 보호막에 들어 있는 알은 발생하는 동안 어미 몸속에 있다. 보호막 안의 내용물은 어린 고둥이 마침내 난낭(卵囊)을 깨고 모체에서 나올 때까지 영양분을 공급해준다. 완벽하게 껍데기에서 탈피한 작은 동물은 곱게 간 커피 알갱이 크기에 불과하다. 이토록 작은 동물은 바닷물에 휩쓸리기 십상이라 암석 틈새나 빈 따개비 껍데기 속에 숨어드는 버릇이 생겼을 것이다. 실제로 나는 그런 곳에서 녀석들이 떼 지어 몰려 있는 광경을 목격하곤 했다.

그러나 대부분의 바위총알고둥이 살아가는 지점에는 14일마다 한 번씩 대조 때만 바닷물이 들어온다. 따라서 그 사이의 긴 기간 동안에는 부서지는 파도가 일으키는 물보라만이 이들이 유일하게 접하는 수분이다. 암석이 물보라에 완전히 젖어 있을 때는 바위총알고둥이 암석에서 먹이를 먹으며 상당 시간을 보낼 수 있고, 더러 검은 지대로까지 멀리 진출하기도 한다. 암석에 미끌미끌한 막을 형성하는 미세 식물이 바로 이들의 먹이다. 다른 총알고둥들처럼 바위총알고둥 역시 초식 동물이다. 이들은 여러 줄의 뾰족한 석회질 이빨이 박힌 특이한 조직으로 암석에 붙은 먹이를 긁어 먹는다. 인두(pharynx, 咽頭) 바닥에 있는 이 치설(齒舌)이라는 조직은 계속 이어진 띠 혹은 리본 모양이다. 다 풀어놓으면 제 키의 몇 배에 이르는 길이지만, 마치 시계태엽처럼 단단하게 감겨 있다. 치설 자체는 동물의 날개나 바닷가재의 껍데기를 구성하는 것과 같은 키틴질로 이뤄져 있다. 치설에 박힌 이빨은 수백 개의 줄로 정렬되어 있다. (또 다른 총알고둥 종인 유럽총알고둥은 이빨 수가 총 3500개에 달한다.) 이빨은 암석을 긁을 때 얼마간 닳게 마련인데, 사용 중인 게 모두 마모되면 새것이 끊임없이 생겨난다.

그런데 닳아 없어지는 것이 비단 치설의 이빨만은 아니다. 암석도 더

불어 마모된다. 수십 년, 아니 수백 년 동안 먹이를 찾아 암석을 긁고 다닌 수많은 총알고둥은 암석 표면의 입자를 서서히 제거하고, 조수 웅덩이를 깊게 파내는 확실한 침식 효과를 가져온다. 캘리포니아주 출신 생물학자가 16년 동안 관찰한 어느 조수 웅덩이에서는 총알고둥이 바닥을 약 0.95센티미터 낮춰놓았다. 주요 침식 요인인 비·서리·홍수도 거의 이와 비슷한 규모로 작용한다.

조수가 돌아오기를 기다리며 조간대의 암석을 기어 다니는 총알고둥은 현재의 진화 단계를 마치고 육지로 옮아갈 순간을 노리고 있다. 지금은 육생이 된 모든 고둥의 선조는 본시 바다에서 살았다. 이들의 조상은 과거에는 해안을 일시적으로만 지나가곤 했을 것이다. 하지만 이제 총알고둥은 진짜로 해안을 통과하는 중이다. 뉴잉글랜드 해안에서 발견한 총알고둥 3종의 구조와 습성에서 우리는 바다 생물이 육지 거주민으로 진화해가는 단계를 확실하게 볼 수 있다. 여전히 바다에 묶여 있는 매끈한총

매끈한총알고둥

알고둥(smooth periwinkle)은 오직 잠깐 동안만 노출을 견딘다. 그래서 저조 때는 젖은 해조 속에 남아 있다. 유럽총알고둥은 고조 때 아주 잠깐 동안만 물에 잠기는 곳에서 살아가기도 하지만, 여전히 바다에 알을 낳으며 그러니만큼 육지 생활을 할 채비는 되어 있지 않다. 한편 바위총알고둥은 그네들의 삶을 바다에 가두는 거의 모든 관계를 끊어버리고 서서히 육지 동물로 변화했다. 그들은 태생을 선택함으로써 생식을 위해 바다에 의존하던 습성마저 내던졌다. 이들은 대조 때의 고조선 부근에서도 무리 없이 살아간다. 이들보다 더 낮은 조수 지대에서 살아가는 그 사촌뻘 고둥들과 달리 혈관이 잘 갖춰져 있고 대기로부터 산소를 들이마시는 (거의 허파처럼 기능하는) 새강(branchial cavity, 鰓腔)이 있기 때문이다. 내내 물에 잠겨 있으면 바위총알고둥한테는 되레 치명적이다. 현재의 진화 단계에서 바위총알고둥은 메마른 공기에 노출되는 상황을 최대 31일까지 견딜 수 있다.

프랑스의 한 실험가는 바위총알고둥이 조수의 리듬에 따라 행동에 많은 영향을 받으며, 따라서 바닷물이 오르내리기를 반복하는 상황에 더 이상 노출되지 않을 때도 항상 조수의 리듬을 기억하고 있다는 걸 밝혀냈다. 바위총알고둥은 14일마다 한 차례씩 그들이 서식하는 암석에 대조가 찾아올 때 가장 활동적이다. 그러나 그 사이 물이 없는 동안에는 점점 행동이 굼떠지고 조직이 얼마간 마르는 과정을 겪는다. 그러다 다시 대조가 돌아오면 주기가 바뀐다. 바위총알고둥은 실험실에 옮겨놓아도 자신들이 본래 살던 해안으로 바닷물이 들고 나던 리듬을 몇 달 동안이나 행동에 반영하곤 한다.

노출된 뉴잉글랜드 해안에서 가장 눈에 띄는 고조대 동물은 바로 고랑따개비〔rock(acorn) barnacle〕다. 고랑따개비는 쇄파가 지나치게 심하지만

따개비

않으면 거의 어디에서나 살아갈 수 있다. 여기서 서식하는 록위드는 파도의 작용으로 성장을 방해받기 때문에 경쟁 상대가 되지 못한다. 그래서 군데군데 보이는 홍합 무리를 빼고는 고랑따개비가 위쪽 해안을 독차지하다시피 하고 있다.

저조 때 고랑따개비로 뒤덮인 암석은 수백만 개의 작고 뾰족한 원뿔로 빚어놓은 광석처럼 보인다. 아무런 움직임도, 어떠한 생명의 기미나 흔적도 없다. 마치 연체동물의 껍데기처럼 단단해 보이는 고랑따개비 껍데기는 석회질로 되어 있다. 그 안에 몸을 숨긴 보이지 않는 동물이 분비한 것이다. 원뿔 껍데기는 각각 고리처럼 생긴 잘 정렬된 6개의 판으로 이뤄져 있다. 4개의 판으로 된 덮개문은 조수가 빠져나가면 마르지 않도록 닫히고, 조수가 들어오면 먹이를 잡아먹기 위해 활짝 열린다. 첫 밀물이 살랑거리며 밀려들면 딱딱하게 굳은 이 지역에 다시 생기가 돌기 시작한다. 이때 바닷물이 발목까지 차오른 곳에 서서 가만히 아래를 내려다보면 물에 잠긴 암석 위로 수없이 팔락이는 작은 그림자를 볼 수 있다. 고랑따개비 원뿔 위로 살짝 열린 문 입구에서 깃털이 규칙적으로 나왔다 들어갔다 하는 광경이다. 고랑따개비는 이 같은 리듬감 있는 동작으로 새로 들어온 바닷물에서 규조류를 비롯한 미생물을 잡아들인다.

껍데기에 들어 있는 생명체는 작은 분홍색 새우처럼 생겼는데, 결코 떠날 수 없는 바닥에 물구나무 선 머리를 단단히 처박고 있다. 오직 부속지만이 껍데기 밖으로 드러난다. 가지처럼 갈라지고, 마디가 있으며, 뻣뻣한 털이 난 여섯 쌍의 가느다란 봉 말이다. 이것은 한꺼번에 작용해 매우 효율적인 그물 노릇을 한다.

따개비는 바닷가재, 게, 갯벼룩, 브라인슈림프(brine shrimp), 물벼룩(water flea)처럼 갑각류라고 알려진 절지동물에 속한다. 그러나 움직이지 않고 붙박인 채 살아간다는 점에서 다른 모든 갑각류와 구분된다. 따개비가 언제부터 어떻게 이런 생활 양식을 따르게 되었는지는 동물학의 수수께끼 중 하나다. 지금의 따개비로 옮아온 과도기 형태가 과거의 어디쯤에서 사라져버린 것이다. 붙박인 장소에서 바닷물이 먹이를 가져오기만 하염없이 기다리는 생활 방식을 희미하게나마 암시하는 또 다른 갑각류는 바로 이각류다. 일부 이각류는 천연 견사나 해조 섬유로 작은 거미줄, 즉 보호막을 짠다. 이들은 자유롭게 왔다 갔다 할 수 있음에도 상당 시간을 보호막 속에서 지내며 해류에 실려온 먹이를 받아먹을 뿐이다. 태평양 해안에서 살아가는 또 다른 이각류 종은 만두멍게(sea pork)라고 부르는 피낭동물 군체 속에 굴을 판다. 스스로 숙주의 질긴 반투명 물질 속에 저만의 방을 만드는 것이다. 그 속에 들어앉은 녀석들은 몸 위로 바닷물을 끌어들여 거기에 포함된 먹이를 먹고 산다.

따개비가 어떻게 지금의 모습이 되었든 그 유생 단계는 이들의 조상이 갑각류였음을 분명하게 보여준다. 초기 동물학자들은 단단한 껍데기를 보고 따개비를 연체동물로 분류했지만 말이다. 부모의 껍데기 속에서 성장한 알이 이윽고 우윳빛 유생으로 부화해 바닷속으로 자욱하게 쏟아진다. 〔맨(Man)섬에서 따개비를 조사한 영국 동물학자 힐러리 무어(Hilary Moore)는 800미터 남짓한 해안에서 따개비 유생이 해마다 1조 마리씩 생성된다고 추정했다.〕 고랑따개비의 경우 유생기가 3개월 정도 지속되는데, 그동안 몇 차례 허물을 벗고 형태가 변한다. 처음에 노플리우스(nauplius)라고 부르는 작은 유영 동물인 고랑따개비 유생은 다른 모든 갑각류의 유생과 다를 바가 없다. 이 유생에게 영양분을 공급하는 것은 둥글고 커다란 지방 덩어리인데, 이것은 먹이가 됨과 동시에 유생이 해수면 가까이 있도록 도와준다. 유생은 이 지방 덩어리가 작아지면 낮은 물에서 헤엄을 치기 시작한다. 마침내 유생은 모양이 변하고 한 쌍의 껍데기, 헤엄치는 여섯 쌍의 다리 그리고 끝에 빨판이 달린 한 쌍의 촉수를 지니게 된다. 이 키프리스 유생(cypris larva)은 또 다른 갑각류인 패충류(ostracod)의 성체와 매우 흡사한 모습이다. 마침내 키프리스 유생은 본능에 의해 중력은 따르고 빛은 피해 바닥으로 내려가서 성체가 될 준비를 한다.

파도를 타고 해안 쪽으로 실려온 유생 따개비 가운데 얼마 정도가 안전하게 해안에 정착하는지, 혹은 깨끗하고 단단한 저질을 찾는 데 실패하는지는 아무도 모른다. 따개비 유생의 정착 과정은 위험하지 않다. 그러나 오직 숙려 기간처럼 보이는 과정을 거친 후에야 정착이 가능하다. 실험실에서 따개비 유생의 행동을 관찰한 생물학자들은 녀석들이 무려 1시간 동안이나 끈적끈적한 촉수 끝으로 제 몸을 밀면서 저질 위를 기어 다니며 알맞은 장소를 물색하고 퇴짜 놓기를 거듭하다가 마침내 최종 선택

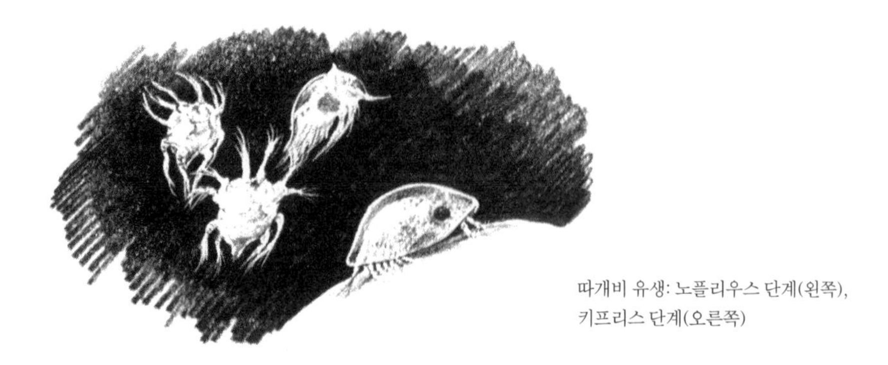

따개비 유생: 노플리우스 단계(왼쪽),
키프리스 단계(오른쪽)

을 한다고 밝혔다. 이들은 본시 며칠 동안 해류에 실려 떠다니다가 부근의 바닥으로 내려가서 살펴보고, 다시 다른 바닥을 찾아 떠다니기를 되풀이한다.

이 영아기의 따개비에게 필요한 조건은 무엇일까? 아마도 이들은 매끈하기보다 거칠고 홈이 파인 암석 표면을 찾고 있을 것이다. 미끄러운 막을 형성하는 아주 작은 식물, 혹은 심지어 히드라충이나 큰 바닷말은 이들을 내쫓을 것이다. 영아기의 따개비가 신비로운 화학 물질에 이끌려 기존의 따개비 군체를 찾아간다고, 즉 성체 따개비가 배출한 물질을 감지하고 따개비 군체로 이어지는 길을 따라간다고 믿는 데는 몇 가지 이유가 있다. 변경하기 어려운 최종 결정을 내린 어린 따개비는 선택한 표면에 제 몸을 붙인다. 어린 따개비의 조직은 마치 나비 유충의 변태에 비견할 만큼 완전하고도 과감하게 재편된다. 이렇게 되면 애초의 흐물흐물한 덩어리에서 초보적인 껍데기가 생겨나고, 머리와 부속지가 만들어진다. 그리고 마침내 12시간 내에 모든 판(plate)을 갖춘 완벽한 원뿔 껍데기가 완성된다.

석회질 컵 안에서 따개비는 두 가지 성장 문제에 직면한다. 첫째, 키틴질 껍데기에 들어 있는 갑각류인 이 동물은 몸을 키우기 위해 정기적으로 단단한 피부를 벗어던져야 한다. 매해 여름마다 수도 없이 느끼는 것이지만, 따개비는 이 어려워 보이는 위업을 성공적으로 완수해낸다. 해안에서 그릇으로 바닷물을 퍼 올리면 거기에는 거의 언제나 가느다란 거미줄처럼 보이는 흰색의 반투명 물체가 가득하다. 마치 작은 요정들이 벗어던진 옷 같다. 현미경으로 들여다보면 이 물체의 세세한 모습이 완벽하게 드러난다. 따개비는 믿을 수 없으리만치 깔끔하고 완벽하게 낡은 피부를 벗어던진다. 셀로판으로 만든 비슷비슷하게 생긴 물체 속에서 부속지의 마디를 셀 수도 있다. 마디 기단에 난 털조차 손상되지 않은 채 고스란히 옷에 달려 나온다.

둘째, 커진 몸이 들어갈 수 있도록 단단한 원뿔 껍데기를 키우는 문제다. 이런 일이 정확히 어떻게 가능한지는 아무도 확신하지 못한다. 다만 새로운 물질이 껍데기 바깥에 입혀질 때 안쪽 층을 분해하는 어떤 화학물질이 분비되는 것으로 보인다.

고랑따개비는 적의 공격을 받아 일찌감치 목숨을 잃지만 않으면 저조대나 중조대에서는 약 3년간, 고조대에서는 약 5년간 살아간다. 이들은 암석이 여름 태양의 열기를 흡수해주므로 높은 온도를 견딜 수 있다. 겨울 추위는 그 자체로는 해롭지 않다. 다만 얼음 조각이 바위를 깨끗하게 긁어버리는 불상사가 생길 수는 있다. 따개비에게 해변을 때리는 쇄파는 평범한 삶의 일부에 지나지 않는다. 바다는 이들의 적이 아닌 것이다.

따개비의 삶이 물고기, 포식성 갯지렁이, 고둥 따위의 공격으로 혹은 자연적 원인으로 끝나고 난 뒤에도 껍데기는 암석에 고스란히 붙어 있다. 이 껍데기는 해안에서 살아가는 다른 작은 동물의 보금자리가 된다. 흔히 거기에 서식하는 새끼 총알고둥뿐 아니라 조수 웅덩이에서 살아가는 자그마한 곤충도 물이 차오르면 그 속으로 냉큼 기어 들어가곤 한다. 아래쪽 해안이나 조수 웅덩이에서는 따개비의 빈 껍데기가 어린 말미잘, 새날개갯지렁이(tube worm), 심지어 새로운 따개비 세대의 거처가 되기도 한다.

암석 해안에서 살아가는 따개비에게 최대의 적은 밝은 빛깔의 육식성 바다 동물, 좁쌀무늬고둥이다. 좁쌀무늬고둥은 홍합도 먹고, 심지어 어느 때는 총알고둥도 잡아먹는다. 그러나 쉽게 먹을 수 있어서 다른 먹이보다 선호하는 것이 바로 따개비다. 좁쌀무늬고둥에게도 다른 고둥과 마찬가지로 치설이 있다. 그런데 이 치설은 총알고둥처럼 바위를 긁는 데가 아니라 껍데기가 단단한 먹이의 몸에 구멍을 내는 데 쓰인다. 좁쌀무늬고둥은 치설로 뚫은 구멍 안에 들어가서 부드러운 속살을 먹을 수 있다. 그러나 따개비를 먹기 위해서는 오직 육질의 발로 따개비의 고깔을 감싸고 힘을 줘서 껍데기의 문을 열기만 하면 된다. 좁쌀무늬고둥은 마취 효과가 있는 푸르푸린(purpurin)이라는 분비물을 배출하기도 한다. 고대에는 지중

진주담치를 잡아먹는 좁쌀무늬고둥

해에 사는, 좁쌀무늬고둥과 유연관계에 있는 고둥이 티리언 퍼플(Tyrian purple: 자줏빛 또는 진홍색의 귀한 염료—옮긴이)의 원료로 사용하는 물질을 분비하기도 했다. 유기 브롬 화합물인 이 색소는 공기 중에 노출되면 자줏빛으로 변한다.

좁쌀무늬고둥은 거센 쇄파에 휩쓸리기도 하지만, 대부분의 트인 해안에서는 이들이 따개비와 홍합의 지대로 떼 지어 기어 올라가는 모습을 볼 수 있다. 녀석들은 어찌나 게걸스럽게 먹어대는지 해안에서 살아가는 생명체의 균형을 실제로 달라지게 만들기도 한다. 예를 들어 좁쌀무늬고둥이 따개비 수를 너무 급격하게 줄여서 홍합이 그 빈틈을 차고 들어온 지역에 대한 이야기를 왕왕 들을 수 있다. 좁쌀무늬고둥은 더 이상 먹어치울 따개비가 없으면 슬슬 홍합으로 옮아간다. 처음에는 이 새로운 음식을 어떻게 먹어야 할지 몰라서 영판 어설프다. 어떤 좁쌀무늬고둥은 빈 껍데기에 구멍을 뚫으면서 헛되이 며칠을 흘려보내기도 하고, 또 어떤 좁쌀무늬고둥은 빈 껍데기 속으로 기어 들어간 다음 안에서 밖으로 구멍을 뚫기도 한다. 하지만 결국에는 새 먹잇감에 적응해 홍합을 있는 대로 먹어치움으로써 그 군체가 서서히 줄어들게 만든다. 새로운 따개비가 바위에 정착하면 좁쌀무늬고둥은 다시 그들에게 돌아가는 과정을 되풀이한다.

좁쌀무늬고둥은 중조대나 저조대에서는 암석 벽에 늘어진 해조 커튼 아래에서, 혹은 주름진두발의 서식지에서, 홍조류인 덜스(dulse)의 평평하고 미끌미끌한 엽상체 속에서 살아간다. 이들은 튀어나온 바위 턱 아랫부분에 붙어 있거나, 해조와 홍합이 물을 뚝뚝 흘리는 깊은 바위틈 또는 바닥에서 졸졸 흐르는 작은 시내에 모여 산다. 이 모든 장소에서 좁쌀무늬고둥은 떼로 짝을 짓고 황토색 피막에 담긴 알을 낳는다. 각각의 피막은 밀알 같은 크기와 형태에 양피지처럼 질기다. 피막은 저마다 바닥을 저질에 붙이고 외따로 서 있지만, 대부분 서로 다닥다닥 모여서 일정한 패턴이나 모자이크 형태를 이룬다.

고둥이 피막을 하나 만들려면 약 1시간이 걸리지만, 24시간 동안 10개 넘는 피막을 완성하는 일은 좀체 드물다. 고둥은 한 계절에 무려 245개에 달하는 피막을 만들어내기도 한다. 하나의 피막에는 자그마치 1000개의 알이 들어 있는데 그 대부분은 발달 중인 배아의 먹이로 쓰이는 미수정 영양란이다. 피막은 다 자라면 성체 고둥이 분비하는 것과 같은 화학물질, 곧 푸르푸린에 의해 자주색으로 변한다. 약 4개월 동안 배아의 삶을 끝내면 한 개의 피막에서 좁쌀무늬고둥 새끼가 15~20마리 나온다. 갓 부화한 어린 새끼는 성체 좁쌀무늬고둥이 사는 지대에서는 좀처럼 찾아보기 어렵다. 거기서 피막에 담긴 알을 낳고 발달 단계를 거치는데도 말이다. 아마 파도가 새끼들을 저조선이나 그 아래로까지 데려가는 게 확실하다. 많은 새끼가 바닷물에 씻겨 사라지지만, 살아남은 새끼는 저조의 바닷물에서 발견된다. 녀석들은 길이가 0.16센티미터 정도로 매우 작으며 새날개갯지렁이, 즉 스피로르비스(*Spirorbis*)를 잡아먹는다. 스피로르비스의 관(tube)은 아주 작은 따개비의 원뿔보다도 뚫고 들어가기가 쉽다. 좁쌀무늬고둥은 키가 0.65~0.95센티미터 자라면 위쪽 해안으로 이동해 따개비를 잡아먹기 시작한다.

해안의 중간 지대에는 삿갓조개가 지천이다. 이들은 간간이 탁 트인 암석 표면에 붙어 있기도 하지만, 대체로 얕은 조수 웅덩이에서 떼 지어 살아간다. 삿갓조개는 손톱 크기만 한 단순한 원뿔 껍데기에 싸여 있는데, 껍데기에는 야단스럽지 않은 연갈색·회색·초록색 무늬가 새겨져 있다.

좁쌀무늬고둥의 알집.
밖으로 기어 나오는 어린 좁쌀무늬고둥(오른쪽)

삿갓조개는 가장 오래되고 원시적인 형태의 고둥이다. 그러나 이들의 단순함과 원시성은 일종의 속임수다. 삿갓조개는 아름다우리만치 정교하게 해안이라는 까다로운 환경에 적응했다. 사람들은 흔히 '고둥' 하면 껍데기가 나선형일 거라고 기대한다. 하지만 삿갓조개의 껍데기는 평평한 원뿔이다. 껍데기가 나선형인 총알고둥은 바위틈이나 해조 아래 안전하게 몸을 숨기지 않으면 파도에 의해 데굴데굴 굴러갈지도 모른다. 하지만 암석에 원뿔을 단단히 붙이고 있는 삿갓조개는 바닷물이 순순히 그 경사진 윤곽선 위로 미끄럼을 타면서 흘러내린다. 파도가 거셀수록 삿갓조개는 더욱 단단하게 암석에 몸을 붙인다. 대부분의 고둥에게는 적의 침입을 막고 습기를 유지시켜주는 딱지가 있다. 삿갓조개는 영아기 때는 하나의 딱지가 있지만 그 뒤로는 사라진다. 저질에 껍데기를 확실하게 밀착하므로 딱지가 따로 필요 없는 것이다. 습기는 껍데기 바로 안쪽에 둥글게 형성된 작은 도랑이 유지시켜준다. 이들은 조류가 돌아올 때까지 자신이 보유한 이 소형 바다에 아가미를 담그고 있다.

아리스토텔레스가 삿갓조개는 먹이를 찾아나서기 위해 암석에 붙어 있던 자기 자리를 뜬다고 말한 이후 사람들은 이들의 자연사를 기록해왔다. 이들이 일종의 귀소 본능을 갖고 있다는 설이 폭넓게 논의되었다. 삿갓조개는 저마다의 '집', 즉 반드시 돌아오는 장소를 갖고 있는 것으로 여겨진다. 어떤 유형의 암석에는 이를테면 탈색이 되었거나 껍데기를 완벽하게 끼워 맞춘 홈이 파여 있다거나 하는 식의 식별 가능한 흔적이 나 있기도 하다. 삿갓조개는 밀물 때 먹이를 찾기 위해 집을 떠나며, 바위에서 작은 바닷말을 치설로 긁어 먹는다. 이렇게 한두 시간가량 먹이를 잡아먹은 다음, 나갔을 때와 거의 같은 길을 되밟아서 본래의 집으로 돌아간 뒤 저조의 시간이 지나가길 기다린다.

19세기에 수많은 박물학자들이 실험을 통해 삿갓조개의 귀소 본능과 관련한 감각의 특성 및 그것을 관장하는 기관이 무엇인지 알아내려고 머리를 싸맸다. 마치 오늘날의 과학자들이 조류의 귀소 본능을 좌우하는 물

삿갓조개

리적 토대가 무엇인지 알아내려 애쓰는 것처럼 말이다. 그러나 이러한 시도는 끝내 성공을 거두지 못했다. 그들의 연구는 대체로 평범한 영국의 삿갓조개, 파텔라(*Patella*)를 다루었는데 아무도 귀소 본능이 어떻게 작동하는지 설명할 수 없었던 것이다. 그렇지만 귀소 본능이 분명히, 매우 정확하게 작동하고 있다는 사실만큼은 누구도 의심하지 않는 것 같다.

최근 몇 년 동안 미국의 과학자들은 통계적인 방법으로 이 문제를 조사했다. 그중 몇몇은 태평양 연안에 서식하는 삿갓조개의 경우 귀소 본능이 그렇게 잘 작동하지는 않는다고 결론 내렸다. (더욱이 뉴잉글랜드 지역의 삿갓조개에 대해서는 귀소 본능과 관련해 그 어떤 신중한 연구도 이뤄지지 않았다.) 그러나 최근 캘리포니아주에서 수행한 또 다른 연구는 귀소 본능 가설을 지지한다. 수많은 삿갓조개와 그들의 집을 고유 번호로 표시한 휴와트(W. G. Hewatt) 박사는 밀물 때 모든 삿갓조개가 집을 떠나 2시간 반가량 떠돌다 돌아온다는 사실을 알아냈다. 녀석들은 나들이를 가는 방향은 조수에 따라 그때그때 달랐지만 언제나 같은 집으로 돌아왔다. 휴와트 박사가 어느 삿갓조개의 귀갓길에 깊은 도랑을 파놓자 녀석은 도랑 언저리에 멈춰 서서 이 난국을 어떻게 헤쳐나갈지 고민하느라 잠시 머뭇거렸다. 그렇지만 다음 번 조류 때는 그 도랑의 가장자리를 돌아서 어김없이 자기 집으로 찾아갔다. 휴와트 박사는 또 한 마리의 삿갓조개를 집으로부터 23센티미터쯤 떨어진 곳에서 붙잡은 다음, 껍데기의 가장자리를 줄로 매끈하게 다듬어 놔주었다. 그 삿갓조개는 집으로 돌아가기는 했지만, 줄로 깎인 껍데기가 암석 집에 더는 딱 들어맞지 않았다. 이튿날 집에서 53센티미터 정도 떨어진 곳을 배회하던 녀석은 결국 집으로 돌아가지 않았다. 그리고 네 번째 날에는 새로운 집을 구하는가 싶더니 열하루가 지나자 영영 사라져버렸다.

삿갓조개가 해안에서 살아가는 다른 거주민과 맺고 있는 관계는 단순하다. 이들은 순전히 미끌미끌한 막으로 암석을 뒤덮은 작은 바닷말이나 그보다 더 큰 바닷말의 피질세포만을 먹고 산다. 둘 중 어느 쪽을 위해서든 치설이 효과적이다. 삿갓조개는 바위를 어찌나 부지런히 긁어대는지 위 속에서 미세한 돌 입자가 발견되기도 한다. 치설의 이빨이 단단한 물체에 닳아 없어지면, 뒤에서 새 이빨이 밀고 나온다. 물속에 떼 지어 다니다 정착한 후 발아체(發芽體) 및 성체 식물이 될 채비를 하는 바닷말 포자에게는 삿갓조개가 적이나 마찬가지다. 삿갓조개가 많은 곳에서는 녀석들이 바위를 꽤나 말끔하게 긁어버리기 때문이다. 하지만 바로 그렇게 함으로써 따개비에게는 유생이 쉽게 부착할 수 있도록 도움을 준다. 실제로 삿갓조개의 집에서 펴져 나온 길에는 특징적으로 별 모양의 어린 따개비 껍데기가 흩뿌려져 있다.

믿을 수 없으리만치 단순한 삿갓조개는 생식 습성도 정확하게 관찰하기가 어렵다. 다만 한 가지, 암컷 삿갓조개가 많은 고둥에게 전형적인 방식인 알 보호용 피막을 만들지 않고, 알을 직접 바다에 쏟아버리는 것만큼은 확실해 보인다. 이는 많은 하등한 바다 동물이 따르는 발달 단계상 초기의 습성이다. 알이 어미 몸 안에서 수정되는지, 바다에 떠다니는 동안 수정되는지는 명확치 않다. 어린 유생은 한동안 표층수에서 부유하거나 유영한다. 그러다 생존한 녀석들은 암석 표면에 정착해 성체로 탈바꿈한다. 모든 어린 삿갓조개는 수컷이고, 그 수컷이 나중에 암컷으로 바뀌는 것처럼 보인다. 연체동물에게는 전혀 드물지 않은 현상이다.

해안 동물처럼 해조도 조용히 거센 쇄파에 관한 이야기를 들려준다. 갑이나 크고 작은 만에서는 록위드가 2미터 넘는 길이로 자라기도 한다. 그러나 탁 트인 해안에서는 18센티미터 정도의 해조도 큰 축에 속한다. 고조대의 위쪽 암석에 사는 해조는 성기고, 잘 자라지 못해 키도 작달막하다. 이들의 모습은 파도가 심하게 부서지는 곳에서는 생존 조건이 얼마나 험악한지를 유감없이 보여준다. 중조대와 저조대에서는 일부 강인한 해조가 자리를 차지하고 무성하게 번성할 수 있다. 이들은 조용한 해안에 사는 바닷말과는 판이하므로 거의 파도가 밀려드는 해안의 상징이라 해도 과언이 아니다. 여기저기 바다 쪽으로 경사진 암석은 신기한 해조인 자줏빛 김 개체들로 이뤄진 얄팍한 막을 뒤집어쓴 채 반짝거린다. 김의 속명 포르피라(*Porphyra*)는 '자주색 염료'라는 뜻이다. 김은 홍조류에 속한다. 색깔이 다양하지만, 메인주 해안에서는 거의 대부분 자줏빛 감도는 갈색이다. 포르피라는 마치 누군가의 비옷에서 잘라낸, 투명한 작은 갈색 비닐 조각 같다. 엽상체가 얄팍하다는 점에서는 파래와 비슷하지만 조직의 층이 두 겹이라 마치 애들이 갖고 노는 고무풍선이 터져 양쪽 벽이 서로 들러붙은 것 같은 모양이다. 포르피라는 여러 가닥을 꼬아서 만든 줄〔그래서 종명(種名)이 움빌리칼리스(*umbilicalis*: '탯줄'이라는 뜻—옮긴이)이다〕로 그 '풍선' 줄기를 암석에 단단히 붙이고 있다. 포르피라는 더러 따개비에 붙어 있기도 하고, 드물긴 하지만 단단한 표면에 몸을 부착하는 대신 그냥 다른 바닷말에 붙어살기도 한다. 저조 때 무더운 태양에 노출되면 김은 말라서 푸석푸석한 종잇장처럼 된다. 그러나 바닷물이 도로 차면 본연의 낭창낭창함을 되찾는다. 그 덕분에 김은 겉으로는 연약해 보이지만 파도의 밀고 당김에도 아무런 해를 입지 않고 맞설 수 있다.

김(왼쪽), 바위두둑(오른쪽)

저조대에는 또 하나의 신기한 해조, 바위두둑(sea potato, *Leathesia*)이 살아간다. 바위두둑은 거친 구형으로, 겉은 마치 천을 이어 붙여 둥근 돌출부인 엽(葉) 속으로 끼워 넣은 것 같으며, 직경이 2.5~5센티미터에 이르는 다양한 크기의 두툼하고 부드러운 호박색 덩이줄기 꼴이다. 바위두둑은 직접 암석에 붙어사는 경우는 극히 드물고, 대체로 이끼 엽상체나 다른 해조 부근에서 자란다.

아래쪽 암석이나 저조대의 조수 웅덩이 벽에는 바닷말이 잔뜩 엉겨 붙어 있다. 위쪽 지대에는 갈조류가 자라지만, 이곳에는 주로 홍조류가 들어앉아 있다. 주름진두발과 함께 홍조류 덜스가 조수 웅덩이 벽을 마치 안감처럼 뒤덮는다. 덜스의 얇고 단조로운 붉은 엽상체는 가장자리가 워낙 들쭉날쭉해서 언뜻 손 모양을 닮은 것처럼 보인다. 더러 가장자리에 위태롭게 붙은 작은 이파리 탓에 너덜너덜해 보이기도 한다. 물이 빠지면 덜스는 종잇장처럼 얇은 층이 겹을 이룬 모습으로 암석에 몸을 누인다. 짙게 뒤덮인 주름진두발과 덜스 속에서는 작은 불가사리, 성게, 연체동물이 무수히 살아간다.

덜스는 오랜 역사 동안 인간에게 유용하게 쓰인 바닷말로, 인간뿐 아니라 가축의 식량이기도 했다. 해조를 다룬 한 옛날 책에 따르면, 스코틀랜드에서는 "거디(Guerdie)의 덜스를 먹고 킬딩이(Kildingie)의 우물물을 마시는 사람은 흑사병 빼고는 그 어떤 병에도 걸리지 않는다"는 이야기가 전해졌다고 한다. 영국에서는 소가 덜스를 좋아하고, 양이 덜스를 찾아 썰물 때 조간대로 어슬렁거리며 내려온다. 스코틀랜드·아일랜드·아이슬란드 사람들은 덜스를 갖가지 방법으로 조리해 먹으며, 말려서 담배처럼 씹기도 한다. 대체로 바닷말을 먹지 않는 미국에서조차 일부 해안 도시에서는 생 덜스나 말린 덜스를 판매한다.

가장 낮은 조수 웅덩이에서는 오어위드, 악마의 앞치마(devil's apron), 다시마(sea tangle), 켈프 등 다양한 이름으로 부르는 라미나리아(*Laminaria*)가 보이기 시작한다. 라미나리아는 본시 어두운 심해나 남극해·북극해에서 무성하게 자라는 갈조류에 속한다. 호스테일켈프(horsetail kelp)는 다른 켈프와 마찬가지로 조하대에서 살아간다. 그러나 깊은 조수 웅덩이에서

덜스

호스테일켈프

도 대조의 저조선 바로 위로 문턱을 넘어온 호스테일켈프를 볼 수 있다. 넓고 판판하고 가죽 같은 엽상체는 긴 리본처럼 나풀거리고, 표면은 새틴처럼 매끄러우며, 반짝이는 짙은 갈색이다.

깊은 해분은 바닷물이 얼음장처럼 차갑고, 이리저리 흔들리는 거무칙칙한 식물로 가득 차 있다. 이런 웅덩이를 들여다보면 마치 울창한 숲을 보는 듯하다. 켈프 잎은 야자나무 이파리 같은데, 줄기 역시 신기하게도 야자나무 줄기처럼 생겼다. 손가락으로 켈프의 줄기를 훑어내려가다 부착근 바로 위를 손으로 붙잡으면 그 식물을 쉽게 뽑을 수 있는데, 그때 우리는 완전한 소우주를 손에 넣었음을 깨닫게 된다.

라미나리아의 부착근은 마치 숲속에서 자라는 나무의 뿌리처럼 생겼다. 계속 가지를 치면서 갈라지는 부착근의 복잡한 구조는 이 식물 위로 거대한 바다가 얼마나 포효하며 달려들었는지를 웅변해준다. 여기에 안전하게 붙어 있으려고 플랑크톤을 걸러 먹는 홍합이나 우렁쉥이 따위의 동물이 찾아

켈프의 부착근

온다. 작은 불가사리와 성게도 이 식물의 아치형 뿌리 아래 모여든다. 밤에 게걸스럽게 먹이를 뒤지고 다니던 포식성 갯지렁이가 낮이 되면 돌아와 어둡고 축축한 동굴이나 우묵한 장소에서 엉킨 매듭처럼 똬리를 틀고 있다. 라미나리아의 부착근 위로 깔개처럼 펼쳐진 해면은 소리 없이, 그러나 끊임없이 웅덩이의 물을 거른다. 어느 날 이끼벌레 유생이 여기에 정착해 작은 껍데기를 짓고 또 짓는다. 결국 라미나리아의 부착근 주위엔 흰색 레이스 막이 펼쳐진다. 이 모든 분주한 생물 공동체 위로, 그와는 아무런 상관도 없다는 듯 켈프의 갈색 리본이 물결에 따라 나부낀다. 라미나리아는 성장하고, 할 수 있는 한 망가진 조직을 새것으로 교체하고, 또 때가 되면 생식세포를 바닷물 속으로 흘려보내며 저만의 삶을 일군다. 부착근에서 생활하는 동물군에게는 켈프의 생존이 곧 그들 자신의 생존이다. 켈프가 단단하게 버티고 있으면 그들의 작은 세계도 거뜬하다. 그러나 폭풍을 동반한 바닷물이 밀려들어 부착근이 송두리째 뽑혀나가면 거기에 기대어 살던 모든 동물은 산산이 흩어지고, 그중 많은 수가 켈프와 함께 죽어갈 것이다.

조수 웅덩이의 켈프 부착근에 붙어사는 동물에는 거의 언제나 거미불

멍게(우렁쉥이)의 일종인 주머니가죽멍게

가사리(brittle star)도 포함되어 있다. 이 부서질 듯한 극피동물은 이름을 썩 잘 붙인 경우에 속한다. 조심스럽게 다룬다 해도 팔 한두 개가 부러지는 일이 다반사이기 때문이다('brittle'은 '부서지기 쉬운'이라는 뜻—옮긴이). 이런 반응은 험난한 세계에서 살아가는 동물에게 얼마간 유용한 측면도 있다. 움직이는 돌에 팔 하나가 깔리면 과감하게 포기하고 새로운 팔을 만들 수 있기 때문이다. 거미불가사리는 팔을 이용해 잽싸게 움직인다. 이들의 유연한 팔은 비단 이동하는 데만 쓰이는 게 아니라 작은 갯지렁이나 조그만 바다 생물을 잡아 입으로 가져가는 데도 사용된다.

고슴도치갯지렁이(scale worm)도 부착근 주위에 형성된 공동체에서 살아간다. 이들의 몸은 여러 개의 판이 마치 두 줄의 비늘처럼 늘어선 모양의 등 보호용 갑옷에 싸여 있다. 그 갑옷 아래에는 체절(환절)을 지닌 평범한 갯지렁이가 웅크리고 있는데, 각 체절에는 복슬복슬한 금색 털이 옆으로 나 있다. 별 관련 없는 딱지조개를 떠오르게 하는 갑옷 판들은 고슴도치갯지렁이가 발달 초기 단계의 동물임을 말해준다. 일부 고슴도치갯지렁이는 이웃들과 흥미로운 관계를 맺어왔다. 영국에서 서식하는 종들 가운데 하나는 때로 상대를 바꾸긴 하지만 어쨌거나 늘 굴을 파는 동물과 함께 살아간다. 어렸을 적에는 굴을 파는 거미불가사리와 살면서 그들의 먹이를 슬쩍하는 것도 같다. 그러다 점점 성장해 몸이 커지면, 해삼(sea cucumber)의 굴이나 저보다 훨씬 몸집 큰 깃털 달린 갯지렁이, 곧 암피트리테(*Amphitrite*)의 관 속으로 옮아간다.

라미나리아의 부착근에는 더러 껍데기가 무겁고 길이는 10~13센티미터 되는 커다란 털담치(horse mussel: 담치는 '홍합'의 다른 이름—옮긴이)가 붙어사는 경우도 있다. 깊은 웅덩이나 먼 외안에서만 서식하는 털담치는 그보다 몸집이 작은 진주담치(blue mussel)가 사는 고조대에서는 결코 볼 수 없으며, 붙어살기에 비교적 안전한 암석 사이나 암석 표면에서만 서식한다. 이따금 홍합이 전형적으로 사용하는 방법, 즉 질긴 족사를 감아서 작은 둥지나 굴 같은 피난처를 만들기도 한다. 족사에는 조약돌이나 조개껍데기 조각이 잔뜩 엉겨 붙어 있다.

라미나리아의 부착근에서 흔히 볼 수 있는 작은 조개는 '암석에 구멍을 뚫는(천공)' 동물이다. 일부 영국 작가들은 흡관이 빨갛다고 해서 이 동물을 '딸기코'조개(red-nose clam)라고 부른다. 천공 동물인 딸기코조개는 흔히 석회석이나 점토 혹은 콘크리트에 구멍을 내고 그 안에서 살아간다. 뉴잉글랜드의 암석 대부분은 구멍을 뚫기에 너무 단단하다. 그래서 이곳 해안에서는 딸기코조개가 산호말의 피각 속이나 켈프의 부착근 인근에서 살아간다. 영국 해안에서는 딸기코조개가 기계 드릴로도 어림없는 암석에 구멍을 뚫는다고 한다. 이 조개는 일부 천공 동물이 동원하곤 하는 화학 물질을 분비하지 않고도, 순전히 자신의 튼튼한 껍데기로 끊임없이 긁어대는 기계적인 동작을 되풀이함으로써 그 일을 해낸다.

부드럽고 미끈거리는 켈프의 엽상체는 다른 동물을 부양해주기도 한다. 그러나 엽상체의 도움을 받는 동물은 부착근에 붙어사는 동물보다 풍부하지도 다양하지도 않다. 판멍게, 즉 보트릴루스(*Botryllus*)는 암석 표면

판멍게

이나 바위 턱 아래에서처럼 대형 갈조류 오어위드의 반반한 엽상체 위에서도 스팽글(spangle: 반짝거리는 얇은 장식 조각—옮긴이)로 장식한 듯한 매트를 펼쳐놓는다. 넓적하게 펼친 진초록의 젤라틴 물질 위에 피낭동물이 모인 위치를 표시해주는 작은 금빛 별들이 간간이 섞여 있다. 이 별 모양의 군집은 각각 중심에서부터 퍼져나간 3~12개의 피낭동물로 이뤄져 있다. 많은 군집이 무려 15~20센티미터에 이르기도 하는 계속 이어진 피각화 매트를 만드는 데 동참한다.

이들의 아름다운 겉모습 아래에는 놀라울 정도로 복잡한 구조와 기능이 감춰져 있다. 각 별들 위로는 미세한 물의 소요가 일어난다. 즉 작은 물살이 한 별에서 다른 별로 깔때기처럼 좁은 공간을 따라 이동하고, 작은 구멍을 통해 빨려 들어간다. 바깥으로 나가는 좀더 큰 물살은 군집의 중앙에서 뿜어 나온다. 안으로 빨려 들어가는 물살은 먹이인 유기 물질과 산소를 날라주고, 밖으로 뿜어 나오는 물살은 동물이 내놓은 신진대사 폐기물을 실어 나른다.

언뜻 판멍게 군체는 바닥에 납작하게 붙어사는 해면이 그렇듯 별로 복잡해 보이지 않는다. 그러나 기실 군집을 이루는 판멍게 개체는 저마다 고등한 동물로, 그 구조가 선창이나 방조제에서 수없이 볼 수 있는 바다포도(sea grape)나 시베이스(sea vase) 등 독립생활을 하는 우렁쉥이와 거의 똑같다. 하지만 개별 판멍게의 길이는 고작 0.15~0.3센티미터에 불과하다.

수백 개(혹은 1000여 개)의 별 군집으로 이루어진 군체는 단 하나의 수정란에서 비롯된 것일 수도 있다. 부모 군체에서 초여름에 난자가 생성된다. 난자는 수정된 뒤 부모의 조직에 남아서 발달하기 시작한다. 〔판멍게 개체는 암수한몸이기에 난자와 정자를 동시에 만들어내지만, 각 개체 내에서 난자와 정자가 생장하는 시기가 다르므로 정충이 바닷물에 실려 해수와 함께 밀려들면 타가 수정(他家受精: 서로 다른 개체 사이의 수정—옮긴이)이 이루어질 수 있다.〕 부모 판멍게는 이내 헤엄칠 수 있는 긴 꼬리 달린 올챙이 모양의 미세한 유생을 쏟아낸다. 이들은 한두 시간 정도 유영하면서 떠다니다가 바위 턱이나 해조에 내려앉아 몸을 단단히 고정한다. 곧 꼬리 조직이 없어지고, 수영할 수 있는 능력이 있다는 기미마저 사라진다. 이틀 내로 신기한 피낭동물의 리듬에 맞춰 심장이 뛰기 시작한다. 처음에는 피가 한 방향으로 흐르고, 잠깐 쉬었다가 다시 반대 방향으로 흐르는 식이다. 14일 정도 지나면 이 작은 개체는 체형을 완성하고, 다른 개체로부터 갈라져 나오기 시작한다. 저마다 다른 개체에게서 분리되는 과정을 거친다. 이 새로운 동물은 물을 받아들일 수 있는 저만의 구멍을 따로 갖고 있지만, 모두가 폐기물을 내보내는 중앙 항문과는 지속적으로 관계를 유지한다. 이 공용 항문 주변에 몰려 있는 판멍게 개체가 너무 많아지면, 새로 형성된 한두 개의 싹이 젤라틴 조직으로 이뤄진 주변 매트로 밀려난다. 이들은 거기에서 새로운 별 군집을 이루기 시작한다. 이런 식으로 군체가 퍼져나간다.

조간대는 이따금 깊은 바다에 사는 라미나리아, 시콜랜더(sea colander)의 습격을 받기도 한다. 시콜랜더는 북극의 찬 바다에서 번성하는 대표적인 갈조류로, 그린란드에서 코드곶까지 내려왔다. 시콜랜더의 외양은 더러 그것과 섞여 있곤 하는 호스테일켈프나 주름진두발과는 판이하다. 널찍한 엽상체에는 수많은 구멍이 나 있는데〔콜랜더(colander)는 스파게티 국수 같은 음식 재료의 물을 뺄 때 사용하는, 구멍이 숭숭 뚫린 체를 말한다—옮긴이〕, 그 구멍은 어린 식물일 때 고깔 모양의 돌기이던 것이 터져서 생겨났다.

시콜랜더

가장 낮은 지역에 있는 웅덩이의 테두리 너머 깊은 바다로 가파르게 경사진 암석 벽에는 또 다른 라미나리아류인 알라리아〔*Alaria:* 윙드켈프(winged kelp), 영국에서는 '멀린(murlin)'이라고 부른다〕가 자라고 있다. 물속에서 흐느적거리는 길고 주름진 엽상체가 물이 육지 쪽으로 차오르면 일어났다가 바다 쪽으로 빠지면 눕는다. 생식세포가 자라는 곳인 우편(羽片)은 엽상체 아랫부분에 자리하고 있다. 식물에서 이 위치는 거센 쇄파에 노출되어도 엽상체의 말단보다 안전하기 때문이다. (고조대에서 살아가므로 심한 파도의 영향을 덜 받는 록위드의 경우, 생식세포는 엽상체 끝부분에서 만들어진다.) 알라리아는 그 어느 해조보다 끊임없이 들이치는 파도의 작용에 잘 적응한 부류다. 안전하게 발을 딛고 설 수 있는 가장 바깥쪽 지점에서 보면, 알라리아의 검은 리본이 파도에 쓸리고 시달리며 물속에서 너울거리는 모습이 눈에 들어온다. 더 넓적하고 더 오래된 것은 엽상체의 가장자리가 찢기고 주맥(主脈)의 끄트머리가 떨어져나가 낡아빠지고 너덜너덜해진 몰골이다. 알라리아는 이런 식의 양보를 통해 부착근에 가해지는 긴장에서 얼마간 놓여날 수 있다. 이 식물의 줄기는 웬만큼 잡아당기는 힘은 끄떡없이 견뎌낸다. 그러나 천하의 알라리아도 심하게 몰아치는 폭풍에는 맥을 못 춘다.

훨씬 더 아래쪽에서는 이따금 곳곳에서 깊은 바다로 세를 확장해가고 있는 신비스러운 검은 켈프 숲을 볼 수 있다. 더러 폭풍이 휘몰아친 뒤에 보면 이 거대한 켈프가 해안에 내동댕이쳐져 있기도 하다. 이들은 줄기가 질기고 단단하며, 그 줄기에서 긴 리본 모양의 엽상체가 뻗어나온다. 다시마(*Laminaria saccharina*)의 경우는 길이가 최대 1.2미터쯤 되는 줄기가 바다 위로 9미터나 뻗어나가는 비교적 좁다란 엽상체(너비 15~45센티미터)를 지탱해준다. 다시마는 엽상체 가장자리에 주름이 잔뜩 잡혀 있고, 마른 엽상체에서는 흰색 가루 물질〔당(糖)의 일종인 만니톨(mannitol)〕이 생성된다. 긴줄기라미나리아(long-stalked laminaria, *Laminaria longicruris*)에는 작은 나무의 몸통에 해당하는 줄기가 있는데, 길이가 무려 1.8~3.6미터나 된다. 엽상체는 최대 폭이 90센티미터 최대 길이가 6미터에 이르지만, 더러 줄기보다 더 짧은 것도 있다.

다시마나 긴줄기라미나리아가 자라는 곳은 대서양의 거대한 해저 정글이다. 바로 해수면에서 해저까지 깊이가 45미터에 이르고 켈프들이 거대한 숲속의 나무처럼 자라는, 태평양의 광막한 해저 정글에 비견할 만한 곳이다.

암석 해안에는 어디나 조하대에 이 라미나리아 지대가 존재하는데, 이

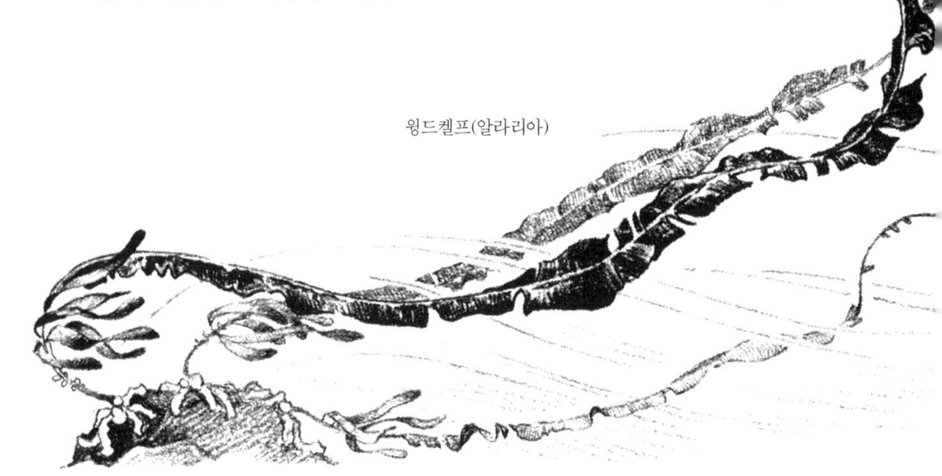
윙드켈프(알라리아)

곳은 바다에서 가장 잘 알려지지 않은 장소다. 우리는 연중 이곳에서 뭐가 살고 있는지 거의 아는 게 없다. 겨울에 조간대에서 종적을 감추는 어떤 종이 그냥 이 지대로 내려가는 것인지 여부도 알지 못한다. 그저 몇몇 종이 특정 지역에서 도태되었거나, 수온 변화 탓에 이 라미나리아 지대로 내려왔을 거라고 추측할 따름이다. 이 지역은 대부분의 시간 동안 파도가 부서지므로 탐험하기 여간 까다로운 곳이 아니다. 하지만 영국 생물학자 키칭(J. A. Kitching)이 이끄는 헬멧 잠수부들은 스코틀랜드 서부 해안에 있는 이 같은 지역을 탐험한 적이 있다. 알라리아와 호스테일켈프가 차지한 지역의 아랫부분(즉 저조선으로부터 3.6미터 아래 지점)에서 잠수부들은 커다란 라미나리아가 빽빽이 들어선 숲을 헤치고 다녔다. 수직으로 선 줄기에서 뻗어나온 거대한 엽상체가 그들의 머리 위에 덮개를 드리웠다. 해수면에서는 해가 밝게 비쳤지만, 잠수부들이 그 숲을 헤치고 나아갈 때는 주위가 온통 캄캄했다. 대조의 저조선 아래 5~10미터 지역에서는 이 라미나리아 숲이 더 넓어졌다. 그래서 잠수부들은 별 어려움 없이 그 식물 속을 걸어 다닐 수 있었다. 거기서는 빛이 더 강했고, 그들은 탁 트인 '공원'이 경사진 해저로 길게 뻗어 있는 모습을 뿌연 바닷물 속에서 볼 수 있었다. 육지 숲속의 나무뿌리와 나무줄기 옆에서 그러하듯 이 라미나리아의 줄기와 부착근 옆에서도 덤불이 무성하게 자란다. 바로 다양한 홍조류다. 작은 설치류 따위의 동물이 숲속 나무 아래에 굴이나 통로를 파는 것처럼, 수많은 다양한 동물이 이 거대한 해조의 부착근에 붙어서 혹은 그 주위에서 살아간다.

외해를 마주하고 있어 들이치는 파도에 속절없이 노출된 해안과 달리, 거센 파도의 피해를 입지 않는 잔잔한 수역의 해안에서는 해조가 거의 빈틈이 없을 정도로 자란다. 오르내리는 조수가 이를 가능케 한다. 무성하고 울창하게 자라는 해조는 다른 해안 동물을 제 유형에 적응하도록 막무가내로 몰아붙인다.

외해에 열린 해안이든 보호받는 해안이든 그곳 조간대에 분포하는 생명체는 동일하다. 다만 이들의 상대적 발달이라는 측면에서 보면 두 해안의 조간대는 크게 다르다.

고조선 위쪽에는 거의 변화가 없다. 그리고 만이나 강어귀에 있는 해안에서는 다른 곳에서와 마찬가지로, 미세 식물이 바위를 검게 물들이고 이끼가 서서히 바다 가까이까지 퍼져간다. 대조의 고조선 아래에는 선도적인 따개비들이 군데군데 흰 띠를 형성한다. 이 띠야말로 그들이 열린 해안을 독차지했음을 나타내는 표식이다. 총알고둥 몇 마리가 위쪽 바위를 기어 다닌다. 하지만 보호받는 해안에서는 상현과 하현 때의 조수에 의해 만들어진 해안 지대를 파도와 조수의 움직임에 민감한 해저 숲이 차지하고 있다. 너울거리는 숲의 주인은 록위드 또는 시랙(sea wrack)이라고 알려진 큰 해조로, 형태가 단단하고 질감이 고무 같다. 여기에서는 다른 모든 생명체가 이 록위드의 보호 아래 살아간다. 록위드가 제공하는 은신처는 메마른 공기나 비, 밀려오는 조수와 파도로부터 보호받아야 하는 작은 동물에게 무척이나 호의적이다. 따라서 이 해안에서 살아가는 생명체는 믿을 수 없을 만큼 풍부하다.

록위드는 고조 때 물에 잠기면, 바다로 인해 되찾은 생명력으로 몸을 꼿꼿하게 일으켜 세우고 너울거린다. 밀려오는 조수의 가장자리에 선 나에게 록위드가 거기 있음을 알려주는 것은 오직 해안 전면부의 바닷물 속

에 여기저기 흩어져 있는 검은 조각들뿐이다. 록위드의 윗부분이 해수면까지 닿아 있기에 가능한 광경이다. 둥둥 떠 있는 록위드 밑으로는 작은 물고기들이 마치 새가 숲속을 날아다니듯 사이사이 헤엄쳐 다니고, 바다우렁이(sea snail)가 엽상체에 붙어 기어 다니고, 게들이 나풀거리는 가지 여기저기를 옮겨 다닌다. 이곳은 루이스 캐럴(Lewis Carroll: 《이상한 나라의 앨리스》를 쓴 영국 작가—옮긴이) 유의 환상적인 정글이다. 12시간마다 한 번씩 서서히 몸을 뉘이고 몇 시간 동안 그대로 있다가 다시 몸을 일으키는 정글을 과연 온당한 정글이라고 할 수 있는지는 모르겠지만 말이다. 어쨌거나 이것이 정확하게 록위드 정글의 실체다. 조수가 경사진 바위에서 빠져

노티드랙으로 이루어진 록위드 숲

나가고 이곳의 조수 웅덩이에 소형 바다를 남겨놓으면, 록위드는 고무처럼 생긴 흠뻑 젖은 엽상체를 겹겹이 포갠 채 암석 표면에 납작 엎드려 있다. 깎아지른 듯한 암석 면에는 바다의 물기를 머금은 록위드 엽상체가 짙은 커튼처럼 드리워 있다. 이 보호용 덮개 속에서는 정녕 아무것도 마를 수가 없다.

낮에는 햇빛이 록위드 정글을 투과해 바닥에까지 닿는데, 오직 그림자로 얼룩진 움직이는 금빛 조각처럼 보일 따름이다. 저녁이 되면 그 숲 위로 달빛이 은빛 천장을 이룬다. 달빛 천장은 흐르는 조수로 인해 줄이 그어지기도 하고 때로 틈새가 벌어지기도 한다. 천장 아래에는 록위드의 검은 엽상체가 불안한 그림자를 드리운다.

하지만 이 해저 숲에서는 시간의 흐름이 빛과 어둠의 교차에 의해서보다는 조수의 리듬에 의해서 더 잘 드러난다. 여기서 살아가는 생명체의 삶은 바닷물의 유무에 좌우된다. 말하자면 이들의 삶에 변화를 가져다주는 것은 날이 어두워지거나 밝아오는 현상이 아니라 바로 조수의 순환인 것이다.

물이 빠지면 록위드의 윗부분은 몸을 지탱하지 못하고 서서히 바닥에 수평으로 드러눕는다. 이렇게 되면 숲의 바닥에 검은 그림자가 비치고 깊은 어둠이 깔리기 시작한다. 해수층이 점차 얕아지면서 빠져나가면 여전히 허우적거리며 조수의 움직임에 일일이 화답하던 록위드는 암석 바닥에 더 가까이 몸을 누이다가 마침내 철퍼덕 엎드린다. 이들의 생명 활동과 움직임이 죄다 일시 중단되는 것이다.

낮에 육지의 정글에 고요한 순간이 깃들면, 사냥 동물은 동굴 속에 들어앉아 있고, 여리고 굼뜬 동물도 햇빛을 피해 몸을 숨긴다. 그와 마찬가지로 해안도 조수가 빠져나가면 언제나 잠잠한 소강상태에 접어든다.

따개비는 망을 거둬들이며, 공기에 몸이 마르거나 바다의 습기를 빼앗기지 않도록 쌍둥이 문을 걸어 잠근다. 홍합과 조개는 먹이를 잡아먹는 흡관을 거둔 다음 껍데기를 닫아버린다. 곳곳에 지난번 고조 때 밑에서 쳐들어왔다가 미처 돌아가지 못한 조심성 없는 불가사리가 그때까지 구불구불한 팔에 홍합을 욕심껏 움켜쥐고 있다. 끝에 흡반이 달린 수많은 관족으로 홍합 껍데기를 붙들고 있는 것이다. 폭풍이 몰아쳐 나무가 쓰러진 숲속을 어렵사리 헤쳐나가는 사람처럼 게 몇 마리가 수평으로 누운 록위드 엽상체를 부지런히 파헤치고, 진흙 속에 숨은 조개를 캐내기 위해 작은 구멍을 비스듬하게 파고 있다. 그런 다음 네 쌍의 보각(步脚: 보행에 사용하는 가슴다리—옮긴이) 끝으로 조개를 붙들고 한 쌍의 육중한 집게발로 껍데기를 벌린다.

몇몇 포식 동물이 고조선 위쪽 육지에서 내려온다. 조수 웅덩이에 사는 회색 망토를 걸친 작은 곤충, 톡토기(*Anurida*)가 위쪽 해안에서 내려와 암석 바닥을 바쁘게 돌아다니면서 입 벌린 홍합이며 죽은 물고기, 갈매기가 남기고 간 게 부스러기 따위를 사냥한다. 까마귀도 해조 위를 유유히 걸어 다닌다. 이들은 해조를 가닥가닥 뒤적거리고 있다. 젖은 망토 아래 놓인 암석에 붙거나 속에 숨어 있는 총알고둥을 찾는 것이다. 총알고둥을 발견한 까마귀는 단단한 발톱으로 총알고둥 껍데기를 쥐고 부리를 이용해 솜씨 좋게 속살을 꺼내 먹는다.

다시 차오르는 조수는 처음에는 잔잔하게 고동친다. 6시간 동안 고조선까지 물이 차오를 때 처음에는 물살이 완만하다. 첫 2시간 동안은 조간대의 4분의 1에만 바닷물이 찬다. 그러다 물의 속도가 점차 빨라진다. 3~

4시간대에는 조수가 더 강해져 처음 2시간의 2배가량 물이 들어온다. 남은 시간 동안은 다시 속도가 느려져 쉬엄쉬엄 위쪽 해안에 이른다. 해안의 중간 지대를 뒤덮은 록위드는 생명체가 별로 살지 않는 위쪽 해안에서보다 거센 파도의 공격을 더 많이 받는다. 그러나 이들이 파도의 충격을 크게 완화해주므로 거기에 붙어살거나 그 아래 바위 바닥에 붙어사는 동물은 쇄파의 영향을 한결 덜 받는다. 그에 반해 위쪽 해안이나 바로 그 아래 해안의 암석에 사는 동물은 조수가 중간 해안을 넘어 급속하게 차오를 때 파도가 밀려왔다가 쓸려가면서 거세게 끌어가는 힘을 경험한다.

어둠은 육지의 정글에 아연 생기를 불어넣는다. 이렇듯 록위드 정글의 밤도 조류가 차오르는 시간대라서 해조 무더기 속으로 바닷물이 밀려들어 저조 때의 정적에서 깨어나도록 이 숲에 사는 모든 생명체를 부추긴다.

외해의 바닷물이 록위드 정글의 바닥을 서서히 채움에 따라, 다시 따개비의 상앗빛 원뿔 위로 그림자들이 파닥거린다. 조수가 가져다준 먹이를 잡으려고 거의 눈에 보이지 않는 그물을 펼쳐놓은 것 같다. 조개와 홍합 껍데기들이 다시 살짝 입을 벌리면 그 속으로 작게 소용돌이치는 바닷물이 빨려 들어간다. 따개비는 먹이를 거르는 복잡한 구조 속으로 조그만 바다 식물을 끌어들인다.

네레이드(nereid)갯지렁이가 진흙에서 기어 나와 다른 사냥터로 헤엄쳐 간다. 그런데 사냥터에 이르면 조수와 함께 밀려온 물고기를 조심해야 한다. 고조 때의 록위드 숲은 바닷물이 다시 찾아오는 곳이기도 하지만, 그와 동시에 굶주린 포식자가 되돌아오는 곳이기도 하기 때문이다.

새우가 록위드 숲의 트인 공간에서 팔락팔락 헤엄쳐 다닌다. 녀석들은 작은 갑각류, 새끼 물고기, 혹은 작은 브리슬(bristle)갯지렁이를 찾고 있는데, 이들 역시 물고기에게 추격당하고 있다는 점에서는 같은 신세다. 불가사리는 아래쪽 해안의 드넓은 주름진두발밭에서 위로 기어 올라와 록위드 숲 바닥에 살아가는 홍합을 잡아먹는다.

까마귀와 갈매기는 조간대 밖으로 내쫓긴다. 회색 벨벳 망토를 두른 작은 벌레는 해안 위로 이동하거나, 아니면 안전한 틈새를 찾아다니면서 반짝이는 공기 담요로 몸을 감싼 채 조수가 빠져나가길 기다린다.

조간대에서 이 같은 숲을 이루는 록위드는 지상에서 가장 오래된 식물종의 후예다. 아래쪽 해안에 서식하는 거대한 켈프와 마찬가지로 이 록위드도 다른 색소들로 인해 엽록소가 드러나지 않는 갈조류에 속한다. 갈조류의 그리스어 이름인 파에오피세아에(*Phaeophyceae*)는 '탁한 검정색 식물'이라는 뜻이다. 몇몇 설에 따르면 갈조류는 지구가 여전히 짙은 구름에 싸여 있어 오직 희미한 햇빛만 비치던 아주 초기에 생겨났다고 한다. 심지어 오늘날에조차 갈조류는 어둠침침하고 그늘진 장소(이를테면 거대한 켈프가 짙은 정글을 이루는 깊은 해저 사면이나 오어위드가 조수를 따라 긴 리본을 나부끼고 있는 어두운 바위 턱)에서 자란다. 그리고 조간대에 서식하는 록위드는 이

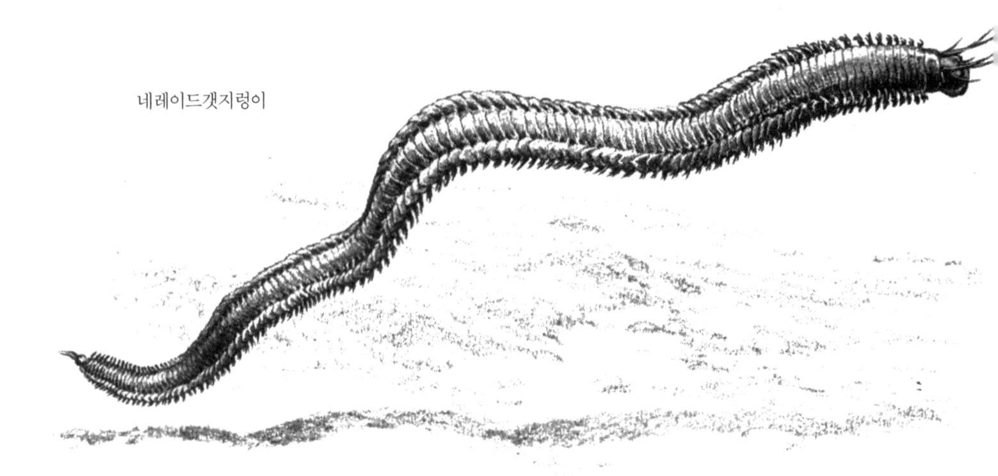
네레이드갯지렁이

따금 구름이나 안개가 끼곤 하는 북부 해안에서도 흔히 볼 수 있다. 드물긴 하지만 심해가 보호막이 되어줄 경우 해가 내리쬐는 열대 지방에서 발견되기도 한다.

아마도 갈조류는 해안을 점령한 최초의 바다 식물일 것이다. 이들은 오랫동안 강한 조수에 시달리며 조성된 해안선에서 바닷물에 잠기는 시기, 햇빛과 공기에 노출되는 시기가 번갈아 되풀이되는 환경에 적응하는 법을 배웠다. 이렇게 해서 사실상 조간대를 떠나지 않은 채 가능한 한 가장 육지 생물에 가까운 존재가 되었다.

오늘날의 록위드 중 하나인 유럽 해안의 채널드랙(channeled wrack)은 조간대의 맨 위쪽 가장자리에서 자란다. 어떤 곳에서는 이 채널드랙이 바닷물과 접촉하는 경우란 이따금씩 물보라가 적셔주는 때뿐이기도 하다. 햇빛과 공기에 노출되면 엽상체가 검고 바삭바삭해져 우리는 틀림없이 이 식물이 죽었다고 생각할 것이다. 하지만 바닷물이 돌아오면 이들은 다시 정상적인 빛깔과 질감을 되찾는다.

채널드랙은 미국의 대서양 연안에서는 살지 않는다. 하지만 거기에는 그와 유연관계인 스파이어럴랙(spiral wrack)이 서식하는데, 이들은 거의 바다에서 벗어나 있다. 스파이어럴랙은 낮게 자라는 식물로, 짧고 질긴 엽상체는 끝이 거칠거칠하고 부풀어 오른 모습이다. 스파이어럴랙은 소조의 고조선 위쪽에서 무성하게 자란다. 따라서 모든 록위드 중 해안 전면부와 가장 가까운 곳, 곧 암붕이 드러난 해안선과 가장 가까운 곳에서 살아간다. 스파이어럴랙은 삶의 약 75퍼센트를 바닷물 밖에서 살지만, 그래도 엄연히 해조다. 위쪽 해안을 주홍빛과 갈색으로 물들이는 이들의 존재는 그곳이 바다의 어귀임을 상징적으로 보여준다.

그러나 조간대 숲의 외딴 변두리는 그 밖의 두 록위드, 즉 노티드랙과 블래더랙(bladder wrack)이 거의 독차지하고 있다. 이 둘은 쇄파의 세기를 민감하게 가늠하는 지표다. 노티드랙은 거친 파도의 피해를 입지 않는 해안에서만 풍부하게 자랄 수 있어 보호받는 해안에서 주류를 이룬다. 갑에서 쑥 들어간 만이나 감조천(tidal river, 感潮川: 강어귀 또는 하천의 하류에서 밀물과 썰물의 영향을 받아 강물의 염분, 수위, 속도 따위가 주기적으로 변화하는 하천—옮긴이)의 해안은 외해에서 멀리 떨어져 있어 조수와 쇄파의 기세가 약하다. 이런 해안에서는 노티드랙이 키 큰 성인 남자보다 더 크게 자란다. 물론 엽상체는 지푸라기처럼 가늘지만 말이다. 보호받는 해안에서는 바다놀이 멀리서 밀려들어도 노티드랙의 유연한 가닥에 별다른 긴장감을 주지 않는다. 중심 줄기나 엽상체에 달린 소낭(小囊)은 노티드랙에서 분비된 산소 따위의 기체를 함유하고 있다. 이 소낭은 노티드랙이 조수에 뒤덮일 때

스파이어럴랙

부표 구실을 한다. 블래더랙은 인장력이 좋아서 꽤나 거친 쇄파의 밀고 당김도 감당할 수 있다. 블래더랙은 노티드랙보다 키가 훨씬 작지만 기포(氣胞: 'bladder'는 '기포'라는 뜻—옮긴이)의 도움으로 물에 뜰 수 있다. 블래더랙은 기포가 쌍으로 나 있는데, 각 쌍은 단단한 주맥의 양편에 나란히 자리한다. 그러나 쇄파가 세차게 몰아치는 곳이나 조간대의 저조대에서 자라면 기포가 제대로 발달하지 못할 수도 있다. 무슨 이유에서인지 이 해조의 가지 끝은 거의 하트 모양의 둥글납작한 구조로 부풀어 있는데, 바로 이곳에서 생식세포가 배출된다.

이 해조들은 뿌리가 없다. 대신 널찍하게 펼쳐진 디스크 모양의 평평한 조직을 이용해 바위에 들러붙는다. 마치 해조의 아랫부분이 약간 녹아내린 것처럼 보이는 이 평평한 조직은 바위에 펴져서 굳는다. 그런데 바위와 어찌나 확실하게 한 몸을 이루는지 바다에서 심한 폭풍이 몰아치거나 거대한 빙상이 해안을 쓸어대지만 않으면 웬만해서는 찢겨나가지 않는다. 육지 식물은 땅으로부터 무기 양분을 끌어올리기 위해 뿌리가 필요한데, 이 해조들은 그럴 필요가 없다. 거의 끊임없이 바닷물에 멱을 감으므로, 아예 생존에 필요한 모든 무기 양분을 함유한 용액 '속에서' 살아간다고 볼 수 있는 것이다. 또한 육지 식물의 경우 햇빛을 받기 위해 꼿꼿이 서야 하고 그러려면 단단한 중심 줄기가 필요하지만, 이들에게는 그것조차 없어도 무방하다. 그저 자기 몸을 물의 흐름에 내맡기기만 하면 된다. 그래서 이들의 구조는 단순하다. 부착근에서 길게 뻗어나간 엽상체뿐 뿌리도, 중심 줄기도, 이파리도 없는 것이다.

저조 때 여러 층의 이불처럼 납작 엎드린 채 해안을 뒤덮은 록위드 숲을 바라보노라면 이 식물이 암석 표면 전체를 2~3센티미터 두께로 촘촘히 메우고 있는 것처럼 여겨진다. 그러나 밀물 때 다시 일어나고 살아나는 이 숲은 사실 널리 펼쳐져 있기는 하지만 군데군데 빈터도 없지 않다. 메인주에 있는 내 소유의 해안에서는 넓게 자리한 조간대의 암석 위로 조류가 오르내리고, 소조 때의 고조선과 저조선 사이에 노티드랙이 마치 검은 융단을 깔아놓은 것처럼 펼쳐져 있다. 그런데 이 식물의 부착근 주위에 아무것도 없는 암석들이 드러나 보이는데, 지름이 30센티미터나 되는 곳도 있다. 이런 빈터에 노티드랙이 다시 자리를 잡고 엽상체가 계속 갈라져 맨 위쪽 가지가 너비 1~2미터에 이르는 면적을 모두 뒤덮을 정도로까지 자라는 것이다.

흔들리는 파도에 몸을 맡긴 채 춤추는 엽상체의 기단에는 암석이 주홍빛, 에메랄드빛으로 물들어 있다. 너무 작아서 수천 마리가 모여 있어도 그저 암석의 일부로밖에 보이지 않는 바다 식물이 빚어내는 빛깔이다. 이들 안에 들어 있는 보석 같은 색조가 겉으로 드러난 것이다. 초록색 조각은 녹조류의 일종이다. 개별 녹조류는 너무 작아서 성능 좋은 렌즈를 통해 봐야만 식별이 가능하다. 무성하게 자라는 녹조류밭에서, 무리가 이루어낸 신록의 얼룩 속에서 개별 풀잎의 존재를 분간하기란 여간 어려운 게 아니다. 녹조류 사이사이에 강렬하게 빛나는 짙은 붉은색 조각도 보인다. 역시 암석과 분리되지 않는 식물이다. 이 조각은 홍조류 중 하나가 만든 작품으로, 홍조류는 석회질을 분비해 바위에 촘촘히 붙은 얇은 피각을 형성한다.

따개비는 타오르는 배경색과 확연한 대조를 이룬다. 유리컵에 붓는 음료처럼 이 숲으로 쏟아져 들어온 맑은 물속에서 따개비의 만각(蔓脚)이 팔락거린다. 따개비가 만각을 뻗치고, 뭔가를 잡고, 다시 만각을 거둬들이고 있는 것이다. 들어오는 조수에서 우리 눈에는 보이지 않는 미세한 생명체를 잡아먹는 중이다. 파도가 둥글게 다듬어놓은 작은 조약돌밭에서는 홍합이 마치 닻을 내리고 정박한 것처럼 제 조직에서 자은 반짝이는 실로 몸을 동여맨 채 살아간다. 푸른 쌍각 사이가 약간 벌어져 있는데, 그 틈새로 가장자리가 너울너울한 연갈색 조직이 보인다.

식물이 좀더 빽빽하게 밀집한 해저 숲도 있다. 이런 곳에서는 록위드 무리 사이에 주름진두발의 평평한 엽상체로 된 야트막한 잔디밭이 펼쳐지기도 하고, 더러 터키 타월(두껍고 보풀이 긴 목욕용 타월—옮긴이) 같은 질감의 또 다른 식물이 짙은 색 매트를 깔아놓기도 한다. 열대 정글에 서양란(tropical orchid) 같은 기생 식물이 자라듯 이곳 바다 숲에서도 그에 상응하는 기생 식물을 찾아볼 수 있다. 바로 노티드랙의 엽상체에 빌붙어 사는 홍조류 폴리시포니아(*Polysiphonia*)다. 이 해조는 바위에 직접 붙는 능력을 잃어버린 것 같다. 아니 어쩌면 처음부터 그런 능력이 없었는지도 모른다. 그래서 정교하게 나뉜 엽상체의 진홍색 공을 노티드랙에 붙이는 식으로 물에 떠 있다.

암석 사이나 조약돌이 여기저기 흩어져 있는 곳에는 모래도 진흙도 아닌 물질이 쌓인다. 바닷물에 의해 부서진 연체동물의 껍데기, 성게의 가시, 고둥의 딱지 등 바다 생물의 미세한 잔해다. 조개는 이 부드러운 물질에 흡관 끝이 묻힐 정도의 깊이로 구멍을 뚫고 들어가 산다. 조개의 집 주변 진흙에서는 실처럼 가는 주황색 끈벌레(ribbon worm)가 살아가는데, 이 작은 사냥꾼은 갯지렁이 같은 먹잇감을 찾아다닌다. 여기에는 네레이드 갯지렁이도 살고 있다. 네레이드(nereid)는 라틴어로 '바다 요정'이라는 뜻인데, 보는 각도에 따라 색이 변하는 무지갯빛 아름다움과 우아함 덕택에 붙은 이름이다. 네레이드는 적극적인 포식자로 밤에 굴에서 기어 나와 작은 갯지렁이, 갑각류 따위를 잡아먹는다. 어떤 종은 알을 낳기 위해 큰 무리를 지어 흐린 달빛을 받으며 해수면에 모여들기도 한다. 이와 관련해서는 이상한 전설이 전해 내려온다. 뉴잉글랜드에서는 이른바 참갯지렁이(clam worm, *Nereis virens*)가 빈 조개껍데기를 제 근거지로 삼곤 한다. 참갯지렁이를 찾아내는 데 이골이 난 어부들은 그것이 수컷 조개라고 믿는다.

해조 속에서 살아가는 엄지손톱만 한 게가 사냥을 하려고 이 지역으로 내려온다. 녹색게의 새끼들이다. 성체 녹색게는 탈피하기 위해 은신처인 해조로 기어 들어올 때를 제외하고는 해안의 조수선 아래에서 살아간다. 어린 게는 진흙에 난 구멍을 찾아내고, 제 크기만 한 조개가 있는지 살펴보려고 그 구멍을 판다.

조개·게·갯지렁이는 서로 밀접하게 연관된 삶을 살아가는 동물 공동체의 일원이다. 게와 갯지렁이는 적극적인 포식자, 즉 육식동물이다. 조개·홍합·따개비는 플랑크톤을 먹고 살며, 매번 밀려드는 조수가 먹이를 날라다주므로 같은 자리에 붙박여 생활한다. 변치 않는 자연의 섭리에 따르면, 플랑크톤을 먹고 사는 동물은 그들을 먹이로 삼는 동물보다 수가 더 많다. 수천 개의 작은 동물에게는 조개를 비롯한 덩치 큰 종과 마찬가지로 록위드도 은신처 역할을 한다. 다양한 모양의 여과 장치를 지닌 이들 작은 동물은 하나같이 조류가 밀려들 때마다 플랑크톤을 걸러내느라

연성껍질조개(다랑조개)

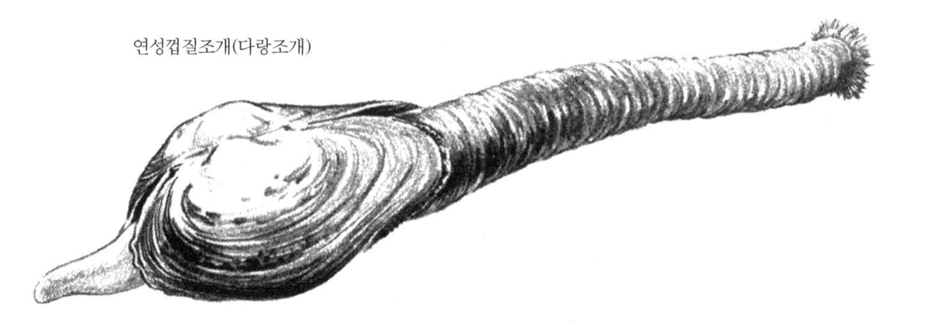

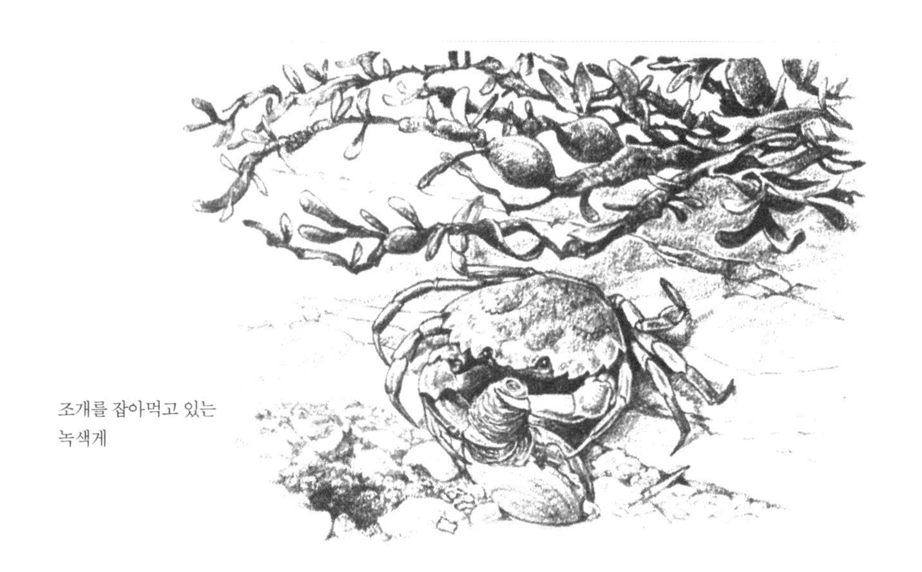

조개를 잡아먹고 있는 녹색게

여념이 없다. 스피로르비스라 부르는, 깃털 달린 작은 갯지렁이를 예로 들 수 있다. 스피로르비스를 처음 보면 사람들은 틀림없이 갯지렁이가 아니라 고둥이라고 생각할 것이다. 스피로르비스가 화학 작용을 일으키는 모종의 기예를 터득함으로써 제 몸을 감싸는 석회질 껍데기, 즉 관을 만드는 관서동물(tube-builder, 管棲動物)인 까닭이다. 관은 핀(pin)의 머리 크기에 불과하며, 흰 똬리 모양으로 평평하고 단단하게 감겨 있다. 형태만 보면 어김없이 육지의 달팽이가 떠오른다. 관 속에 죽치고 사는 이 갯지렁이는 해조나 암석에 착생하면서 때때로 머리를 내밀어 왕관 모양의 촉수에 붙은 가느다란 실로 먹잇감을 걸러낸다. 섬세하고 투명한 촉수는 먹이를 잡는 올가미 구실을 할 뿐만 아니라 호흡을 위한 아가미 역할도 한다. 촉수들 중에는 손잡이가 긴 술잔 같은 구조물이 하나 있다. 갯지렁이가 관 속으로 다시 들어갈 때 이 술잔, 즉 딱지는 딱 맞는 덫의 문처럼 입구를 막아준다.

관에서 사는 갯지렁이가 수백만 년 동안 조간대에서 용케 살아남았다는 사실은 이들이 한편으로 록위드가 무성한 환경, 다른 한편으로 지구·달·태양의 움직임에서 비롯된 장대한 조수의 리듬에 잘 적응했음을 말해준다.

관의 맨 안쪽 똬리에는 셀로판에 싸인 작은 구슬 사슬, 아니 그렇게 보이는 것이 들어 있다. 사슬에는 구슬이 20개 정도 있다. 이들이 바로 발달 중인 알이다. 배가 유생으로 발달하면 셀로판 막이 찢어지고, 새끼들이 바다로 쏟아진다. 새날개갯지렁이, 곧 스피로르비스는 배아 단계를 부모의 관에서 거치는데, 이는 새끼를 적으로부터 보호하고, 준비된 새끼가 차질 없이 조간대에 정착하도록 도와준다. 활발하게 유영하는 기간은 기껏해야 1시간 남짓으로, 조류가 차고 빠지는 단 한 번의 주기 속에 넉넉히 들어가고도 남는다. 스피로르비스는 튼튼하고 작은 동물로서 눈에 연붉은 점이 있다. 아마도 이 유생의 눈은 붙을 만한 장소를 찾아내는 데 도움을 주는 듯 보이지만, 정착한 후에는 곧바로 퇴화한다.

실험실의 현미경으로 스피로르비스 유생이 열심히 수영하는 모습을 관찰한 적이 있다. 이들은 작은 털을 윙윙 돌리기도 하고, 때로 자신을 담은

새날개갯지렁이의 나선형 관

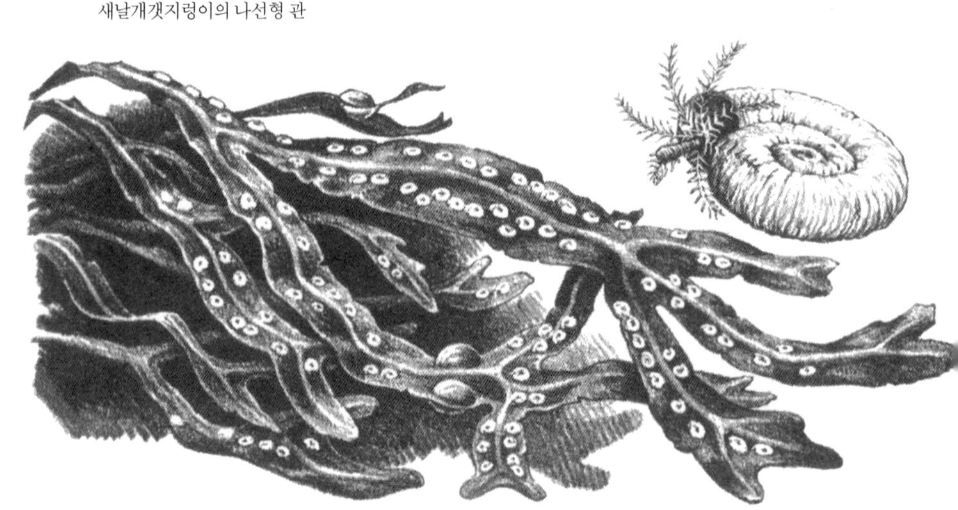

접시의 바닥으로 내려와 머리를 부딪치기도 했다. 어린 새날개갯지렁이는 왜 그리고 어떻게 조상들이 선택한 것과 똑같은 장소에 정착하는가? 이들은 여러 차례 시도한 끝에 거친 표면보다는 매끈한 표면에 더 호감을 느끼고, 이들 종의 다른 개체가 이미 정착한 곳에 우선적으로 정착하는 강한 군집 본능을 드러낸다. 이러한 경향성은 새날개갯지렁이가 비교적 제한된 지역에서 살아가게끔 도와준다. 이들은 또한 익숙한 환경이 아니라 우주의 장대한 힘에 반응한다. 14일마다 돌아오는 상현과 하현 때 한 무리의 알이 수정되는데, 이들은 육아실로 들어가 발달을 시작한다. 그와 동시에 그전 14일간 준비를 마친 유생은 바다로 방출된다. 달의 상(相)과 정확하게 일치하는 타이밍에 따르면, 어린 새끼를 내보내는 것은 언제나 소조 때다. 바로 고조도 저조도 기세가 약해서 아주 작은 생물조차 록위드 지대에 남을 가능성이 높기 때문이다.

총알고둥 종족에 속하는 바다우렁이는 고조 때는 해조의 위쪽 가지에서 살고, 물이 빠지면 해조 밑에서 숨어 지낸다. 둥글둥글하고 위가 편평한 주황·노랑·황록의 조개껍데기를 보면 꼭 록위드의 자실체(子實體) 같은데, 이런 닮은꼴은 스스로를 보호하기 위한 구조일 것이다. 바위총알고둥과 달리 매끈한총알고둥은 여전히 바다 동물이다. 매끈한총알고둥은 바닷물에 잠겨 있어야 하는데, 조수가 빠져나갈 때 축 늘어진 해조의 젖은 엽상체가 그 조건을 충족해준다. 매끈한총알고둥은 해조의 내층세포를 갉아 먹고 살며, 그 사촌들(바위총알고둥이나 유럽총알고둥)과 달리 먹이를 구하러 암석 표면을 찾아가는 일이 거의 없다. 이들은 산란기에조차 록위드에서 벗어나지 않는다. 알을 바다로 흘려보내지 않으며, 해류를 타고 떠도는 유생기도 없다. 매끈한총알고둥은 모든 생명 단계가 록위드 속에서 이루어진다. 다른 거처는 알지 못하는 것이다.

널리 분포하는 매끈한총알고둥의 초기 단계가 어떤지 궁금해서 여름 저조 때 이들을 찾으러 내가 아는 록위드 숲으로 내려가보았다. 그리고 옆으로 몸을 누인 해조를 뒤적이며 긴 가닥 속에 그 동물이 붙어 있는지 살펴본 끝에, 가끔씩 거친 젤리처럼 생기고 엽상체에 찰싹 달라붙은 투명한 물체를 발견할 수 있었다. 대체로 길이는 6밀리미터, 너비는 그 절반인 3밀리미터 정도였다. 이 덩어리 속에 수십 개의 둥근 거품 같은 알이 좁은 망 안에 몰려 있는 게 보였다. 현미경으로 살펴보기 위해 가져온 알 뭉치에는 각 알의 세포막 속에 발생 중인 배아가 하나씩 들어 있었다. 연체동물인 것만은 틀림없지만, 분화가 너무 덜 되어 그 안에서 발생기를 거치고 있는 게 대관절 무슨 동물인지 분간할 길이 없었다. 이들의 생활 터전인 추운 바다에서는 알이 부화하려면 한 달가량 소요되지만, 온도가 더 높은 실험실에서는 남은 며칠의 발달기가 단 몇 시간으로 줄어들었다. 이튿날 둥근 알갱이들은 껍데기를 모두 완성한 작은 새끼 총알고둥을 머금고 있었다. 이제 알로부터 벗어나 암석에서 살아갈 채비를 마친 것이다. 나는 이들이 대체 어떻게 해조가 조수에 흔들리고 이따금 폭풍파가 해안을 덮치는데도 제자리를 지킬 수 있을까 문득 궁금했다. 같은 해 늦여름, 거기에 대한 부분적 해답을 얻을 수 있었다. 록위드의 기포 상당수에 어떤 동물이 일부러 갉아대거나 뚫어놓기라도 한 것처럼 작은 구멍이 숭숭 나 있다는 사실을 발견한 것이다. 안을 살펴볼 요량으로 조심스레 그 기포를 몇 개 찢어보았다. 거기엔 벽이 초록색인 공간 안에 매끈한총알고둥 새끼들이 안전하게 들어앉아 있었다. 매끈한총알고둥 새끼 2~6마리가 하나의 기포를 공유했는데, 바로 이 기포가 적과 폭풍을 동시에 막

히드라충 클라바

아주는 은신처였던 것이다.

소조 때 저조선 부근에는 히드라충 클라바(*Clava*)가 노티드랙과 블래더랙의 엽상체 위에 벨벳 조각처럼 펼쳐져 있다. 뿌리에서 식물이 나오듯 부착 지점에서 피어오른 이 핑크빛·장밋빛의 관상동물 군집은 꽃잎처럼 생긴 촉수가 가장자리를 장식한 가냘픈 꽃들을 흩뿌려놓은 듯 보인다. 삼림 지대에 핀 꽃이 산들바람에 나부끼듯 해류에 흔들리고 있는 것이다. 그러나 이렇게 히드라충이 전후좌우로 흔들리는 것은 해류 속에서 먹이를 찾으려는 목적의식적인 움직임이다. 이런 식으로 히드라충은 해저 숲에서 수많은 독침 세포가 난 촉수를 독화살처럼 쏘아 먹이를 잡아먹는 왕성한 포식자다. 이들은 지칠 줄 모르고 쏘다니다 작은 갑각류며 갯지렁이, 혹은 바다 동물의 유생에 촉수가 닿으면 지체 없이 화살을 퍼붓는다. 그리고 마비된 사냥감을 촉수로 잡아 입에 가져간다.

노티드랙과 블래더랙에 자리 잡은 히드라충 군체는 모두 한때 거기에 정착했던 작은 유생에서 발달했다. 유영할 때 쓰던 섬모(纖毛)는 떨어져나가고 몸이 커진 결과, 식물처럼 생긴 작은 동물로 달라진 것이다. 위쪽 끝에는 왕관 모양의 촉수가 달려 있다. 이 관상동물의 기단에는 '기는 줄기'처럼 보이는 주근(走根, stolon)이 록위드 위로 뻗어 있다. 관이 새로 갈라져

나오고 그 관들은 각각 입과 촉수를 지닌 모습으로 자란다. 이와 같이 군체에 속한 수많은 개체는 모두 단 하나의 수정란에서 나온 유생에 기원을 두고 있다.

때가 되면 식물처럼 생긴 이 히드라충도 번식을 해야 한다. 그러나 이들은 이상하게도 새로운 유생들로 발전하는 생식세포를 만들어낼 수 없다. 무성생식, 즉 아생법(芽生法: 모체에 생긴 작은 싹이나 돌기가 점점 커져 모체에서 떨어져나가 새로운 개체가 되는 생식법—옮긴이)에 의해서만 번식하기 때문이다. 그래서 히드라충이 속한 강장동물군에서는 기이한 세대 교번(alternation of generations, 世代交番) 현상을 거듭 확인할 수 있다. 즉 후손이 부모 세대와는 전혀 닮지 않지만, 조부모 세대와는 닮는 것이다. 개체 클라바의 촉수 바로 아래에서 새로운 세대를 이루는 아상(芽狀) 돌기가 만들어진다. 바로 히드라충 군체 속에서 세대 교번을 구현하는 존재다. 이들은 베리(berry) 모양으로 달려 있는 군집인데 일부 종에서는 이 베리, 즉 해파리의 아상 돌기가 모체에서 떨어져 나와 헤엄쳐 가기도 한다. 이는 작은 해파리처럼 생긴 종형(鐘形)의 동물이다. 하지만 클라바는 해파리를 방출하지 않고 모체에 그대로 붙어 있게 한다. 이들은 다 자라고 나면 저마다 난자와 정자를 바다에 내보낸다. 난자는 수정되면 분열하기 시작하고, 원형질의 실처럼 생긴 작은 유생으로 발달한다. 이 유생은 낯선 바닷물을 타고 헤엄치며 떠돌다가 멀리 떨어진 곳에서 군체를 이룬다.

한여름의 며칠 동안 밀려드는 조수에는 유백색의 둥근 보름달물해파리(moon jelly)가 섞여 있다. 이들 대부분은 생애 주기를 다 마치고 나서 힘이 빠진 상태다. 그러므로 약간만 바닷물이 일렁여도 조직이 쉽사리 망가진다. 조수가 실어 날랐다 다시 데리고 나갔다를 반복하다가 마침내 망가진

새끼 해파리를 출아하는
보름날물해파리의 겨울 난계

휴대폰처럼 록위드에 내팽개치면 보름달물해파리는 다음 번 조수가 찾아올 때까지 목숨을 부지하지 못한다.

보름달물해파리는 해마다 온다. 어느 때는 한 번에 단 몇 마리만, 또 어느 때는 수없이 많이. 바닷새의 울음소리조차 들리지 않아 해안 쪽으로 조용히 밀려드는 이들의 접근을 눈치채기는 어렵다. 바닷새는 조직이 주로 수분으로 되어 있는 해파리를 먹이로 그다지 달가워하지 않기 때문이다.

여름의 대부분 기간 동안 보름달물해파리는 외안에서 흰빛을 내며 떠다닌다. 어느 때는 두 해류가 만나는 선(線)을 따라 수백 마리씩 떼 지어 몰려다니기도 한다. 그러므로 구불구불한 선을 좇아가는 이들의 존재를 보면 거기가 두 해류의 경계임을 알 수 있다. 그러나 생애 주기의 막바지에 접어드는 가을이 되면 보름달물해파리는 거의 저항 없이 조수에 몸을 내맡긴다. 그래서 썰물이 밀려들 때마다 해안에 실려온다. 이때쯤이면 성체 보름달물해파리는 발달 중인 유생을 지니고 다닌다. 유생은 체반 아래 매달린 조직의 판막 속에 들어 있다. 보름달물해파리 새끼들은 배(梨)

보름달물해파리

모양의 작은 동물이다. 이들은 마침내 부모의 몸에서 떨어져 나오면(혹은 해안에서 오도 가도 못하며 발이 묶인 부모에게서 풀려나면), 얕은 바다를 헤엄치면서 돌아다닌다. 무리 지어 몰려다닐 때도 있다. 드디어 이들은 바닥으로 내려오고, 헤엄칠 때 가장 앞쪽에 있던 부분을 바닥에 붙인다. 키가 약 0.32센티미터에 불과한, 식물처럼 생긴 작고 가냘픈 새끼 보름달물해파리는 겨울 폭풍을 이겨내고 살아남는다. 그런 다음 협착이 시작되어 몸이 둥글게 말리고 마치 컵받침을 쌓아놓은 것 같은 모습으로 변한다. 봄이 되면 이 '컵받침'이 차례차례 떨어져나가 헤엄을 치기 시작한다. 이들이 저마다 작은 해파리로 성장하는데, 이렇게 해서 세대 교번이 완성된다. 코드곶 북쪽에서는 이 작은 해파리가 7월이면 지름이 최대 15~25센티미터에 이를 만큼 성장한다. 성체가 된 보름달물해파리는 7월 말이나 8월에 정자와 난자를 생산한다. 8월과 9월에는 유생이 등장하기 시작하는데, 이들은 머잖아 부착 생활을 하게 된다. 10월 말경이면 모든 보름달물해파리가 폭풍의 공격을 받아 목숨을 잃지만, 저조선 부근의 암석이나 외안의 바닥에 붙어 있는 그 새끼들만큼은 끝내 살아남는다.

보름달물해파리가 좀처럼 외안에서 수 킬로미터 떨어진 곳 너머까지 진출하지 않는 연안해의 상징이라면, 그 밖의 곳을 특징짓는 것은 바로 붉은 대형 해파리, 곧 북극해파리다. 북극해파리는 주기적으로 만이나 항구에 들이닥치는 식으로 초록빛 연안해와 먼 외해를 연결해준다. 외안에서 160여 킬로미터 떨어진 어장에서는 커다랗게 부푼 북극해파리가 한가롭게 헤엄치면서 해수면에 떠다니는 모습을 볼 수 있다. 이들의 촉수는 15미터가 넘을 정도로 길게 늘어져 있기도 하다. 촉수는 독이 얼마나 강한지 이들이 지나다니는 길에 있는 바다 동물을 하나같이 위험에 빠뜨린다. 사람도 예외가 아니다. 하지만 새끼 대구와 해덕(haddock)을 비롯한 몇몇 물고기는 이 대형 해파리를 마치 피난처인 양 이용해먹기도 한

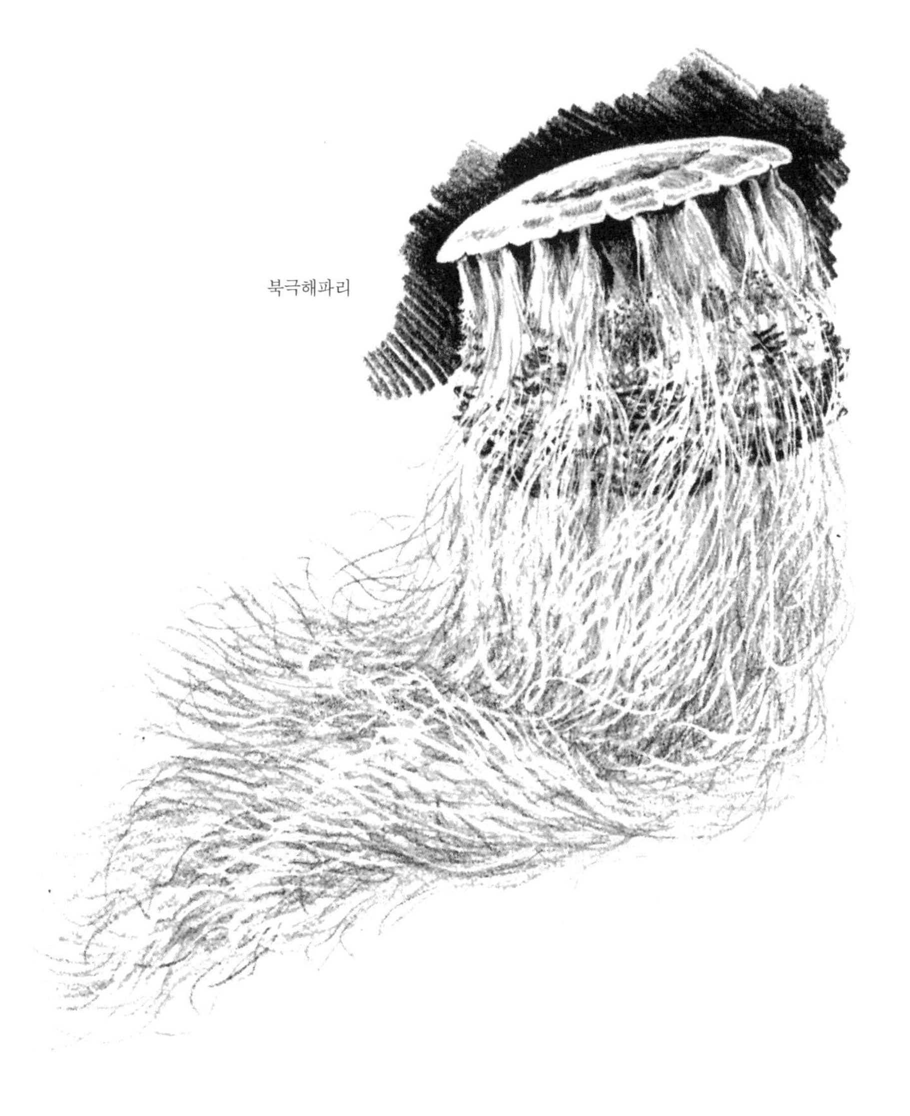

북극해파리

다. 이들은 달리 피할 곳 없는 바다를 이 거대한 동물의 비호를 받으며 쏘다니는데, 어찌된 일인지 쐐기풀 같은 북극해파리의 독에 전혀 해를 입지 않는다.

물해파리(*Aurelia*)와 마찬가지로 이 붉은 북극해파리도 가을에 폭풍이 몰아치면 생을 마감하는 탓에 오직 여름 바다에서만 볼 수 있다. 식물처럼 생긴 이들의 새끼는 겨울 세대로, 그 생애가 보름달물해파리와 거의 모든 점에서 꼭 닮았다. 깊이 60미터 아래 천해의 해저에서 볼 수 있는 1.3센티미터 정도의 작은 생체 조직들은 북극해파리가 남겨놓은 유산이다. 이들 새끼는 저보다 더 큰 여름 세대도 견디지 못하는 추위와 폭풍을 이겨내고 살아남는다. 봄에 날씨가 따뜻해져서 겨울 바다의 추위가 가시기 시작하면 이들은 작은 체반을 새로 만들어내는데, 뭐라 설명하기 힘든 발달의 마법을 거쳐 단 한 계절 만에 성체 해파리로 자란다.

조수가 록위드 아래까지 빠져나가면 바닷가에 스치는 쇄파가 홍합의 거주지 위를 쓸어내린다. 여기에서는, 즉 조간대의 저조대에서는 검푸른 껍데기가 담요처럼 암석을 뒤덮고 있다. 이 담요는 매우 촘촘하고 질감이나 구조가 균일해 사람들은 그게 암석이 아니라 살아 있는 동물이라는 사실을 제대로 알아차리지 못하기도 한다. 어떤 장소에서는 무지막지하게 몰려 있는 이들 홍합의 크기가 0.6센티미터에 불과하지만, 또 다른 장소에서는 그 네댓 배에 이르기도 한다. 어쨌거나 이들은 무척이나 다닥다닥 붙어 있어 각 개체가 먹이를 실어 나르는 해류를 받아들일 만큼 입을 벌릴 수 있기나 한지 의문이 들 지경이다. 암석 표면은 암석 해안에 발판을 마련해야만 살아남을 수 있는 이 생명체에게 조금의 빈틈도 없이 점령당한다.

홍합이 이토록 촘촘하게 모여 사는 것은 무의식적이긴 하나 이들이 유년기에 품은 목적을 끝내 이루었음을 보여준다. 즉 한때 바다를 떠돌던 투명한 작은 유생이 내면화한 삶의 의지, 즉 '지상에 나만의 굳건한 공간을 마련해야 한다'는 강한 의지의 구현인 셈이다.

바다를 떠다니는 유생의 규모는 거의 천문학적이다. 미국 대서양 연안에서는 홍합의 산란기가 4~9월로 제법 길다. 어느 특정 시기에 산란이 급증하도록 이끄는 요소가 무엇인지는 뚜렷하게 알려져 있지 않다. 다만 홍합 몇 마리가 산란하면서 바다에 방출한 화학 물질이 그 지역의 모든 성체 홍합을 자극해 난자와 어백(魚白: 수컷의 배 속에 있는 흰 정액 덩어리—옮긴이)을 바다로 쏟아내도록 유도한다는 것만은 분명해 보인다. 암컷 홍합은 알을 낳는다. 막대처럼 생긴 짧고 작은 덩어리들이 거의 끊임없이 이어져 있는 모양이다. 이들은 수백·수천·수백만 개의 세포로, 모두 장차 성체 홍합으로 발달한다. 성체 암컷은 한 번 산란할 때 최대 2500만 개까지 알을 낳을 수 있다. 알은 잔잔한 물에서는 바닥까지 서서히 내려가지만, 파도가 치거나 해류가 빠르게 움직이는 일반적 상황에서는 바닷물에 즉시 쓸려가버린다.

알이 쏟아짐과 동시에 바닷물은 수컷 홍합이 배출한 어백으로 뿌예진다. 정자의 개체 수는 셀 수 없을 만큼 많다. 정자 수십 마리가 단 하나의 난자 주위에 몰려들어 난자를 압박하면서 진입하려 애쓴다. 그러나 하나의 정자, 오직 단 하나의 정자만이 성공한다. 최초의 정자가 진입하면 난자의 외막에서는 즉시 물리적 변화가 일어난다. 그리고 그 순간부터 난자에는 다른 정자가 침투할 수 없게 된다.

정핵과 난핵이 결합하면 수정세포가 급속하게 분열한다. 고조와 저조가 채 바뀌기도 전에 난자는 작은 공 모양의 세포로 전환하며, 반짝이는 섬모를 이용해 제 몸을 물속으로 이끈다. 그리고 이로부터 약 24시간 후면 이들은 모든 새끼 연체동물과 환형동물의 유생이 공유하는, 이상한 팽이 모양을 띤다. 이어 며칠이 더 지나면 납작하고 길쭉해지며, 이른바 면반(面盤)이라는 막의 진동에 의해 빠르게 헤엄을 치게 된다. 또 단단한 물체의 표면을 기어 다니며 낯선 물체와 접촉하는 것을 감지한다. 이들의 바다 여행은 결코 외롭지 않다. 성체 홍합이 사는 터전 위의 표층수 1제곱미터 속에는 무려 17만 마리나 되는 유생이 헤엄쳐 다니기 때문이다.

얇은 유생 껍데기가 만들어지지만, 이는 곧 성체 홍합에서와 같은 또 다른 쌍각으로 대체된다. 이 시기에 이르면 면반은 해체되고, 외투막과 발을 비롯한 성년 기관이 발달하기 시작한다.

껍데기에 싸인 이 작은 동물은 초여름부터 해안의 해조 더미 속에서 무더기로 살아간다. 현미경으로 관찰하기 위해 가져온 해조에서는 거의 예외 없이 작은 홍합이 코끼리의 코를 닮은, 발(foot)이라고 부르는 긴 관상(管狀) 기관으로 세상을 살피면서 기어 다니는 모습을 볼 수 있다. 새끼 홍합은 발을 이용해 지나는 길에 만나는 물체를 탐색하고, 평평하거나 가파르게 경사진 암석과 해조 사이를 돌아다니고, 또 잔잔한 바다의 표수막 아래쪽에 붙어서 움직이기도 한다. 하지만 발은 이내 새로운 기능을 떠안는다. 홍합은 단단한 지지대가 되거나 파도에 휩쓸리지 않도록 보장해주는 물체에 몸을 묶어두려고 질긴 실(thread)을 감는데, 그 일을 도와주는 것이다.

저조대에 홍합밭이 존재한다는 사실은 이러한 일련의 환경이 방해받지 않고 기나긴 세월 동안 수없이 되풀이되어 거의 완전한 경지에 이르

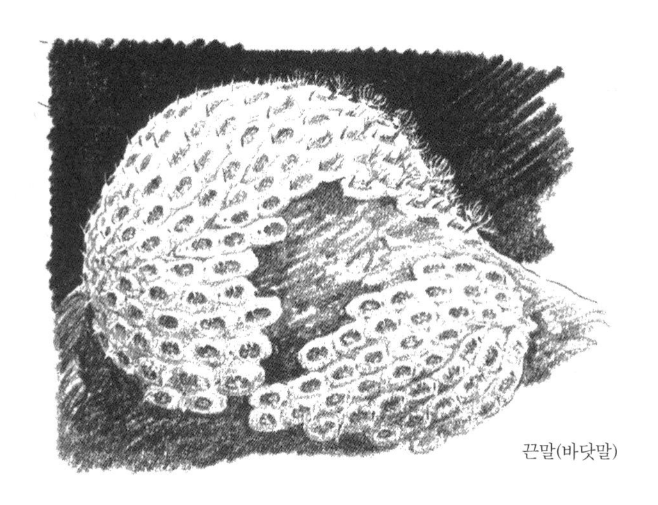

끈말(바닷말)

렸음을 보여준다. 그러나 끝까지 암석에 붙어 살아남은 홍합이 있긴 하지만, 바다에 나갔다가 비명횡사한 유생도 허다하다는 것은 어김없는 사실이다. 이러한 체제는 절묘하게 조화를 이루고 있어 결코 재앙이 일어나지 않는다. 파괴의 힘이 생산의 힘보다 더하지도 덜하지도 않은 것이다. 인류가 존재해온 세월 동안, 그러니까 최근의 지질 시대에 해안에서 살아가는 홍합의 총수는 거의 변하지 않은 듯하다.

이 저조대에서 홍합은 대개 홍조류의 일종인 돌가사리(*Gigartina*)와 밀접한 관련을 맺으며 살아간다. 돌가사리는 크게 웃자라지 않는 식물로, 덤불처럼 무성한 형태에 질감은 거의 연골과 같다. 홍합은 이 식물과 떼려야 뗄 수 없을 만큼 한 몸이 되어 거친 매트를 이룬다. 작은 홍합이 이 식물 주위에 너무도 풍부하게 자라고 있어 기단을 바위에 붙이고 있기는 한지 궁금할 지경이다. 돌가사리의 줄기와 계속 갈라지는 가지는 왕성한 생명력을 자랑하지만 워낙 크기가 작아서 현미경의 도움을 받지 않고는 그 모습을 자세히 살펴볼 수 없다.

껍데기에 밝은 줄무늬가 그어져 있고 문양이 깊게 파인 고둥이 돌가사리의 엽상체에서 기어 다니며 미세 식물을 뜯어 먹고 있다. 이 해조의 기단 줄기는 대부분 이끼벌레의 일종인 막이끼벌레(sea lace, *Membranipora*)로 두툼하게 뒤덮여 있다. 이곳에서 살아가는 촉수 달린 미세 동물들은 저마다 제 레이스 칸 밖으로 머리를 내밀고 있다. 좀더 거친 또 다른 이끼벌레, 플루스트렐라(*Flustrella*)도 이 홍조류의 부러진 줄기나 그루터기를 매트처럼 뒤덮고 있다. 돌가사리는 모종의 보유 물질 덕분에 줄기가 거의 연필 두께만 한데, 그 돌가사리 매트에서 튀어나온 이끼벌레의 '강모(거친 털)'에 낯선 물질이 들러붙는 것이다. 그러나 플루스트렐라도 막이끼벌레처럼 다닥다닥 붙은 수백 개의 작은 칸으로 되어 있다. 플루스트렐라를 차례차례 현미경으로 관찰하던 나는 강인한 작은 생명체들이 살그머니 몸을 내밀고, 마치 우산을 펴듯 속이 비치는 촉수 왕관을 조심스레 펼치는 모습을 볼 수 있었다. 뱀이 거친 그루터기를 요리조리 피해 다니듯 실 같은 갯지렁이가 이끼벌레의 강모 사이를 구불구불 기어 다녔다. 홍옥처럼 반짝이는 눈이 하나뿐인 작은 외눈박이 갑각류가 쉴 새 없이, 더없이 엉성하게 그 군체 위를 돌아다니며 플루스트렐라를 성가시게 했다. 플루스트렐라는 어정거리는 그 갑각류가 닿는 낌새를 느끼자 재빨리 촉수를 접고 제 칸으로 줄행랑을 쳤다.

정글을 이룬 이 홍조류의 가지 위쪽에는 암피토에(*Amphithoë*)라는 이각류가 차지한 둥지와 관이 가득하다. 이 작은 동물은 적갈색 반점이 찍힌 크림색 운동복을 입은 듯한 모습이다. 염소 같은 얼굴에는 2개의 눈과 뿔처럼 생긴 두 쌍의 촉수가 선명하다. 이들의 둥지는 새의 둥지만큼 단단하고 솜씨 좋게 지어지지만, 그보다 훨씬 더 오래 쓰이는 것 같다. 이들이 수영을 잘 못하고 대체로 둥지에서 벗어나는 걸 극도로 싫어하기 때문이다. 암피토에는 대개 아늑한 작은 주머니 안에 들어앉아 있고, 이따금씩만 머리와 상체를 밖으로 내민다. 이들이 기거하는 해조 사이로 해류가 통과하면 거기에 작은 식물 조각이 실려와 녀석들의 생존 문제를 해결해 준다.

암피토에는 연중 대부분의 시간 동안 한 둥지에 한 마리씩 홀로 살아간다. 이른 여름이면 수컷이 암컷(수컷보다 훨씬 수가 많다)을 찾아가 둥지 안에서 교미한다. 어미는 복부의 부속지에 의해 형성된 육아낭 속에서 발달 과정을 거치는 새끼를 돌본다. 어미 암피토에는 새끼를 데리고 있을 때면 이따금 둥지 밖으로 나와 육아낭 속으로 열심히 해류를 까불러 들이곤 한다.

난자는 배아를 만들고, 배아는 유생이 된다. 하지만 어미는 계속 유생을 끼고 지내면서 보살핀다. 유생의 작은 몸이 발달해 해조 속으로 들어가고, 몸에서 신비하게 만들어지는 견사와 식물 섬유를 이용해 둥지를 짓고, 스스로 먹이를 구하고, 제 몸을 지킬 수 있을 때까지 말이다.

새끼가 독립할 채비를 마치면, 어미는 둥지에서 유생을 한시바삐 쫓아내려 한다. 어미는 집게발과 더듬이를 사용해 유생을 둥지 가장자리로 밀어낸 다음 밀고 찌르며 내친다. 새끼들은 억센 털이 난 갈고리 모양의 집게발로 둥지의 벽과 육아낭 입구에 필사적으로 매달린다. 버티다 못해 쫓겨난 새끼들은 주변에서 얼마간 얼쩡거리는 것 같다. 그러다 어미가 경솔하게 나타나면 재빨리 튀어가 어미 몸에 달라붙은 다음 도로 낯익은 둥지 속으로 기어든다. 참다못한 어미가 다시 한 번 내칠 때까지 새끼들은 잠시나마 거기에서 살아간다.

육아낭에서 막 벗어난 새끼조차 제 둥지를 짓고, 몸이 자람에 따라 필요한 만큼 둥지를 키울 수 있다. 그러나 새끼는 성체와 비교했을 때 둥지에서 보내는 시간이 적고, 해조 위를 더 자유롭게 쏘다니는 것 같다. 큰 이각류의 둥지 가까이에 여러 개의 작은 둥지가 들어선 모습을 흔히 볼 수 있다. 새끼는 어미의 둥지에서 쫓겨난 뒤에도 그 부근에 계속 머물고 싶어 하는 것이다.

저조일 때는 바닷물이 록위드와 홍합이 사는 곳 아래까지 빠지고, 적갈색 주름진두발이 드넓게 펼쳐진 지대까지 내려온다. 대기에 노출되는 시간이 무척 짧고 바닷물이 사라지는 시간도 잠깐이므로, 주름진두발은 방금 전까지 파도와 접촉했음을 말해주는 증거인 신선함·촉촉함·윤기를 고스란히 간직할 수 있다. 이런 지역은 조수가 다시 바뀌는 아주 짧고 마력적인 순간에만 잠시 방문할 수 있다. 그런가 하면 암석 가장자리를 때리고, 포말이 되어 부서졌다가 다시 물소리와 함께 바다 쪽으로 밀려가는 파도의 모습이 손에 잡힐 듯 가깝다. 그래서 이곳 저조대에 서 있으면 우리는

주름진두발(오른쪽), 파래(왼쪽)

언제나 바다를 떠올리게 되고 마치 낯선 침입자라도 된 기분에 빠져들곤 한다.

이곳 이끼밭에서는 생명체가 첩첩이 층을 이루고 있다. 생명체가 또 다른 생명체에 붙어서, 혹은 그 속이나 아래나 위에서 살아가고 있는 것이다. 키 작은 주름진두발은 무성한 가지가 얽히고설키며 자라므로 이 속에서 살아가는 생명체는 쇄파의 위협으로부터 보호를 받고, 조수가 빠져나가는 동안에도 바다의 습기를 머금고 있다. 이곳 해안을 방문한 날 밤, 썰물 때의 쇄파가 묵직한 발걸음으로 이끼 낀 바위 턱을 짓밟는 소리를 듣는 순간 새끼 불가사리, 성게, 거미불가사리, 관에서 살아가는 이각류, 나새류(nudibranch)를 비롯해 여기에 서식하는 모든 작고 연약한 동물이 과연 무사할지 궁금했다. 그러나 조간대의 정글에서 가장 밀도 높은 이끼 지대에 머무는 한 이들의 세계는 파도가 제아무리 몰아쳐도 끄떡없다는 것을 나는 알고 있다.

이끼가 너무 촘촘하게 뒤덮여 있어 자세히 들여다보지 않고서는 그 아래에 뭐가 있는지 알 도리가 없다. 여기에 생명체가 종류에서나 개체 수 면에서 얼마나 풍부하게 살아가고 있는지는 파악하기 어려울 정도다. 주름진두발의 줄기는 거의 예외가 없을 정도로 이끼벌레류〔막이끼벌레의 흰색 레이스, 칙칙하고 부러지기 쉬운 소공이끼벌레(*Microporella*)의 껍질〕로 온통 뒤덮여 있다. 소공이끼벌레의 껍데기 표면에는 현미경으로나 보일 법한 칸들이 모자이크처럼 섬세하게 새겨져 있다. 각각의 칸은 저마다 촉수 달린 작은 생명체의 집이다. 작은 동물 수천 마리가 단 하나의 주름진두발 줄기에 붙어산다고 해도 과언이 아니다. 1제곱피트의 암석 표면에 붙어 있는 수백 개의 주름진두발 줄기는 약 100만 마리의 이끼벌레에게 거처를 제공하는 셈이다. 길게 펼쳐진 메인주 해안에서 살아가는 이끼벌레는 단 한 가지 종류만 해도 족히 몇 조 마리는 될 것이다.

그런데 이는 또 다른 사실을 말해준다. 만약 막이끼벌레의 개체 수가 엄청나다면 이들의 먹이인 생명체의 개체 수는 그보다 훨씬 더 많을 것이다. 이끼벌레 군체는 바닷물에서 먹잇감인 미세 동물을 효과적으로 잡거나 걸러내는 역할을 한다. 분리된 칸의 문이 차례차례 열리고 꽃잎처럼 생긴 솜털이 모습을 내민다. 일순 그 군체의 표면 전체가 바람 부는 벌판에 핀 들꽃처럼 나부끼는 왕관으로 가득해진다. 다음 순간 이들은 모두 제 은신처로 돌아가고, 군체는 다시 무늬가 새겨진 돌의 표면처럼 변한다. 이 돌밭 위에 '꽃'들이 나부낄 때는 바다 생물이 이들에게 희생당하는 순간이다. 제 칸에서 모습을 드러낸 이끼벌레가 공이나 타원 모양의 미세한 생명체, 원생동물과 아주 작은 바닷말, 그리고 자그마한 갑각류와 갯지렁이, 혹은 연체동물이나 불가사리의 유생을 빨아들인다. 모두 이 이끼밭에서 별처럼 무수히 숨어 사는 존재들이다.

몸집이 좀더 큰 동물은 상대적으로 수가 적지만, 그래도 여전히 인상적이리만큼 풍부하게 존재한다. 커다란 초록색 도꼬마리(국화과의 한해살이풀—옮긴이) 모양의 성게가 이끼밭 안에 깊숙이 들어앉아 있다. 이들은 수많은 관족 끝에 달린 점성의 체반을 써서 공처럼 둥근 몸을 암석에 단단히 붙인다. 지천으로 널린 유럽총알고둥은 신기하게도 조간대 동물 대부분에서 발견할 수 있는, 일정한 지대에 국한해서 살아가는 특성을 보여주지 않는다. 이끼 지대 안에서도, 위에서도, 그리고 아래에서도 살아가니 말이다. 저조 때는 이곳에서 유럽총알고둥의 껍데기가 해조 표면 여기저기에 흩어져 있다. 살짝 건드리기만 해도 떨어질 만큼 그 엽상체에 다닥

다닥 붙어 있는 것이다.

이곳에서는 새끼 불가사리도 100여 마리씩 무리 지어 산다. 이 이끼밭은 북부 해안의 불가사리에게는 주요 삶터 중 하나인 것 같다. 가을이면 거의 모든 다른 식물도 0.6~1.3센티미터 크기의 이 불가사리에게 피난처가 되어준다. 이들 불가사리에게는 커가면서 사라지는 색채 패턴이 나타난다. 질감이 우둘투둘한 관족, 가시, 기타 특이한 표피 기관들은 몸집에 비해 큰 편이고 하나같이 완벽한 형태와 구조를 띠고 있다.

새끼 불가사리는 암석 바닥에 난 식물의 줄기 틈바구니에서 살아간다. 이들은 흐릿한 흰색 덩어리로, 눈송이만 한 크기에 눈송이처럼 섬세한 아름다움을 지녔다. 아울러 햇것이라는 느낌이 확연해 유생에서 성체로 변태를 겪은 지 얼마 되지 않았음을 분명하게 알 수 있다.

플랑크톤으로 살아가는 시기를 마친 불가사리 유생이 떠돌이 생활을 청산하고 몸을 단단히 붙여 임시 정착한 장소가 바로 이곳 암석이었을 것이다. 이때 이들의 몸은 가느다란 뿔이 튀어나온 갈색 유리 같다. 돌출된 뿔은 헤엄치는 데 필요한 섬모로 뒤덮여 있고, 그중 일부에는 유생이 단단한 해저를 찾으러 다닐 때 사용하는 흡반이 달려 있다. 이 짧지만 중요한 정착기 때, 유생의 조직은 누에고치에 들어 있는 번데기처럼 완벽하게 재조직된다. 즉 유아기의 형태가 사라지고 대신 팔이 5개 달린 성체로 변화한다. 이제 새끼 불가사리는 관족을 능란하게 쓰면서 암석을 기어 다니

유영하는 불가사리 유생

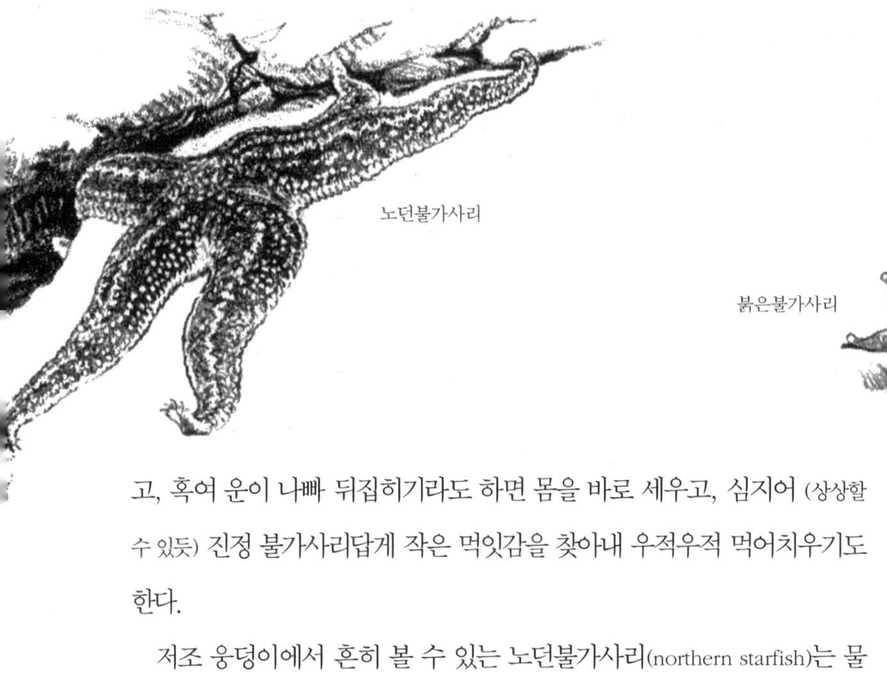

고, 혹여 운이 나빠 뒤집히기라도 하면 몸을 바로 세우고, 심지어 (상상할 수 있듯) 진정 불가사리답게 작은 먹잇감을 찾아내 우적우적 먹어치우기도 한다.

저조 웅덩이에서 흔히 볼 수 있는 노던불가사리(northern starfish)는 물 먹은 이끼나 축축하고 서늘한 바위 턱 속에서 조수가 다시 차오르길 기다린다. 바닷물이 완전히 빠져나간 짧은 순간, 이들은 분홍색·파랑색·보라색·복숭아색·베이지색 등 다채로운 색채를 뽐내며 흩어진 꽃잎처럼 이끼 위를 수놓는다. 여기저기 회색 혹은 주황색의 아스테리아스포르베시(*Asterias forbesi*, common starfish)가 눈에 띄는데, 이들의 몸에는 하얀 점 같은 가시들이 선명하게 나 있다. 이들의 팔은 노던불가사리보다 둥글고 단단하며, 상판은 대개 노던불가사리 같은 연노랑색이 아니라 밝은 주황색이다. 아스테리아스포르베시는 코드곶 남쪽에서 흔히 볼 수 있고, 그 북쪽에서는 오직 드문드문 길 잃은 몇 마리만 눈에 띌 뿐이다. 저조대 암석에 거주하는 세 번째 불가사리 종인 붉은불가사리, 곧 헨리시아(*Henricia*)는 이 같은 바다의 가장자리에서 지내기도 하고, 더러 대륙붕단 부근의 빛이 들지 않는 해저로 내려가 살기도 한다.

이 종은 늘 차가운 바다에서 지내므로, 코드곶 남단에서는 알맞은 온도를 찾아 외안으로 나간다. 그러나 헨리시아는 흔히 생각하듯 유생 단계에서 널리 퍼지는 게 아니다. 여느 불가사리와 달리 헤엄칠 수 있는 새끼를 만들어내지 못하기 때문이다. 대신 어미는 등을 구부린 채 팔로 주머니를 만들어 알과 그 알에서 발달한 새끼를 끌어안고 있다. 완전히 발달해 작은 불가사리가 될 때까지 알과 새끼를 품어주는 것이다.

은행게(Jonah crab)는 폭신폭신한 이끼밭에 숨어서 조류가 다시 차오르거나 어둠이 깔리길 기다린다. 나는 이끼를 뒤집어쓴 채 바위벽에서 튀어나온 바위 턱 한 곳을 기억한다. 커다란 다시마인 라미나리아가 너울거리는 깊은 바다가 내려다보이는 곳이었다. 바닷물이 이 바위 턱 아래까지 빠지고 나서 얼마 지나지 않아 다시 돌아왔다. 마치 잔잔한 파도가 그 바위 턱 가장자리에 가볍게 부딪쳤다 빠져나가면서 그러마고 약속이라도 한 것처럼 말이다. 흠씬 젖은 이끼밭은 스펀지처럼 물을 넉넉히 머금고 있었다. 나는 두툼한 이끼 양탄자 아래에서 얼핏 밝은 분홍색을 보았다. 처음에는 바위를 뒤덮으면서 자라는 산호말인 줄로만 알았다. 그런데 그 엽상체를 떼어내려 하던 나는 느닷없이 어떤 물체가 움직이는 바람에 화들짝 놀랐다. 커다란 게가 재빨리 자리를 옮기더니 다시 부동의 대기 자세를 취했다. 이끼밭 깊숙한 곳을 뒤적여보고서야 나는 비로소 알았다. 짧은 저조가 어서 지나가 갈매기들이 자신의 존재를 알아보지 못하길 바라며 게 여러 마리가 거기 숨어 있었던 것이다.

이들 북부 게는 얼핏 소심해 보인다. 필시 가장 끈덕진 적이랄 수 있는 갈매기의 눈에 띄지 말아야 하기 때문일 것이다. 낮에는 애써 찾아보지 않는 한 이들을 만날 수 없다. 해조 사이에 깊숙이 몸을 숨기거나 돌출한

은행게(왼쪽), 바위게(오른쪽).
은행게의 껍데기는 바위게보다
약간 더 넓고 무늬가 좀더 깊다.

바위 턱의 우묵한 틈새에 안전하게 틀어박힌 채, 차갑고 어둑한 곳에서 촉수를 가볍게 살랑이며 바닷물이 돌아오길 기다리고 있어서다. 그러나 어둠이 깔리면 이들은 해안을 누비고 다닌다. 어느 날 밤, 나는 아침 조수 때 잡아온 큰 불가사리를 다시 놓아주려고 물이 빠져나간 저조대로 내려갔다. 불가사리는 8월의 대보름달이 비치는, 썰물이 가장 낮게 빠져나가는 그곳을 안전하게 여길 터였다. 나는 손전등을 들고 미끌미끌한 록위드 위를 걸었다. 으스스했다. 낮에만 해도 익숙한 지형지물이던 해조투성이 바위 턱과 암석이 내 기억보다 더 커 보이고 문득 낯설게 다가왔다. 여기저기 튀어나온 암석이 그림자 때문인지 더욱 선명하게 도드라져 보였다. 손전등의 빛이 직접 쏘이는 곳이든, 양옆으로 비스듬하게 비치는 곳이든 내 눈이 닿는 곳마다 게들이 잽싸게 움직이고 있었다. 녀석들은 대담하고 악착같이 해조로 뒤덮인 암석을 누비고 다녔다. 이들이 온갖 기괴한 모습을 선보이자 한때 낯익었던 곳이 마치 도깨비라도 튀어나올 것 같은 소름 끼치는 장소로 바뀌었다.

어떤 곳에서는 이끼가 암석 기단이 아니라 털담치 군체 위에 끼기도 한다. 거대한 연체동물인 털담치는 불룩하고 무거운 껍데기 안에서 살아가는데, 그 껍데기의 한쪽 끝에는 표피에서 자연적으로 자라난 뻣뻣하고 누런 털이 삐죽 나 있다. 털담치는 동물 집단 전체가 살아갈 수 있는 터전이다. 이들이 없다면 나머지 동물들은 파도가 들이치는 이 바위에서 한시도 견뎌내지 못할 것이다. 털담치는 금색 족사가 풀리지 않도록 얽어매서 껍데기를 암석 기단에 단단히 묶는다. 족사는 길고 가느다란 발에 있는 분비선에서 만들어진다. 신기한 우윳빛 분비물에서 '잣는' 이 실은 바닷물과 만나면 굳는 성질이 있다. 질기고 강하고 부드럽고 탄력적인 특징이 기막히게 어우러진 족사는 어느 방향으로나 뻗어나갈 수 있다. 홍합은 바로 이 족사의 도움으로 몰아치는 파도의 공격에 맞서, 그리고 해안에 부딪쳤다가 다시 밀려나가는 물살의 힘(쇄파가 거셀 때는 이 힘 역시 무시하기 어렵다)에 맞서 꿋꿋하게 제자리를 지킬 수 있다.

홍합이 이곳에 정착한 기나긴 세월 동안 진흙 부스러기 입자가 그 껍데기 아래나 닻을 내린 족사 부근에 내려앉았다. 이 입자가 생명체, 곧 일종의 하층 생물(아직 너무 작고 투명해서 갓 형성된 껍데기를 통해 몸체가 죄다 비치는 새끼 홍합, 갯지렁이, 갑각류, 극피동물, 연체동물 등)에게 또 하나의 쉼터가 되어준다.

어떤 동물은 거의 언제나 이 털담치 속에서 살아간다. 거미불가사리는 길고 가느다란 팔을 사용해 호리호리한 몸뚱어리를 털담치의 족사 사이

털담치

또는 껍데기 아래에 뱀처럼 미끄러지듯 집어넣는다. 고슴도치갯지렁이 역시 항상 털담치 속에서 산다. 이 낯선 동물 공동체에서 거미불가사리와 고슴도치갯지렁이 아래에서는 불가사리가, 그 아래에서는 성게가, 또 그 아래에서는 해삼이 살아간다.

이곳에 서식하는 극피동물 중 성년 개체는 거의 찾아볼 수 없다. 털담치가 무리 지어 살아가는 곳은 아직 어리거나 한창 성장 중인 동물의 거처인 듯하다. 실제로 다 자란 불가사리나 성게는 좀처럼 이곳에서 살아가지 않는다. 해삼은 물이 없는 저조 때는 제 몸을 2.5센티미터에 불과한 작은 미식축구공처럼 잔뜩 움츠린다. 그러다 물이 다시 들어오면 왕관같이 생긴 촉수를 펴고 몸도 완전히 늘어뜨려 몸통 길이가 무려 13~15센티미터에 이른다. 유기 쇄설물을 먹고 사는 해삼은 부드러운 촉수로 동물 잔해가 쌓인 진흙을 뒤적거려서 먹이를 찾는다. 이들은 마치 어린아이가 손가락을 빨 듯 이따금 촉수를 입으로 가져가곤 한다.

홍합층 밑에 깔린 이끼밭에서는 길고 호리호리한 베도라치과의 작은 바닷물고기, 곧 바위장어(rock eel)가 동료 몇 마리와 함께 물 고인 은신처에 몸을 웅크린 채 조수가 차오르길 기다리고 있다. 침입자의 기척에 놀란 바위장어는 세차게 물을 때리면서 장어답게 꿈틀꿈틀 헤엄쳐 달아난다.

홍합 거주 지역의 바다 쪽 외곽에서는 큰 홍합을 점점 더 찾기 힘들다. 이끼 카펫 역시 점차 얇아지지만, 그래도 여간해서는 기저 암반이 드러나지 않는다. 회색해변해면은 위쪽의 바위 턱이나 조수 웅덩이에 숨어 있다. 이들은 여기서 그 종의 전형적 특징이랄 수 있는 원뿔과 분화구가 군데군데 나 있는 부드럽고 두툼한 연둣빛 매트를 깐다. 회색해변해면은 이런 식으로 바다의 직접적 힘에 맞서는 듯하다. 이끼가 성긴 곳에서는 군

회색해변해면. 왼쪽 아래는 그 해면 속에 들어 있는 먹이를 사냥하는 거미불가사리

데군데 또 다른 색깔 조각이 보인다. 탁한 분홍빛 혹은 빛나는 적갈색 조각인데, 이것이 더 아래쪽에는 뭐가 있는지를 넌지시 암시한다.

1년의 대부분 시간 동안 바닷물은 대조 때 주름진두발 지대까지 내려오지만 그보다 더 낮아지지는 않으며, 이내 뭍 쪽으로 차오른다. 그러나 어떤 달에는 해와 달과 지구의 위치가 변화함에 따라, 심지어 대조 때조차 진폭이 커진다. 대조 때는 밀물이 뭍으로 더 높이 올라오고 썰물은 그만큼 바다로 더 멀리 빠진다. 가을 조수는 항상 움직임이 거세고, 수렵월(狩獵月: 중추 만월 다음의 만월—옮긴이)이 되면 만조가 여러 날 밤낮 매끄러운 화강암 가장자리까지 차오르고, 끝이 레이스 같은 잔물결이 베이베리나무의 뿌리를 간질인다. 썰물 때는 해와 달이 합세해 해수를 바다 쪽으로 한껏 끌어당기므로 물이 빠지면서 바위 턱이 드러난다. 4월의 달이 그 검은 형체 위에 빛을 비춘 이래 모습을 드러내지 않던 바위 턱이다. 대조의 썰

깃털말미잘. 성충이 낳은 어린 말미잘(오른쪽 아래)

물은 이렇듯 바닥에 납작 붙어 자라는 분홍산호초, 초록성게, 빛나는 대형 호박색 갈조류 오어위드의 세계를 드러내준다.

이와 같은 대조 때 나는 1년의 주기에서 육지 동물에게 아주 드물게만 허락되는 바다 세계의 문지방을 넘어가곤 한다. 여기에서는 어두운 동굴을 만날 수 있다. 앙증맞은 바다 꽃이 활짝 피어나고, 부드러운 산호 무리가 일시적으로 물이 빠져나간 순간을 견디고 있다. 이들 동굴과 깊은 바위틈의 젖은 어둠 속에서, 나는 말미잘의 세계에 들어와 있는 스스로를 발견한다. 말미잘은 왕관처럼 생긴 크림색 촉수를 빛나는 갈색 몸통 위로 나부낀다. 움푹 파인 곳이나 조수선 바로 아래 바닥의 작은 웅덩이에 멋들어진 국화꽃이 만개한 듯하다.

물이 완전히 빠져나간 환경에 노출된 이들의 외양은 그렇지 않을 때와 사뭇 대조적이라서 육지 생활에 잠깐씩 드러나는 것조차 당혹스러운 기색이 역력하다. 반반하지 않은 해저 지형이 얼마간 은신처가 되어주는데, 그런 곳마다 말미잘 군체가 자리하고 있다. 말미잘 수십 마리가 모여서 반투명한 몸을 부대낀다. 암석 수평면에 달라붙은 말미잘은 모든 신체 조직을 납작해진 원추형의 단단한 몸 안에 접어 넣는 식으로 바닷물이 빠져나간 상황에 대처한다. 깃털처럼 부드러운 촉수 왕관도 접혀 있어 몸을 한껏 펼쳤을 때의 아름다움은 온데간데없다. 암석 수직면에 붙어서 살아가는 말미잘은 모래시계처럼 기묘한 형상을 한 채 아래로 축 늘어져 있다. 물이 모두 빠져나간 생소한 환경에서 모든 조직이 흐늘흐늘 처져 있는 것이다. 이들은 수축력이 좋아서 뭔가가 닿으면 이내 몸통이 작달막해진다. 바다에게 버림받은 말미잘은 아름다운 생명체라기보다 기괴한 물체이고, 외안의 바닷물에서 먹이를 잡아먹기 위해 촉수를 활짝 펼친 말미잘과는 하나도 닮은 데가 없다. 작은 바다 생물이 넓게 편 촉수를 살짝 건드리기만 해도 말미잘은 치명적 물질을 발사한다. 1000여 개의 촉수는 저마다 소용돌이치면서 날아가는 화살을 보유하고 있으며, 각각의 화살에는 미세한 가시가 하나씩 돋아 있다. 이 가시는 폭발을 일으키는 방아쇠 구실을 하거나, 먹이가 아주 가까이 다가오면 화학 물질을 분비해 엄청난 기세로 화살이 날아가게 만든다. 독을 쏘아 먹이가 맥을 못 추고 꼼짝 못하도록 하는 것이다.

말미잘과 마찬가지로 연산호도 바위 턱 아랫면에서 골무 크기의 군체를 늘어뜨리고 있다. 저조 때 축 처진 산호에게서는 아무런 생명의 기운도, 아름다움의 자취도 찾아볼 수 없다. 하지만 이들은 물이 도로 차오르면 생명의 기운과 아름다움을 되찾는다. 군체 표면에 난 무수한 구멍에서 작은 관상동물의 촉수가 나타나고, 폴립이 조수 속으로 몸을 내밀어 바닷물에 실려온 작은 새우며 요각류, 여러 형태의 유생을 잡아먹는다.

연산호류인 손가락산호(sea finger)는 그들과 먼 유연관계에 있는 돌산호(stony coral), 즉 초산호(reef coral)와 달리 석회질을 분비하지는 않지만, 군체를 이루어 숱한 동물에게 삶의 터전을 마련해준다. 석회질의 침골로 인해 더 강화된 기질에 단단히 박혀 있는 군체다. 침골은 매우 미세하긴 하지만, 연산호류인 알시오나리아(*Alcyonaria*)가 진짜 산호와 뒤섞여 있는 열대 암초에서는 지질학적으로 더욱 중요해지고 있다. 연조직이 죽어서 분해되면 단단한 침골이 작은 건설용 벽돌 노릇을 하면서 암초를 형성하는 것이다. 알시오나리아는 인도양의 산호초와 산호 평원에 풍부하고 다양하게 존재한다. 이 연산호류가 열대 지방에서는 주종을 이루는 생명체이기 때문이다. 하지만 몇몇 연산호류는 조심스럽게 극지방의 바다로 진출하기도 한다. 노바스코샤와 뉴잉글랜드 인근의 어장에서는 키가 성인 남자만 하고 나무처럼 가지를 뻗은 산호 종이 살고 있다. 조간대의 암석은 이들에게 호의적이지 않으므로 이 종은 대개 심해에서 산다. 그래서 대조의 저조 때만 드물게, 짧은 시간 노출되는 저조대 바위 턱의 음습하고 후미진 곳에서나 이들 군체를 간간이 만날 수 있다.

조수가 낮게 빠져나갈 때에만 잠시 모습을 드러내는 암석 벽이나 바위 틈의 작은 웅덩이에는 분홍색 하트 모양의 히드라충 투불라리아 군체가 아름다운 정원을 이루고 있다. 물이 찬 곳에서는 꽃처럼 생긴 이 동물이 긴 줄기 끝을 우아하게 하늘거리면서 촉수를 뻗어 플랑크톤 따위의 작은 동물을 잡아먹는다. 그러나 이들이 가장 잘 발달한 장소는 아마도 완전히

강장동물의 자세포

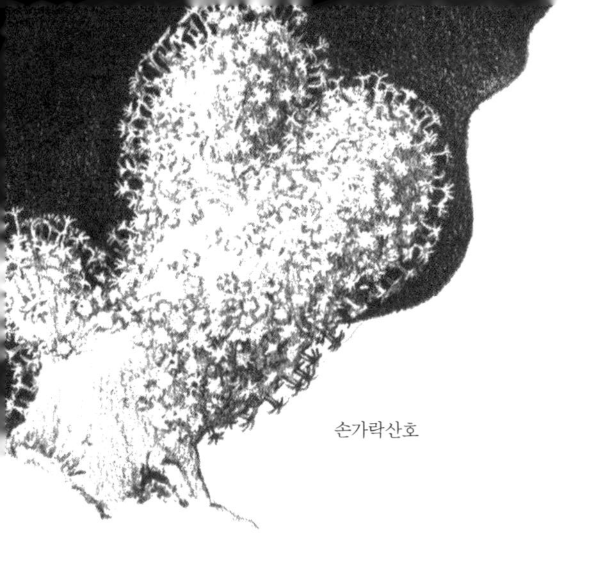

손가락산호

물에 잠기는 곳일 것이다. 나는 투불라리아가 부두의 말뚝, 부표, 물에 잠긴 밧줄과 전선을 뒤덮어버리는 모습을 보곤 했다. 그런데 그 속도가 어찌나 빠른지 투불라리아 속에 본시 뭐가 들었는지 알 수 없을 지경이다. 이들을 바라보고 있노라면 마치 새끼손톱만 한 꽃 수천 송이가 앞다투어 피어난 것 같은 환상에 빠져든다.

주름진두발 숲 아래 새로운 종류의 해저가 느닷없이 모습을 드러낸다. 마치 선이 하나 그어진 것처럼 불현듯 주름진두발밭이 사라진 것이다. 우리는 이제 폭신폭신한 갈색 쿠션에서 벗어나 돌처럼 보이는 단단한 지면으로 접어든다. 색깔만 빼면 거의 화산 경사면 같은 헐벗고 황량한 느낌이 드는 곳이다. 그러나 이는 우리가 흔히 볼 수 있는 암석이 아니다. 기저 암반은 위든 옆이든 드러난 곳이든 감춰진 곳이든 온통 산호말의 피각으로 뒤덮여 있어 회색이 감도는 분홍색이다. 산호말은 어찌나 찰싹 붙어 있는지 마치 바위와 한 몸 같다. 여기에 사는 총알고둥도 껍데기에 분홍색 얼룩이 있어 암석의 작은 굴이나 갈라진 틈 역시 분홍색으로 물들어 있다. 초록빛 바다 쪽으로 비스듬히 기운 암석 바닥에도 분홍빛이 끝없이 펼쳐져 있다.

산호말은 보기 드문 매력을 지닌 식물이다. 이들은 홍조류에 속하는데, 홍조류는 대부분 연안해 깊은 곳에서 살아간다. 바닷물이 이들의 조직을 햇빛으로부터 차단해주어야만 비로소 본래 빛깔을 유지할 수 있는 화학적 속성 때문이다. 그러나 산호말은 직사광선을 견디는 능력이 탁월하다. 아울러 석회질을 조직에 결합해 단단해지는 능력이 있다. 대다수 종은 암석, 조개껍데기, 그 밖의 딱딱한 표면에 피각화한 조각을 이룬다. 얇고 부드러운 피각은 마치 에나멜페인트를 한 겹 칠해놓은 것 같다. 하지만 어떤 때는 작은 혹이나 가시가 나서 피각이 우둘투둘해지거나 두꺼워지기도 한다. 열대 지방에서는 간혹 산호말이 산호초를 형성하는 데 중요하게 관여하곤 한다. 즉 산호충에 의해 형성된 가지 뻗은 구조를 단단한 산호초로 굳히는 데 도움을 주는 것이다. 동인도제도에서는 산호말이 여기저기 끝없이 펼쳐진 조간대를 은은한 빛깔의 피각으로 뒤덮고 있다. 인도양의 '산호초' 상당수는 산호를 함유하고 있지 않으며, 주로 이 산호말에 의

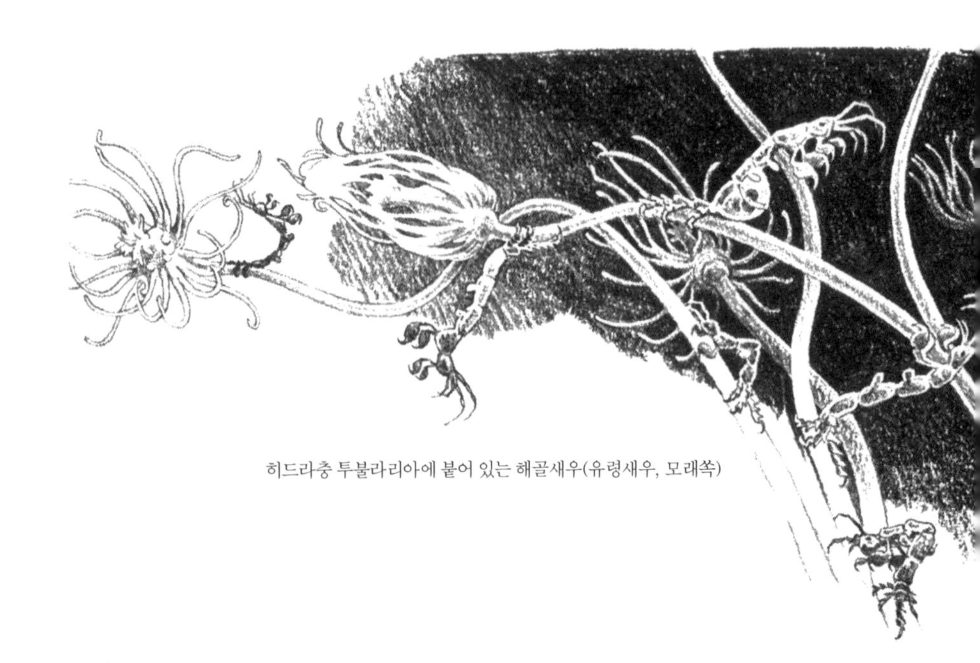

히드라충 투불라리아에 붙어 있는 해골새우(유령새우, 모래쏙)

산호말에서 살아가는 초록성게

해 만들어진다. 어둑한 북쪽 바다에 거대한 갈조류가 숲을 이룬 스피츠베르겐제도의 해안 근방에도 수많은 산호말이 조성한 석회질 어장이 드넓게 펼쳐져 있다. 산호말은 따뜻한 열대 바다뿐 아니라 수온이 좀처럼 빙점 이상으로 올라가지 않는 추운 바다에서도 살아갈 수 있으므로 북극해에서 남극해까지 고루 분포한다.

산호말이 대조 때의 저조선을 표시해놓기라도 하듯 메인주 해안의 암석에 분홍 띠를 두른 곳에서는 살아 있는 생명체가 좀처럼 눈에 띄지 않는다. 하지만 잘 살펴보면 실제로는 성게 수천 마리가 살아가고 있다. 성게는 더 위쪽 지역에서와 달리 암석 밑이나 틈에 숨어 지내지 않고 완만하게 경사진 암석 표면이나 평지에 완전히 노출된 채 살아간다. 산호말로 뒤덮인 암석에 수십 마리씩 떼 지어 살면서 분홍을 배경으로 초록 조각을 수놓는 것이다. 나는 거센 쇄파가 들이치는 암석에 붙어사는 성게 무리를 본 적이 있다. 하지만 이들은 모두 관족으로 작은 닻을 내려 안전하게 버티고 있었음에 틀림없다. 파도가 심하게 부서지고 다시 엄청난 기세로 밀려나갔지만 그 자리에 꼼짝 않고 붙어 있었던 것이다. 조수 웅덩이나 록위드 지대에서는 성게가 바위 밑이나 틈새에 몸을 숨기려는 경향이 강한데, 이것은 쇄파가 아니라 눈에 불을 켠 갈매기를 피하기 위해서다. 갈매기는 저조 때 물이 빠지기만 하면 성게를 인정사정없이 잡아먹는다. 그러나 성게가 자기 존재를 드러내놓고 살아가는 이 산호말 지대는 거의 항상 보호층인 바닷물에 잠겨 있다. 이 지대까지 물이 빠지는 것은 기껏해야 1년에 열두 번도 되지 않는다. 그 밖에는 늘 성게 위로 바닷물이 잠겨 있어 갈매기가 녀석들을 잡아먹지 못하게 막아준다. 갈매기는 물속으로 살짝 곤두박질 칠 수는 있지만, 제비갈매기(tern)처럼 다이빙을 할 수도, 제 몸통 길이보다 깊은 바닥까지 닿을 수도 없기 때문이다.

저조대의 암석에서 살아가는 생명체의 삶은 먹고 먹히는 관계, 혹은 서식지와 먹이를 놓고 다투는 종들 간의 관계로 한데 얽혀 있다. 바다는 이 모든 생명체를 규제하고 총괄하는 힘을 행사한다.

성게는 대조의 저조대를 삶의 터전으로 삼음으로써 갈매기의 습격을 피하지만, 그 자신도 본래 다른 동물들에게는 위험한 포식자다. 이들은 주름진두발 지대로 진출해 깊은 홈 속에 몸을 감추거나 바위 턱 아래 숨어 지내면서 총알고둥을 있는 대로 먹어치우고, 심지어 따개비나 홍합까지도 공격한다. 해안의 특정 지대에 서식하는 성게는 거기서 살아가는 먹이 동물의 개체 수를 확실하게 조절해준다. 먹성 좋은 골뱅이(common whelk)와 불가사리도 성게와 마찬가지로 주로 외안의 깊은 바다에 살면서, 먹이를 찾아 조간대로 장단기 탐험을 떠난다.

보호받는 해안에서 살아가는 먹이 동물, 즉 홍합·따개비·총알고둥은 갈수록 상황이 어려워지고 있다. 강인하고 적응력 있는 이들 동물은 조간대의 어느 지대에서나 살아갈 수 있다. 하지만 이처럼 보호받는 해안에서는 록위드가 이 먹이동물들을 (여기저기 흩어져 있는 개체는 빼고) 상위 3분의 2 지대에서 서서히 밀어내버렸다. 저조선 부근이나 그 바로 아래에는 굶주린 포식 동물이 득실거리므로, 결국 이들에게 남은 것은 오직 소조 때의 저조대뿐이다. 보호받는 해안에서 따개비와 홍합이 암석에 희거나 검은 덮개를 펼쳐놓기 위해 수백만 마리씩 무리 지어 살고, 골뱅이 군단이 모여 서식하는 곳이 바로 이곳 소조 때의 저조대다.

그러나 바다는 완화하거나 수정하는 역할을 통해 그 패턴을 달라지게 만들 수 있다. 쇠고둥·불가사리·성게는 추운 바다에서 사는 동물이다. 외안의 바다가 차갑고 깊으며 조수가 그 차가운 저장고에서 비롯되는 곳에서는 포식 동물이 조간대까지 이를 수 있어 먹이 동물의 수가 현저히 줄어든다. 하지만 표층수가 따뜻하면 포식 동물은 차가운 심해에 갇힌다. 포식 동물이 바다 쪽으로 물러나면 먹이 동물 군단은 그만큼 대조의 저조대까지 멀리 내려간다.

조수 웅덩이에는 신비한 세계가 담겨 있다. 그곳은 온갖 바다의 아름다움을 작은 모형처럼 섬세하게 그려낸다. 어떤 웅덩이에는 깊은 틈새나 홈이 파여 있기도 하다. 이런 틈새가 조수 웅덩이의 바다 쪽 끝에서는 물속으로 사라져버리지만 육지 쪽 끝에서는 절벽으로 비스듬히 올라가는데, 이들의 높은 벽이 조수 웅덩이의 고인 물에 짙은 그림자를 드리운다. 암석 분지에 생긴 조수 웅덩이도 있는데, 마지막 썰물이 빠져나갈 때 그 물을 가두어두기 위해 바다 쪽 테두리가 높아져 있다. 해조가 조수 웅덩이 안을 채운다. 해면, 히드라충, 말미잘, 갯민숭이(sea slug), 홍합, 불가사리가

빗해파리: 풍선빗해파리(왼쪽), 코드곶 남쪽에서 흔히 볼 수 있는 감투해파리(오른쪽)

바닷물이 그 보호용 테두리 너머로 다시 들이닥치기 전까지 몇 시간 동안 이 고요한 바다에서 살아간다.

조수 웅덩이의 분위기는 각양각색이다. 밤이 되면 '별'을 담고 있으며, 위쪽 하늘을 가로질러 흐르는 은하수 빛을 비춰준다. 바다에서는 또 다른 살아 있는 '별'들이 조수 웅덩이를 찾아온다. 에메랄드빛으로 반짝이는 작은 규조류, 어두운 바다 표면에서 헤엄치는 작은 물고기(자그마한 주둥이를 치켜든 채 거의 곧추선 자세로 성냥개비처럼 가느다란 몸뚱어리를 놀린다)의 빛나는 눈, 그리고 밀려오는 조수에 쓸려와 은은한 달빛처럼 깜빡이는 빗해파리(comb jelly)……. 물고기와 빗해파리는 암석 분지의 어둑하고 후미진 곳을 뒤지고 다니긴 하지만, 그저 조수에 실려서 왔다 갔다 할 뿐 영원히 지속되는 조수 웅덩이의 삶에는 관여하지 않는다.

낮에는 분위기가 사뭇 다르다. 가장 아름다운 몇몇 웅덩이는 해안 위쪽에 있다. 이들은 색깔이며 형태, 거기에 비친 상(像) 같은 단순한 요소에서 아름다움을 발한다. 나는 깊이가 10여 센티미터에 불과한 웅덩이를 하나 알고 있는데, 거기엔 온 하늘이 담겨 있다. 먼 하늘의 푸른빛까지 포착해

담아내는 것이다. 연둣빛 띠가 웅덩이 가장자리를 두르고 있다. 바로 파래(*Enteromorpha*)라고 부르는 해조다. 이 해조의 엽상체는 단순한 관, 즉 빨대처럼 생겼다. 웅덩이 표면으로부터 회색 바위벽이 육지 쪽으로 성인 남자 키만큼 솟아 있는데, 물속에도 꼭 그만한 깊이로 반사된다. 반사된 암석벽 아래로는 하늘이 드넓게 펼쳐져 있다. 빛이 적절하고 또 분위기도 맞아떨어지면, 웅덩이에 담긴 푸른 하늘을 깊이 들여다볼 수 있다. 그런데 어찌나 멀리까지 보이는지 깊이를 알 길이 없어 웅덩이에 발을 들여놓기 두려울 정도다. 구름이 웅덩이를 가로질러 떠가고 바람이 수면에 잔물결을 수놓지만, 그 밖에는 거의 움직이는 게 없다. 웅덩이에는 그저 암석과 해조와 하늘만이 담겨 있을 뿐이다.

역시나 해안 위쪽에 자리한 또 다른 웅덩이는 바닥에 초록색 해조, 튜브위드(tubeweed)가 잔뜩 자라고 있다. 이 웅덩이는 무슨 조홧속인지 바위·물·식물로 이뤄진 현실을 초월하고, 그 모든 요소를 버무려 또 다른 환상의 세계를 빚어놓는다. 웅덩이 속을 가만히 들여다보면 물은 보이지 않고, 숲이 산재한 활기찬 구릉과 계곡의 풍경만이 펼쳐진다. 그런데 우리는 실제 풍경이 아니라 마치 화가가 그려놓은 그림을 보는 것 같은 착각에 빠진다. 능란한 화가의 솜씨인 듯 해조의 엽상체 하나하나는 사실적으로가 아니라 그저 넌지시 표현되어 있을 뿐이다. 웅덩이는 화가들이 그렇듯 어떤 이미지와 인상을 예술적으로 새롭게 창조해내고 있다.

고조대에 위치한 이들 웅덩이에서는 동물을 거의 혹은 전혀 볼 수 없다. 다만 총알고둥 몇 마리와 작은 호박색 등각류가 간간이 보일 따름이다. 이런 웅덩이는 바다를 오랫동안 접하지 못하는 까닭에 상황이 하나같이 열악하다. 웅덩이의 수온은 낮의 열기 탓에 몇 도씩 올라가기 십상이다. 물은 폭우가 내리면 담수로 바뀌기도 하고, 또 뜨거운 햇살 아래 노출되면 염도가 높아지기도 한다. 그리고 식물의 화학 작용에 의해 짧은 시간 동안 산성과 알칼리성을 오간다. 저조대의 웅덩이는 상황이 한결 안정적이며, 동식물로 하여금 드러난 암석보다 좀더 위쪽에서 살아갈 수 있도록 해준다. 다시 말해 이런 조수 웅덩이는 생물 지대를 해안 위쪽으로 약간 올려주는 효과가 있다는 얘기다. 그러나 생물 지대는 역시 바다와 떨어져 있는 시간이 얼마나 되느냐에 주로 영향을 받는다. 그래서 고조대 웅덩이에서 살아가는 동물은 바다와 아주 가끔씩만, 그것도 아주 잠깐씩만 떨어져 지내는 저조대 웅덩이의 동물과는 확연히 다르다.

해안 맨 위쪽에 있는 웅덩이는 거의 바다와 무관하다. 이곳은 주로 빗물을 담고 있으며, 어쩌다 폭풍을 실은 쇄파가 몰아치거나 대조의 고조때가 되어야만 간신히 바닷물 세례를 받을 수 있다. 그러나 바닷가에서 성게나 게, 홍합을 잡은 갈매기는 일단 이곳까지 올라온다. 갈매기는 먹잇감을 바위에 떨어뜨려 단단한 껍데기를 박살낸 다음 안에 들어 있는 부드러운 속살을 꺼내 먹는다. 그러다 보면 성게 껍데기, 게 집게발, 홍합 껍데기 조각 따위가 웅덩이에 빠진다. 이런 조각이 분해될 때 이들의 성분인 석회질이 바닷물과 화학 작용을 일으켜 물이 알칼리성을 띤다. 작은 단세포 식물인 스파에렐라(*Sphaerella*)는 용케도 이곳 기후가 자신들이 성장하기에 알맞다는 것을 알아냈다. 이 작은 구형의 생명체는 개체로는 거의 눈에 띄지 않지만 수백만 마리씩 무리 지어 있으면 웅덩이의 물을 피처럼 붉게 물들인다. 이들에게는 웅덩이가 알칼리성이라는 조건이 필요한 게 분명하다. 껍데기 조각이 없다는 것 말고는 모든 환경이 비슷한 다른 웅덩이의 경우 이런 작은 진홍색 구형의 생명체가 눈에 띄지 않으니 말이다.

찻잔만 한 홈을 채운 아주 작은 웅덩이에도 어김없이 생명체가 살고 있다. 대체로 수십 마리씩 무리 지어 사는 해안 곤충, 곧 '날개 없는 선원'이라는 뜻의 혹무늬톡토기(*Anurida maritima*)가 그것이다. 이 작은 곤충은 물이 잔잔할 때는 표면에 막을 이루며 웅덩이 이쪽에서 저쪽으로 쉽사리 왔다 갔다 한다. 하지만 물결이 조금만 일렁여도 속수무책으로 휩쓸린다. 그러다 수십 혹은 수백 마리가 우연히 무리를 짓는데, 이렇듯 물 위에 나뭇잎처럼 얇은 조각을 이룰 때에만 가까스로 눈에 띈다. 혹무늬톡토기 한 마리는 각다귀만큼이나 작다. 현미경으로 보면 수많은 털이 난 청회색 벨벳을 걸친 모습이다. 혹무늬톡토기가 물에 들어가면 그 털이 몸통 부근에 공기 막을 형성한다. 그래서 물이 차오를 때 위쪽 해안으로 피신할 필요가 없다. 반짝이는 공기 담요에 싸여 몸도 젖지 않고 숨 쉴 수 있는 공기도 제공받으므로 벌어진 바위틈에서 조수가 다시 빠지길 기다린다. 그러다 물이 나가면 기어 나와 암석 위를 돌아다니며 먹잇감인 물고기의 사체, 게, 죽은 연체동물, 따개비 따위를 잡아먹는다. 혹무늬톡토기는 바다의 경제에서 유기 물질이 계속 순환하도록 해주는 중요한 포식자다.

이따금 해안 상위 3분의 1 지대에 자리한 웅덩이가 갈색 벨벳으로 도배된 모습을 볼 수 있다. 양피지처럼 얇고 표면이 매끄러운 벨벳을 암석에서 떼어내 손가락으로 느껴본다. 바위딱지(*Ralfsia*)라고 부르는 갈조류의 일종이다. 바위딱지는 이끼 식물처럼 암석 위에 모습을 드러내거나, 여기에서 보듯 광범위한 지역을 얇은 피각으로 덮어버린다. 어떤 웅덩이든 간에 바위딱지가 자라면 그 속성이 달라진다. 바위딱지는 작은 동물이 다급하게 찾는 은신처 노릇을 하기 때문이다. 바위딱지 밑으로 기어 들어갈 만큼, 즉 피각화한 해조와 바위 사이의 어두운 공간에서 살아갈 만큼 작은 동물은 파도에 씻겨나갈 위험에서 벗어나 안전한 거처를 마련한 셈이다. 벨벳 안감을 댄 웅덩이를 들여다보면 거기에선 아무런 생명체도 살아가지 않는다고 착각할 법하다. 오직 총알고둥 몇 마리만 갈색 피각의 표면을 긁어대면서 껍데기를 가볍게 까딱거리며 돌아다닌다. 아니면 바위딱지 피각을 뚫고 고깔을 내민 따개비 몇 마리가 고깔 문을 열고 먹이를 찾아 물을 쓸어들이고 있거나. 하지만 바위딱지의 표본을 가져와 현미경으로 관찰할 때마다 나는 거기에 생명체가 득실거린다는 것을 깨닫곤 한다. 이 갈조류에는 언제나 진흙 같은 물질로 이뤄진, 바늘처럼 가느다란 원통형 관이 수없이 붙어 있다. 이런 관을 만든 건축가는 작은 갯지렁이로, 이들의 몸은 서양장기의 패처럼 생긴 11개의 미세한 고리, 즉 체절(體節)이 층을 이룬 모습이다. 자칫 단조로워 보일 수도 있는 이 갯지렁이를 아름답게 치장해주는 것은 머리에 달린 부채꼴의 왕관, 즉 아주 섬세한 실로 만든 깃털이다. 관에서 튀어나온 왕관은 산소를 들이마시기도 하고, 먹잇감인 작은 유기물을 올가미처럼 걸려들게 만들기도 한다. 바위딱지의 피각에 사는 이 미세 동물 속에는 예외 없이 꼬리가 포크처럼 생기고 눈이 빛나는 홍옥색의 작은 갑각류도 들어 있다. 그 밖에 패충류(貝蟲類)라고 부르는 갑각동물도 마치 뚜껑 달린 상자처럼 두 부분으로 이뤄진 평평한 복숭앗빛 껍데기에 둘러싸여 있다. 이들은 껍데기에서 튀어나온 긴 부속지로 노를 저어 물속에 사는 생명체를 끌어들인다. 하지만 이들 가운데 가장 수가 많은 것은 단연 바위딱지 피각을 가로지르며 바삐 움직이는 작은 갯지렁이들이다. 체절을 지니며 몸이 매끄러운 여러 종의 갯지렁이, 뱀처럼 생긴 끈벌레가 대표적이다. 우리는 날랜 몸동작과 겉모습으로 보

관을 만드는 꽃갯지렁이

아 이들이 포식자임을 쉽사리 알아차릴 수 있다.

웅덩이는 작아도 얼마든지 그 투명함 속에 아름다움을 담아낼 수 있다. 나는 무척이나 얕은 홈에 생긴 웅덩이를 하나 기억한다. 그 옆 바위에 누우면 웅덩이 저쪽 가장자리까지 쉽게 손이 닿았다. 이 작은 웅덩이는 저조선과 고조선의 중간쯤에 있으며, 내 눈으로 보기에는 오직 두 종류의 생명체만이 살고 있었다. 바닥에는 홍합이 깔려 있다. 홍합 껍데기는 멀리 보이는 산맥처럼 연푸른 빛깔인데, 이들의 존재는 마치 웅덩이가 깊은 것 같은 착각을 불러일으킨다. 웅덩이의 물은 너무 맑아서 있는 것 같지도 않다. 오직 손가락 끝에 찬 기운이 느껴지는지 여부로만 물인지 대기인지를 분간할 수 있다. 수정처럼 맑은 물이 햇살을 가득 머금고 있었다. 햇빛이 쏟아져 들어와 자체 발광하는 작은 조개를 하나하나 어루만졌다.

홍합은 웅덩이에 사는, 내 눈에 보이는 또 하나의 생명체에게 붙어살 공간을 제공한다. 가는 실 같은 히드라충 군체의 기본 줄기가 홍합 껍데기에 보일락 말락 하는 선을 그어놓았다. 세르툴라리아(*Sertularia*)라는 분류군에 속하는 히드라충이다. 이 군체에 속한 개체와 이들을 연결하고 지지해주는 가지는 마치 겨울에 나무가 얼음 옷을 입고 있는 것처럼 투명한 싸개에 둘러싸여 있다. 기본 줄기에서 곧추선 가지가 나오고, 그 가지는 두 줄의 수정 컵을 지니고 있다. 그 컵 안에 군체의 새끼들이 살고 있다. 히드라충 군체는 아름다움과 연약함 그 자체다. 그 웅덩이 옆에 엎드려 살펴보거나 현미경으로 자세히 관찰하면, 녀석들은 정교하게 자른 유리처럼, 즉 복잡하게 세공한 샹들리에 조각처럼 보인다. 보호용 컵 안에 들어 있는 각각의 동물은 아주 작은 말미잘(촉수로 된 왕관을 쓴 작은 관상동물) 같다. 각 개체의 중앙 공동(central cavity, 중심강)은 그걸 보유한 가지를 관통하는 공동과 연결되고, 이것은 다시 더 큰 가지에 난 공동이나 주요 줄기에 난 공동과 이어진다. 이렇게 먹이를 먹는 각 동물의 활동이 군체 전반의 영양을 공급하는 데 기여하는 것이다.

나는 세르툴라리아가 대체 뭘 먹고 사는지 궁금했다. 다만 세르툴라리아가 대단히 무성하다는 사실로 미루어볼 때 이들의 먹이 생물은 그게 무엇이든 육식성의 히드라충 자체보다 훨씬 더 많을 거라고 짐작할 수 있었다. 그런데 아무것도 눈에 띄지 않았다. 분명 이들의 먹이는 미세할 것이다. 포식자인 세르툴라리아도 지름이 점(點)에 지나지 않으며, 촉수 역시 가느다란 거미줄처럼 보이기 때문이다. 나는 수정 같이 맑은 웅덩이 어디에선가 햇살이 비치면 먼지를 볼 수 있듯 작디작은 입자를 하나 보았다. 아니, 본 듯했다. 좀더 자세히 들여다보자 그 먼지 같은 것은 이내 사라졌고, 물은 다시 한 번 완벽하게 맑아진 듯했다. 잠시 헛것을 본 것 같은 기분이었다. 그러나 나는 알

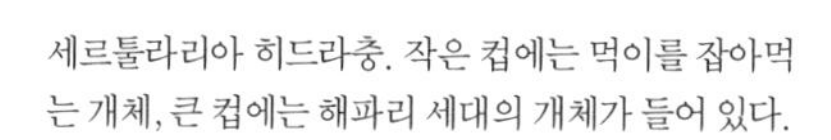

세르툴라리아 히드라충. 작은 컵에는 먹이를 잡아먹는 개체, 큰 컵에는 해파리 세대의 개체가 들어 있다.

고 있었다. 내 눈에 간신히 보이는 촉수, 그 촉수로 사냥하는 미세한 생명체를 보지 못하는 것은 인간인 내 시력이 불완전하기 때문일 뿐이라는 것을 말이다. 보이는 생명체보다 보이지 않는 것이 훨씬 더 마음을 끌었다. 마침내 나는 보이지 않는 것이 그 웅덩이에서 가장 강력한 존재라고 느끼게 되었다. 히드라충과 홍합은 조수에 실려온 보이지 않는 표류물에 전적으로 의존하고 있었다. 홍합은 식물 플랑크톤을 수동적으로 걸러 먹고, 히드라충은 작은 물벼룩이며 갯지렁이며 요각류를 적극적으로 잡아먹는 식으로 말이다. 하지만 플랑크톤이 줄어든다면, 그리고 어쩐 일인지는 몰라도 밀려드는 조수에 이들 생명체가 들어 있지 않게 된다면, 이곳은 죽음의 웅덩이로 변할 것이다. 껍데기가 산맥처럼 푸른 홍합에게도, 수정처럼 빛나는 히드라충 군체에게도.

해안에서 가장 아름다운 몇몇 웅덩이는 무심코 지나치는 사람의 눈에는 잘 띄지 않는다. 이런 웅덩이는 찬찬히 살펴야만 보인다. 무질서하게 쌓인 큰 암석들에 가려 보이지 않는 낮은 분지에 들어앉아 있거나, 튀어나온 바위 턱 아래 음습한 구석에 자리 잡고 있거나, 혹은 두툼한 해조 커튼에 덮여 있기 때문이다.

나는 이처럼 잘 보이지 않는 웅덩이 중 한 곳을 알고 있다. 저조 때 바닷물이 3분의 1 정도 차는 바다 동굴에 자리한 웅덩이다. 밀물이 다시 차오르기 시작하면 이 웅덩이는 크기가 계속 불어난다. 동굴이며 그 동굴을 에워싼 바위가 조수에 완전히 잠길 때까지 말이다. 그렇지만 조수가 빠져나가면 육지 쪽에서는 그 동굴에 접근할 수 있다. 거대한 암석이 동굴의 바닥과 벽과 지붕을 이루고 있는데, 동굴 속으로 들어갈 수 있도록 암석에 뚫린 구멍은 오직 몇 개뿐이다. 바다 쪽 바닥 가까이에 2개, 육지 쪽

벽 높은 곳에 1개. 우리는 낮게 엎드린 자세로 구멍을 통해 동굴과 그 안에 자리한 웅덩이를 들여다볼 수 있다. 동굴 안은 그리 어둡지 않다. 실제로 밝은 대낮이면 은은한 초록색으로 빛난다. 이 부드러운 광선은 바다 쪽 바닥 가까이에 있는 구멍에서 햇빛이 들어와 생긴 것이다. 그런데 햇빛은 웅덩이에 들어오기만 하면 빛깔이 달라진다. 이렇게 해서 동굴 안은 바닥에 깔린 해면에게서 빌려온 생생한 연둣빛으로 물든다.

빛이 들어오는 구멍을 통해 바다에서 찾아온 물고기들이 연둣빛 공간을 탐험한 뒤 다시 저 너머 광대한 바다로 돌아간다. 낮게 자리한 입구로는 조수가 들고 난다. 동굴에 사는 동식물은 화학 작용을 일으키는데, 조수는 우리 눈에는 보이지 않지만 그 화학 작용의 원료인 무기물을 실어 나른다. 그리고 역시 우리 눈에 보이지 않게 쉴 곳을 찾아 떠도는 수많은 바다 동물의 유생을 실어온다. 어떤 유생은 이곳에 머물러 정착하고, 어떤 유생은 다음 번 조수에 실려 다시 바다로 돌아간다.

동굴 벽에 갇힌 이 작은 세계를 들여다보노라면 그 너머에 있는 더 큰 바다 세계의 리듬을 느낄 수 있다. 웅덩이에 고인 물은 결코 잔잔하지 않다. 물은 조수가 들고 남에 따라 서서히 오르내리기도 하고, 또 쇄파가 들이닥치면 느닷없이 불어나기도 한다. 몰아친 파도는 기세 좋게 다시 바다 쪽으로 빠져나간다. 그러다 다음 순간 갑자기 방향을 튼 파도가 거의 우리 얼굴께까지 거품을 일으키며 덮쳐온다.

얕은 바다에서는 썰물 때 웅덩이에서 살아가는 동물의 움직임이며 바닥의 모습을 더욱 세세하고 분명하게 관찰할 수 있다. 초록색의 회색해변해면이 웅덩이 바닥을 뒤덮고 있다. 펠트처럼 생긴 질긴 섬유질과 양끝이 뾰족한 유리 바늘 같은 규산의 침골(해면을 지지해주는 뼈대)이 어우러진

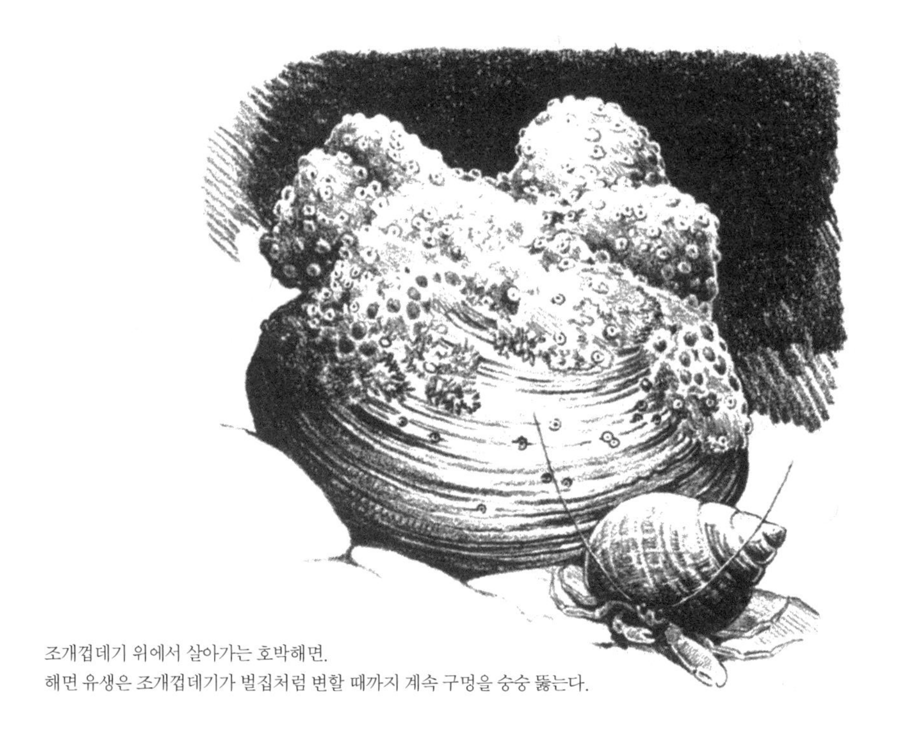

조개껍데기 위에서 살아가는 호박해면.
해면 유생은 조개껍데기가 벌집처럼 변할 때까지 계속 구멍을 숭숭 뚫는다.

두툼한 카펫이다. 이 카펫의 초록색은 순전히 엽록소의 색깔인데, 바닷말 세포에만 들어 있는 이 식물 색소가 동물 숙주인 회색해변해면의 조직에 퍼진 결과다. 이 해면은 거센 쇄파에 시달리면서 서서히 매끄럽고 반반하게 다듬어졌는데, 바로 이런 특성을 이용해 바위에 찰싹 달라붙어 산다. 잔잔한 바다에서는 이 회색해변해면 종에 고깔이 무수히 튀어나와 있지만, 이곳에서는 거친 바다에 시달리다 못해 뭉툭해졌다.

초록색 카펫 사이사이로 다른 색깔의 조각도 보인다. 짙은 겨자색은 아마도 호박해면(sulphur sponge) 무리일 것이다. 대부분의 물이 빠져나가는 잠깐 동안, 우리는 동굴 깊은 곳에서 연보랏빛을 언뜻 볼 수 있다. 피각화한 산호말의 빛깔이다.

해면과 산호말은 서로 합세해 덩치가 좀더 큰 조수 웅덩이 동물들의 터전이 되어준다. 고요한 썰물 때는 주황·분홍·보라로 채색한 붙박이 장식처럼 벽에 붙어 있는 포식성 불가사리조차 움직임이 거의 혹은 전혀 없다. 동굴 벽에 붙은 살구색 말미잘 무리가 초록색 해면을 배경으로 선명하게 드러난다. 오늘 말미잘은 다들 웅덩이 북쪽 벽에 꼼짝 않고 붙어 있다. 그러나 다음 번 대조 때 다시 그곳을 찾아가면 그중 몇 마리는 서쪽 벽으로 자리를 옮기고서 언제 그랬냐는 듯 천연덕스럽게 붙어 있을 것이다.

말미잘 군체가 무성해지고, 계속 그 상태를 유지할 가능성도 얼마든지 있다. 동굴의 벽과 천장에 새끼 말미잘 수십 마리가 달려 있다. 반투명의 옅은 갈색을 띤, 부드러운 조직으로 이뤄진 빛나는 작은 존재들이다. 하지만 이들 군체의 진짜 육아방은 바로 중앙 동굴로 통하는 일종의 대기실에 있다. 거기엔 폭이 30센티미터에 불과한 꺼칠꺼칠한 원통형 공간이 수직의 높은 바위벽에 둘러싸여 있고, 그 벽에 새끼 말미잘 수백 마리가 모여 있다.

동굴 지붕에는 쇄파의 힘을 분명하게 보여주는 표시가 나 있다. 좁은 공간에 들어온 파도는 그 가공할 힘을 늘 위로 솟구치는 데 쓴다. 이런 식으로 동굴 지붕은 계속 파도에 두들겨 맞는다. 내가 엎드려서 들여다보던 입구는 동굴 천장이 위로 솟구치는 파도의 힘을 다 받지는 않게끔 막아준다. 그럼에도 거기엔 거센 쇄파를 이겨낼 수 있는 동물만이 살아간다. 검은색과 흰색의 모자이크가 보인다. 검은색은 홍합 껍데기이고, 그 위에 흰색 따개비 고깔이 붙어 있다. 따개비는 쇄파가 들이치는 암석에서 무리 없이 살아가는 동물인데도 몇 가지 이유로 이 동굴의 지붕에는 직접 발판을 마련하지 못한 듯하다. 그러나 홍합은 여기에 둥지를 틀었다. 왜 이런 일이 일어났는지 알 방도는 없지만 추측은 가능하다. 우리는 물이 빠져나간 동안 새끼 홍합이 축축한 암석으로 기어 올라가 천연 견사로 스스로를 암석에 단단히 감아 정박시킴으로써 다시 들어온 바닷물에도 끄떡없게 된 모습을 상상해볼 수 있다. 그리고 이윽고 자라난 홍합 군체가 새끼 따개비에게 매끄러운 암석보다 훨씬 더 단단하게 붙을 수 있는 안전한 터전이 되어주었을 것이다. 하지만 어떻게 된 일이든 이게 바로 우리가 지금 보고 있는 그들의 모습이다.

엎드려서 웅덩이를 들여다보는 동안 상대적으로 고요한 순간이 있다. 파도가 밀려가고 다음 번 파도가 아직 들이치지 않은 막간이다. 그럴 때면 나는 작은 소리를 들을 수 있다. 천장에 매달린 홍합에서, 벽을 뒤덮은 해조에서 물이 떨어지는 소리다. 거대한 물웅덩이 속으로, 그리고 웅덩이 자체에서 비롯된 웅성거림 속으로 제 몸을 던지며 작은 은빛 물방울들이 퐁당거리는 소리. 동굴 속의 웅덩이는 결코 고요하지 않다.

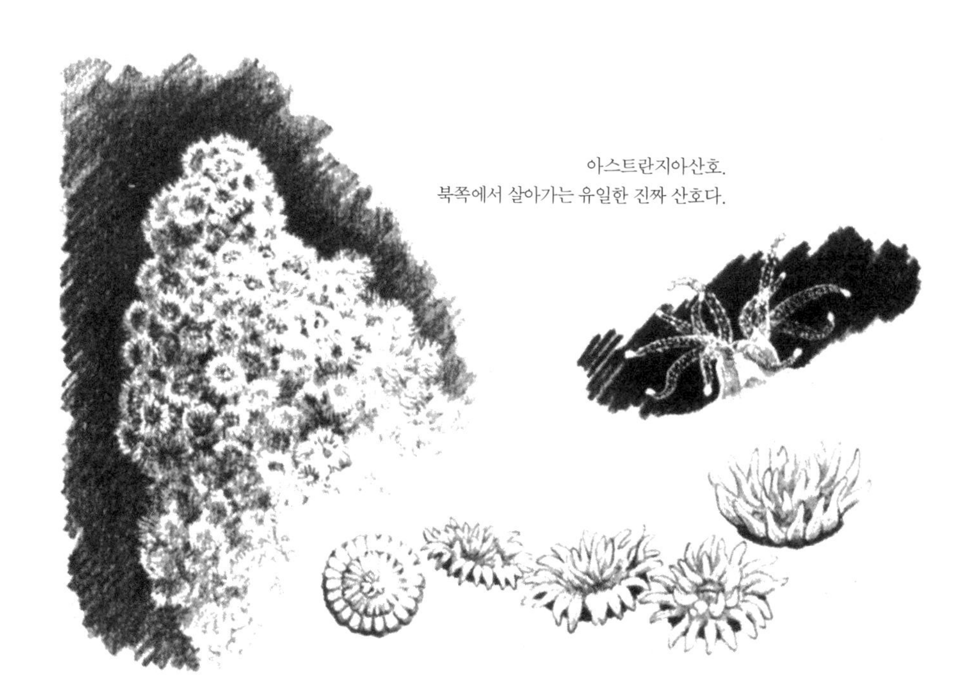

아스트란지아산호.
북쪽에서 살아가는 유일한 진짜 산호다.

나는 손가락으로 덜스의 질붉은 줄기를 매만지고, 아래에 있는 벽을 뒤덮은 주름진두발의 엽상체를 쓸어내렸다. 그러는 동안 너무도 연약해서 폭풍을 실은 쇄파가 무자비한 기세로 이 좁은 동굴로 쏟아져 들어올 때 과연 살아남을 수 있을지 걱정스러운 생명체가 눈에 들어오기 시작했다.

한 이끼벌레 종의 얇은 피각이 암석 벽에 붙어 있다. 이 피각 속에는 부서지기 쉬운 구조의, 플라스크처럼 생긴 수백 마리의 미세한 세포가 일정하게 열을 지어 있다. 옅은 살구색의 이 이끼벌레 군체는 햇빛 아래 놓인 서리마냥 살짝 건드리기만 해도 바스러질 것 같은 덧없는 존재처럼 보인다.

길고 가느다란 다리에 거미처럼 생긴 작은 생명체가 이끼벌레 피각 위를 쏘다닌다. 먹이와 관련 있는 듯한 몇 가지 이유로 이 동물 역시 이끼벌레 카펫과 같은 옅은 살구색이다. 이 바다거미(sea spider) 역시 부서질 듯한 연약함의 화신이다.

더 거칠고 더 곧추 자라는 또 다른 이끼벌레, 플루스트렐라는 기단의 매트에 곤봉 모양의 작은 가시가 비죽비죽 나 있다. 역시나 석회질로 가득 찬 그 곤봉은 유리처럼 깨질 것만 같다. 그 사이로 실처럼 가느다란 작은 회충(roundworm)이 뱀 같은 동작으로 수없이 기어 다닌다. 새끼 홍합이 아직은 낯선 세상을 머뭇머뭇 탐색하면서, 가느다란 견사로 제 몸을 정박할 장소를 찾아 돌아다닌다.

나는 현미경을 통해 해조 엽상체에 깨알같이 붙은 고둥을 볼 수 있었다. 그중 하나는 세상에 나온 지 그리 오래되지 않았음이 분명하다. 고둥은 흔히 유생에서 성체로 자라면서 껍데기에 나선형 고리가 여러 개 생기는데, 아직 나선형 고리가 하나밖에 만들어지지 않았던 것이다. 또 다른 고둥은 그보다 더 크진 않았지만 그럼에도 더 오래되었음에 틀림없다. 고둥의 빛나는 호박색 껍데기가 마치 프렌치 호른(French horn)처럼 똬리를 틀고 있었으니 말이다. 껍데기 안에 들어 있던 작은 고둥은 머리를 내밀고, 점을 찍어놓은 것처럼 작은 두 눈을 굴리면서 주위 환경을 둘러보는 듯했다.

그러나 무엇보다 연약해 보이는 것은 단연 해조 사이에 여기저기 붙어 있는 작은 석회해면(calcareous sponge)이다. 1.3센티미터를 넘지 않는 작은 꽃병 모양의 관들이 모여 있는 꼴이다. 석회해면의 벽은 가느다란 실로 짠 그물망인데, 마치 요정의 풀 먹인 레이스 같다.

나는 손가락으로 이 깨지기 쉬운 동물을 가볍게 짓뭉갤 수도 있었다. 그러나 이들은 어쨌든 바닷물이 차오르면 쇄파가 벽력처럼 밀려드는 이곳 동굴에서 살아갈 수 있는 방도를 찾아냈다. 아마도 해조가 그 신비를

조수 웅덩이 벽에 붙어사는
진홍색의 레드비어드해면

풀어주는 열쇠일 것이다. 해조의 낭창낭창한 엽상체가 그 안에 살아가는 모든 작고 연약한 존재에게 든든한 쿠션이 되어주는 것이다.

하지만 이곳 동굴과 그 안에 자리한 웅덩이에 그만의 특성, 즉 시간이 끊임없이 흐른다는 느낌을 부여하는 것은 다름 아닌 회색해변해면이다. 여름에 물이 가장 많이 빠진 날 이 웅덩이를 방문할 때마다 이들은 7월에도, 8월에도, 9월에도 달라진 게 없어 보였다. 작년에도 그랬듯 올해도 여전한 것이다. 앞으로 100년, 1000년의 여름이 지나도 아마 그럴 게 분명하다.

아주 오래된 암석에 매트를 깔고, 아주 오래된 바다에서 먹이를 구하던 초기 해면과 거의 다르지 않은 단순한 구조의 회색해변해면은 영겁의 시간을 건너왔다. 동굴 바닥에 융단을 깔아놓은 이 초록색 해면은 이곳 해안이 생기기 전에는 다른 웅덩이에서 살았을 것이다. 이들은 고생대 바다에 최초의 생명체가 등장한 약 3억 년 전에 출현했다. 그리고 화석을 함유한 최초의 암석, 즉 캄브리아기의 암석에 단단한 작은 침골(생체 조직이 사라지면서 남는 것)이 나타난 점으로 미루어 최초의 화석이 기록되기 전인 까마득한 옛날부터 존재했음을 알 수 있다.

이렇듯 시간은 이 숨겨진 웅덩이에서 긴 세월을 거쳐 지금까지, 한순간에 지나지 않는 지금까지 면면이 이어져오고 있는 것이다.

내가 웅덩이를 관찰하고 있을 때, 물고기 한 마리가 바다 쪽 벽에 낮게 뚫린 구멍 가운데 하나를 통해 안으로 헤엄쳐 들어와 초록빛에 그늘을 드리웠다. 그 물고기는 고색창연한 해면과 대비되어 거의 현대성의 상징처럼 보였다. 물고기 형상의 그 조상들 계보는 해면의 절반에도 미치지 못할 것 같았다. 그리고 나, 마치 해면과 물고기가 동시대의 생명체라도 되는 양 둘의 모습을 번갈아 바라보고 있는 나는 그저 이 세계에 갓 들어온 신참내기일 따름이다. 나의 조상이 이 지상에 산 세월은 너무나 짧아 내 존재가 거의 시대착오적으로 여겨질 지경이었다.

동굴 입구에 엎드려 이런 상념에 잠겨 있을 때, 파도가 밀려와 내가 있는 바위를 덮쳤다. 조수가 다시 들어오고 있었다.

4

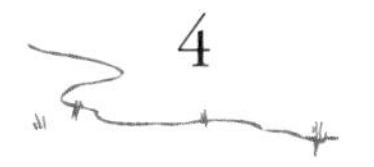

모래 해안

드넓게 펼쳐진 바닷가 모래밭에는, 특히 그 가장자리에 바람의 작품인 모래 언덕〔사구(沙丘)〕이 계속 이어진 모래밭에는 역사가 길지 않은 뉴잉글랜드 암석 해안에서는 찾아보기 힘든 고요함이 깃들여 있다. 여기서는 지구가 마음껏 한량없이 여유를 부리며 끝 모르게 이어지는 완만한 변화 과정을 겪고 있음을 얼마간 느낄 수 있다. 바닷물이 느닷없이 밀려와 계곡을 채우고 물에 잠긴 육지의 산마루를 향해 진격했던 뉴잉글랜드 지역과 달리, 이곳의 바다와 육지는 지난 수백만 년 동안 서서히 관계를 일구어왔다.

오랜 지질 시대를 거치는 동안 바다는 이 거대한 대서양의 해안 평야 위로 밀려들었다 빠져나가기를 되풀이했다. 바다는 멀리 애팔래치아산맥까지, 어느 때는 애팔래치아 분지까지 밀려든 다음 잠시 머물러 있다가 서서히 빠져나갔다. 바다는 들이칠 때마다 이 거대하고 평평한 평야 지대에 침전물을 비처럼 쏟아내고, 바다 생물의 화석을 남겨놓았다. 바다가 지금 어느 곳에 있느냐, 그러니까 30미터 위에 있느냐, 30미터 아래에 있느냐는 지구 역사 전체로 볼 때 혹은 이 해변의 속성에 비추어볼 때 별로 중요하지 않다. 바다는 지금과 마찬가지로 앞으로도 이 빛나는 모래벌판 위로 밀려들었다 빠져나가는 일을 느긋하게 반복할 것이다.

해변의 물질 자체도 유구함을 뽐내고 있다. 모래는 아름답고 신비롭고 더없이 변화무쌍한 물질이다. 해변에 있는 모래 알갱이는 저마다 생명, 즉 지구 그 자체가 시작된 까마득한 과거에서 비롯된 작품이다.

해안의 모래는 대부분 풍화하거나 부식한 암석 입자가 빗물이나 강물에 의해 본래 있던 곳에서 바다로 쓸려나감으로써 생긴다. 오랜 세월 서서히 침식해 바다로 진출한 이 물질은 그 여정이 멈추거나 재개되는 과정을 거치면서 다양한 운명의 부침을 겪는다. 다시 말해 어떤 것은 가라앉고, 어떤 것은 닳아 없어진다. 산에서는 암석이 부식하고 부서져 퇴적된다. 그런데 퇴적은 암석사태(갑자기 돌이 무더기로 내리 덮치는 현상—옮긴이)가 나면 느닷없고 극적으로 진행되고, 물에 의해 암석이 닳는 식일 경우 꾸준하고 더디게 이뤄진다. 이렇게 해서 생긴 결과물은 결국 모두 바다로 흘러든다. 어떤 것은 강바닥의 급류 속에서 마모되거나 물의 용해 작용을 거치며 사라진다. 또 어떤 것은 홍수에 쓸려 강둑에 쌓이고, 수백수천 년에 걸쳐 그곳의 퇴적물을 형성한 채 또 그만큼의 세월을 흘려보낸다. 그러는 사이 바닷물이 거기에 들어왔다가 다시 심해 분지로 되돌아가길 반복한다. 바람·비·서리에 의해 끊임없이 침식된 암석은 결국 바다로 여행을 떠난다. 일단 염해로 들어오면 이들은 새롭게 재배열되고 분류되고 운반된다. 이때 운모 조각 같은 가벼운 광물은 쉽게 이동하지만, 검은 모래인 타이타늄철석(ilmenite)이나 금홍석(rutile) 같은 무거운 광물은 폭풍파에 실려 위쪽 해변으로 내동댕이쳐진다.

그 어떤 모래 입자도 한 장소에 오래 머물지는 못한다. 입자가 작을수록 멀리까지 이동하기 십상이다. 모래는 입자가 크면 바닷물에 의해, 작으면 바람에 의해 운반된다. 중간 굵기의 모래는 같은 부피의 바닷물에 비해서는 2.5배 무거울 따름이지만, 같은 부피의 공기보다는 2000배나 무겁다. 따라서 입자가 작은 모래만이 바람에 실려 날아갈 수 있다. 그러나 바람과 바닷물이 끊임없이 모래를 실어 나르는데도 해변은 어제나 오늘이나 별로 달라진 게 없어 보인다. 모래 입자가 하나 쓸려가면 또 다른 모래 입자가 그 자리를 채우기 때문이다.

대다수 모래 해안은 대개 석영으로 이루어져 있다. 석영은 광물 중 가장 풍부한 축에 속하며, 거의 모든 유형의 암석에서 발견할 수 있다. 하지만 암석의 결정 입자에는 다른 많은 광물이 섞여 있다. 작은 모래 입자 하나만 해도 여남은 개의 광물 파편으로 이루어져 있다. 더 무겁고 짙은 색깔의 광물 파편이 바람·바닷물·중력의 분류 작업에 의해 옅은 색 석영 위를 조각처럼 덧칠한다. 그래서 신비로운 자주색이 모래 위에 음영을 드리우기도 한다. 바람 따라 이동하면서 파도의 잔물결 무늬처럼 짙은 자주색의 자잘한 이랑을 모래 위에 빚어놓는 것이다. 이것이 바로 순도 높은 석류석(garnet, 石榴石) 결정이다. 진초록색 조각들도 보인다. 바다의 화학 작용과 생물·미생물의 상호 작용으로 탄생한 해록석(glauconite, 海綠石)에서 유래한 모래다. 해록석은 칼륨을 함유한 규산철의 일종으로 모든 지질 시대의 퇴적물에 들어 있다. 어떤 설에 따르면, 해록석은 오늘날 따뜻하고 얕은 해저 지역에서 만들어지는 중이라고 한다. 유공충(foraminifera, 有

孔蟲)이라는 미세 동물의 껍데기가 분해되어 해저에 연니층(軟泥層)을 이루는 것이다. 대부분의 하와이 해변에서는 검은색 현무암 용암으로부터 유래한 감람석(olivine, 橄欖石) 모래 입자를 볼 수 있는데, 거기에는 어둠침침한 지구 내부의 역사가 오롯이 담겨 있다. 조지아주의 세인트사이먼스(St. Simons)섬과 사펠로(Sapelo)섬에서는 무게가 가벼운 석영과 확연하게 구분되는, 금홍석·타이타늄철석 같은 '검은 모래' 및 기타 무거운 광물 입자가 해안을 짙게 물들이고 있다.

세계 일부 지역에서는 생전에 석회화한 조직을 지닌 식물의 잔해, 혹은 바다 동물의 석회질 껍데기에서 비롯된 모래가 발견되기도 한다. 예를 들어, 스코틀랜드의 해안 곳곳에는 흰색으로 빛나는 '산호조(珊瑚藻) 모래' 해변이 있다. '산호조 모래'란 외안 바닥에서 자라는 산호말이 바닷물에 의해 잘게 부서진 잔해를 일컫는다. 아일랜드 골웨이(Galway) 해안의 사구는 구멍이 숭숭 뚫린 탄산칼슘 성분의 작은 구(球, 한때 바다를 떠돌던 유공충의 껍데기)에서 유래한 모래로 만들어진다. 유공충은 죽지만 이들의 껍데기는 남는데, 그 껍데기가 해저로 가라앉아 결국 침전물로 단단하게 다져지는 것이다. 이 침전물은 나중에 융기해 절벽을 이루고, 절벽은 침식해 다시 바다로 돌아간다. 유공충 껍데기는 플로리다주 남부와 플로리다키스의 모래에서도, 파도가 부서뜨리고 문지르고 갈아놓은 산호 부스러기나 연체동물 껍데기와 함께 발견된다.

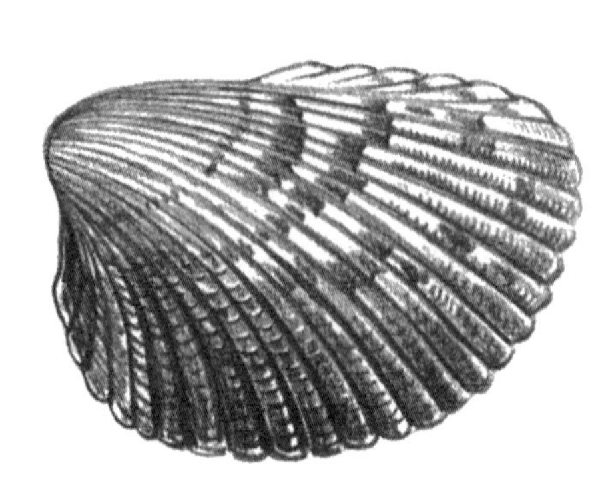

새조개

이스트포트(Eastport)에서 키웨스트(Key West)까지 미국 대서양 연안에 깔린 모래는 변화하는 속성을 통해 저마다 기원이 다양하다는 것을 드러낸다. 이 해안의 북쪽에는 광물 모래가 주종을 이룬다. 수천 년 전 빙하에 실려 북쪽에서 내려온 암석 조각을 바다가 끊임없이 분류하고 재배치하고 여기저기 옮겨다주기 때문이다. 뉴잉글랜드 해변에 있는 모래 알갱이는 저마다 파란만장한 역사의 산증인이다. 이 알갱이들은 모래이기 이전에 암석이었다. 서리의 작용으로 부서지고, 밀려드는 빙하에 깔려 으스러지고, 서서히 다가오는 얼음에 실려 이동하고, 쇄파에 시달려 가루가 된 것이다. 얼음이 다가오기 훨씬 전에 이들 암석 중 일부는, 대체로 알려져 있지 않고 보이지도 않는 길을 따라 어두운 지구 내부에서 햇살이 밝게 비추는 곳으로 나왔다. 땅속의 불에 녹은 채 깊은 관과 홈을 따라 솟아오른 것이다. 지구 역사에서 특정한 순간인 지금 현재, 모래는 바다 가장자리에 속해 있다. 파도가 끊임없이 모래밭 위로 밀려들면, 모래는 조수에 의해 해변을 오르내리고, 해류와 함께 해안을 떠돌고, 끊임없이 분류되고 다져지고 쓸려나가거나 다시 표류한다.

상당한 빙하 물질이 축적되어 있는 롱아일랜드주의 모래에는 자철광(magnetite) 입자와 더불어 분홍색·빨간색의 석류석, 검정색의 전기석(tourmaline) 입자가 다량 포함되어 있다. 남부의 해안 평야 침전물이 처음 나타나는 뉴저지주에는 롱아일랜드주보다 자철광이나 석류석이 적다. 바니갓(Barnegat)에는 희뿌연 석영, 몬머스비치(Monmouth Beach)에는 해록석, 메이(May)곶에는 중광물(重鑛物)이 주종을 이룬다. 용융 마그마는 예부터 깊이 묻혀 있던 지구 물질을 끌어올려 지표면 가까이에서 결정체를 이루는데, 이런 현상이 일어난 곳에서는 녹주석(beryl, 綠柱石)이 발견된다.

버지니아주 북부에서는 탄산칼슘 성분이 모래의 0.5퍼센트도 되지 않지만, 남부에서는 약 5퍼센트에 이른다. 노스캐롤라이나주에서는 석영 모래가 여전히 해변 물질의 주류를 이루지만, 석회질 모래의 양이 갑자기 불어난다. 해터러스곶과 룩아웃곶 사이에서는 자그마치 해변 모래의 10퍼센트가 석회질이다. 노스캐롤라이나주에는 규화목(silicified wood, 硅化木) 같은 특별한 물질이 쌓여 있기도 하다. 헤브리디스(Hebrides)제도에 속한 에이그(Eigg)섬의 저 유명한 '노래하는 모래'에 들어 있는 것과 같은 물질이다.

플로리다주의 광물 모래는 그 지역에 기원을 두지 않고, 조지아주와 사우스캐롤라이나주에 걸친 애팔래치아산맥의 고지대와 피드몬트(Piedmont)의 암석이 풍화해서 생겨났다. 그 암석 부스러기가 남쪽으로 흐르는 개울이나 강물에 실려 바다로 떠내려갔던 것이다. 플로리다주의 멕시코만 연안 북부 해변은 순도 높은 석영으로 이루어져 있다. 애팔래치아산맥에서 바다 쪽으로 내려온 결정 입자가 눈처럼 쌓여서 흰 평지를 이룬 것이다. 베니스(Venice) 근처에는 모래에서 특이한 광채가 난다. 지르콘(zircon) 광물 결정이 다이아몬드처럼 모래 위에 흩뿌려져 있어서다. 또한 여기저기에서 유리처럼 생긴 푸른 남정석(cyanite, 藍晶石) 입자가 반짝거린다. 플로리다주 동부 연안에서는 석영 모래가 기나긴 해안선의 대부분을 차지하고 있다. 〔유명한 데이토나(Daytona) 해변을 장식하고 있는 것이 바로 조밀한 석영 입자다.〕 하지만 남쪽으로 내려가면 조개껍데기 조각 속에 결정사(結晶沙)가 점점 더 많이 섞여 있어 마이애미 해변 부근의 모래는 석영이 채 절반도 되지 않는다. 세이블(Sable)곶과 플로리다키스 근처에 있는 모래는 거의 모두 산호나 조개껍데기, 혹은 유공충의 잔해에서 비롯된 것이다.

뿔고둥의 일종인 애플뮤렉스

플로리다주 동부 연안에 늘어선 해변에는 약간의 화산 물질도 섞여 있다. 해류를 타고 수천 킬로미터를 떠다니던 부석(浮石) 조각이 해안에 밀려와 모래가 된 것이다.

모래 알갱이는 너무나 작지만, 형태와 질감을 보면 그 역사를 알 수 있다. 그뿐만 아니라 바람에 실려온 모래는 바닷물에 의해 운반된 모래보다 더 둥글게 다듬어진 모습이다. 이 모래 표면은 대기에 실려온 다른 알갱이와 부대껴 광택이 지워져 있기도 하다. 이와 같은 현상은 바다 가까이에 있는 창유리나 해변 부유물에 섞여 있는 낡은 병에서도 관찰할 수 있다. 표면이 깎인 오래된 모래 알갱이는 지난 시대의 기후가 어땠는지를 알려주는 단서이기도 하다. 유럽의 홍적세 모래 침전물을 보면 알갱이가 빙하기 때의 빙하에서 불어온 강한 바람을 맞아 표면에 생채기가 나 있다.

우리는 암석을 내구성의 상징이라고 생각하기 쉽지만, 가장 단단한 암석조차 비·서리·쇄파의 공격을 받으면 부서지고 닳아 없어진다. 그러나 모래 입자는 거의 파괴되지 않는다. 이는 파도가 만들어낸 최종 산물이다. 수년 동안 갈리고 마모된 뒤에 남은 미세하고 단단한 광물의 핵인 것이다. 젖은 모래 알갱이는 거의 빈틈없이 다닥다닥 붙어 있다. 그런데 이들은 '모세관 인력(capillary attraction: 어떤 고체에 접근한 액체 표면의 분자를 그 고체가 끌어당기는 힘—옮긴이)'에 의해 저마다 주위에 물막이 쳐져 있다. 완충 역할을 해주는 이 액체 막 덕분에 마찰로 인해 더 이상 닳는 일은 없다. 심지어 거센 쇄파가 몰아쳐도 각각의 모래 입자는 다른 모래 입자와 몸을 부대끼지 않는다.

조간대에서는 이 모래 입자의 세계 역시 눈에 보이지 않는 미세한 존재들의 삶터다. 이 작은 동물들은 마치 물고기가 둥근 지구를 뒤덮은 해안을 누비고 다니듯 모래 입자를 둘러싼 액체 막을 들락날락 헤엄쳐 다닌다. 이 모세관 수(水)에서 살아가는 동식물에는 단세포 동물이나 식물, 물진드기류, 새우처럼 생긴 갑각류, 곤충 그리고 작은 갯지렁이 유생 따위가 있다. 하나같이 너무나 작은 세계에서 살아가고, 죽고, 헤엄치고, 먹이를 잡아먹고, 숨 쉬고, 생식 활동을 하므로 우리 인간의 감각으로는 이들의 규모가 대체 어느 정도인지 가늠할 도리가 없다. 이들에게는 모래 입자를 갈라주는 미세한 물의 세계가 캄캄하고 광대한 바다나 다름없다.

이 '틈새에 사는 동물'이 모든 모래밭에 거주하는 것은 아니다. 이 동물들이 가장 풍부하게 살아가는 곳은 결정암이 풍화해서 생긴 모래다. 패각사(貝殼沙)나 산호모래에서는 좀처럼 요각류 같은 미생물을 찾아볼 수 없다. 이는 탄산칼슘 알갱이가 주위의 바다를 이들에게 불리한 알칼리성으로 바꾸어놓았음을 의미한다.

어느 해변에서든 알갱이 사이에 있는 작은 웅덩이의 총량은 물이 빠져나갔을 때 그 모래밭에 사는 동물이 사용할 수 있는 물의 총량을 나타낸다. 평균 정도로 고운 모래는 거의 자기 부피만큼의 물을 머금고 있다. 그래서 저조 때 따가운 햇볕 아래 노출되어도 오직 맨 위쪽 모래만 마를 뿐 그 아래쪽은 축축하고 서늘하다. 머금은 물이 아래에 있는 모래의 온도를 거의 동일하게 유지해주어서다. 심지어 염도도 상당히 안정적이다. 맨 위의 표피층만이 해변을 가로질러 흐르는 담수 하천이나 비의 영향을 받기 때문이다.

파도가 새겨놓은 잔물결 무늬, 기력이 다한 파도가 끝끝내 떨구고 간 고운 모래 입자, 여기저기 흩어져 있는 오래전에 죽은 연체동물의 껍데기만 보이는 해변에서는 생명의 기운이 좀처럼 느껴지지 않는다. 마치 아무것도 살고 있지 않을뿐더러 실제로 아무것도 살 수 없는 것처럼 보인다. 하지만 모래밭에는 거의 모든 것이 숨어 있다. 대부분의 해변에서 생명체가 살아가고 있음을 느끼게 해주는 유일한 단서는 구불구불한 자취, 모래의 상층을 어지럽히는 작은 움직임, 혹은 간신히 보이는 관과 감춰진 굴로 이어지는 보일락 말락 한 입구 따위다.

이따금 동물 그 자체는 아니지만 어쨌거나 생명체가 살아가는 기미를 느낄 수는 있다. 해변을 가르며 해안선과 나란히 흐르고, 물이 빠져나간 뒤 다시 차오를 때까지 최소한 10여 센티미터의 물을 보유하고 있는 작은 골짜기에서다. 작은 모래 둔덕이 움직이면 큰구슬우렁이(moon snail)가 다른 동물을 잡아먹으려고 잠복한 것이기 십상이다. V자형 흔적은 굴 파는 조개, 바다쥐(sea mouse), 염통성게(heart urchin)가 들어앉아 있다는 신호일지도 모른다. 리본 모양의 평평한 자취는 연잎성게(sand dollar)나 불가사리가 웅크리고 있다는 뜻이다. 조간대의 보호받는 모래밭이나 모래진흙은 어디에 있는 곳이든 꼬챙이로 마구 쑤셔놓은 것처럼 수백 개의 구멍이 숭숭 나 있다. 안에 모래쏙(ghost shrimp)이 살고 있다는 표식이다. 어떤 모래벌판은 삐죽삐죽 튀어나온 관이 숲을 이루기도 한다. 이 연필 두

께의 관은 특이하게도 조개껍데기 조각이나 해조로 장식되어 있다. 깃털 달린 갯지렁이인 털보집갯지렁이(plumed worm, *Diopatra*) 군단이 그 밑에서 살아가고 있다는 증거다. 갯지렁이(lugworm)의 검은 원추형 모래더미가 드넓게 펼쳐진 이채로운 지대도 보인다. 이곳 조수 가장자리에서 양피지로 만든 듯한 작은 피막이 사슬처럼 이어진 물체(한쪽은 드러나 있고, 다른 한쪽은 모래 속에 박혀 있다)를 발견한다면 그 아래에 우람한 포식자인 쇠고둥(whelk)이 버티고 있음을 알 수 있다. 녀석들이 그곳에서 한창 알을 낳고 보호하는 지난한 과업에 열중해 있는 것이다.

먹이를 구하고, 적으로부터 달아나고, 먹잇감을 포획하고, 새끼를 낳는 모든 일은 이곳 모래 해안에 사는 개체 동물의 삶과 죽음 그리고 이들 집단의 영속화에 기여하는 활동이다. 그러나 모래밭의 겉모습만 힐끗 보고 참으로 황량하군, 하며 지나치는 사람들은 이러한 생명체의 정수를 제대로 포착하지 못하기 십상이다.

플로리다주 텐사우전드제도 가운데 한 곳에서 보낸 을씨년스러운 12월의 어느 날 아침이 기억난다. 물이 막 빠져나가 모래는 흠뻑 젖어 있었다. 신선하고 쾌청한 바람이 불어 해변에 물보라가 약간 일었다. 멕시코만부터 이곳의 보호받는 작은 만까지 기다랗게 펼쳐진 수백 미터의 굽이진 해안에는 물가 바로 위 축축한 검은 모래에 특이한 그림이 그려져 있었다.

바다쥐

투구게

가느다란 막대기로 아무렇게나 그어놓은 듯한, 거미줄이 중점(中點)으로부터 수없이 퍼져나간 모양이었다. 처음에는 생명체가 살고 있다는 기미를 어디서도 느낄 수 없었다. 대체 어떤 녀석이 이런 성의 없는 낙서를 끼적거려놨는지 말해주는 건 아무것도 없었다. 젖은 모래에 무릎을 꿇고 앉아 그 희한한 흔적을 찬찬히 살펴본 뒤에야 나는 각각의 중점 아래 거미불가사리(serpent starfish)의 편평한 육각 중심반이 놓여 있다는 사실을 알아차렸다. 모래에 난 자취는 이들의 길고 가느다란 팔이 앞으로 기어나간 흔적이었다.

6월 어느 날 버드(Bird) 사주를 건너던 기억도 난다. 버드 사주는 노스캐롤라이나주 뷰포트에서 약간 떨어진 곳으로, 저조 때 몇 에이커의 모랫바닥이 오직 10여 센티미터 정도만 물에 잠긴다. 나는 해안 가까이에서 모래 위에 확실하게 파여 있는 2개의 홈을 발견했다. 집게손가락으로 두 홈의 폭을 잴 수 있을 정도였다. 두 홈 사이에는 삐뚤빼뚤한 선이 희미하게 그어져 있었다. 한 발 한 발 그 선을 따라 모래밭을 걸어가보았다. 마침내 나는 일시적으로 난 그 길의 끝에서 바다 쪽으로 기어가고 있는 어린 투구게를 한 마리 발견할 수 있었다.

모래 해안에 사는 대다수 동물에게 생존의 관건은 바로 젖은 모래 속에 굴을 판 뒤, 파도가 미치지 않는 아래쪽에 들어앉아 먹이를 먹거나 숨을 쉬거나 생식하는 수단을 확보하는 것이다. 그러므로 모래 이야기는 부분적으로 그 모래 속 깊은 곳에서 살아가는 작은 생명체들의 이야기이기도 하다. 모래 아래 깊고 축축한 곳에서, 조수와 함께 사냥을 하러 들이닥치는 물고기나 조수가 빠져나갈 때 물가에서 먹이를 노리는 새의 공격을 피해 안식처를 마련한 작은 동물들 말이다. 일단 굴을 파고 모래 표층 아래 자리한 동물은 안정적인 조건을 확보했을 뿐 아니라 적의 위협도 거의 없는 은신처를 구한 셈이다. 하지만 위에서 굴 아래까지 공격해오는 적이 드물긴 하나 없지는 않은 것 같다. 농게(fiddler crab)의 구멍 속으로 긴 부리를 밀어 넣는 새, 모래 속에 숨은 연체동물을 찾아내려 파닥거리면서 바닥을 뒤지고 다니는 가오리, 구멍 속으로 슬그머니 촉수를 집어넣어 먹이를 탐색하는 문어……. 그러나 모래 속으로까지 쳐들어오는 적은 그리 흔치 않다. 큰구슬우렁이는 이처럼 녹록잖은 삶을 성공적으로 헤쳐나가는 포식자다. 이들은 눈이 별 쓸모가 없어 장님이나 다름없다. 늘 어두운 모래밭을 더듬고 다니면서 표면으로부터 무려 30센티미터 아래에서 살아가는 연체동물을 잡아먹기 때문이다. 이들은 거대한 발로 모래를 파는데, 껍데기가 둥글고 매끄러워서 모래 아래로 파고들기 쉽다. 큰구슬우렁이는 먹이를 발견하면 발로 붙들고 껍데기에 동그란 구멍을 낸다. 먹성이 좋아서 새끼조차 매주 제 몸무게의 3분의 1이 넘는 조개를 먹어치운다. 갯지렁이 중에도 굴을 파는 포식 동물이 있다. 몇몇 불가사리도 마찬가지다. 그러나 대부분의 포식자에게는 끊임없이 굴을 파는 일이 그렇게 해서 잡은 먹이를 통해 얻는 것보다 더 많은 에너지가 든다. 따라서 모래에서 살아가는 대다수 굴 파는 동물은 먹이를 수동적으로 얻는다. 즉 물에 포함된 먹이를 걸러 먹거나 해저에 쌓인 생물 찌꺼기를 빨아 먹는 식이다. 이들은 그러는 동안 기거할 집(영구적일 수도 있고 임시적일 수도 있다)을 지을 정도로만 모래를 판다.

밀물 때가 되면 생명체는 필터 장치를 가동한다. 이 장치를 통해 엄청난 양의 물을 걸러낸다. 모래에 몸을 묻은 연체동물은 모래 속에 흡관을 꽂아 밀려든 바닷물을 몸 안으로 빨아들인다. 양피지로 만든 듯한 U자형 관에서 사는 털날개갯지렁이(parchment tube worm)가 펌프질을 시작한다. 관의 한쪽 끝으로 물을 끌어들이고 다른 쪽 끝으로 내보내는 것이다. 들어오는 물에는 먹이와 산소가 담겨 있고, 나가는 물에는 갯지렁이가 내놓은 유기 배설물이 들어 있다. 작은 게는 먹이 잡는 투망처럼 깃털 달린 더듬이 망을 펼친다.

포식자들은 조수와 함께 연안해에서 해안 쪽으로 쳐들어온다. 꽃게(blue crab)는 해변에 밀려왔다가 빠져나가는 파도를 거르기 위해 더듬이를 펼치는 통통한 모래파기게를 잡으려고 파도 속에서 돌진해온다. 염해에 사는 연준모치(minnow) 떼가 바닷물과 함께 밀려 들어와 위쪽 해변에서 살아가는 작은 이각류를 찾는다. 까나리(launce)는 얕은 물에서 튀어나와 요각류나 치어를 잡아먹는데, 이따금 더 큰 물고기한테 불시에 공격을 받기도 한다.

물이 빠지면 이 특별한 활동 대부분은 슬슬 속도가 느려진다. 먹고 먹

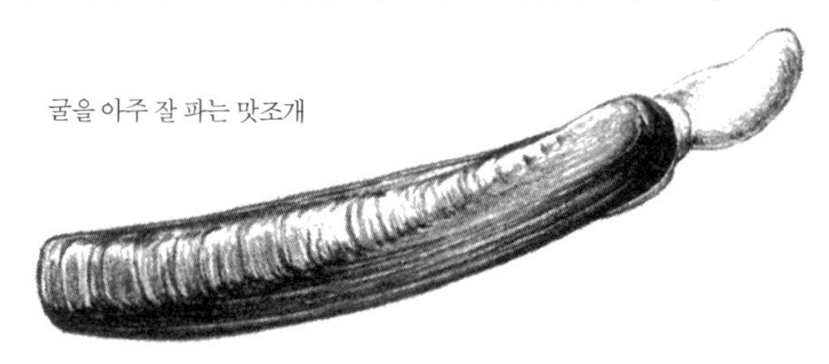
굴을 아주 잘 파는 맛조개

꽃게

히는 일도 줄어든다. 하지만 어떤 동물은 물이 빠져나간 뒤에도 젖은 모래 속에서 먹이 활동을 이어간다. 갯지렁이는 모래에 함유된 영양 물질을 구하기 위해 끊임없이 몸 안으로 모래를 통과시킨다. 젖은 모래 속에서 살아가는 염통성게와 연잎성게는 먹이 분류하는 일을 계속한다. 그러나 대부분의 모래밭에서는 동물들이 배불리 먹는 일을 잠시 중단하고, 조수가 다시 차오르길 기다린다.

조용한 해안이나 보호받는 사주에서는 다양한 생명체를 발견할 수 있는 곳이 많지만, 그중에서도 유독 몇 군데가 기억에 남는다. 시아일랜즈(Sea Islands: 미국의 대서양 동북부 주, 즉 사우스캐롤라이나주·조지아주·플로리다주의 연안을 따라 늘어서 있는 열도—옮긴이)의 섬들 가운데 하나에는 아프리카 바로 건너에 놓인 것처럼 보이지만 더없이 잔잔한 쇄파만 찾아오는 널따란 해변이 있다. 폭풍은 대체로 이곳에 타격을 입히지 않고 살며시 비껴간다. 해변이 북쪽의 피어(Fear)곶과 남쪽의 커내버럴곶을 잇는, 안으로 굽은 기다란 해안에 깊숙이 자리 잡고 있기 때문이다. 탁월풍 역시 기세가 누그러지다 보니 거센 바다놀이 해변 위까지 덮치는 일도 없다. 이 해변은 모래에 진흙과 점토가 섞여 있어 이례적으로 단단하다. 따라서 이곳에서는 영구적인 구멍이나 굴을 팔 수 있고, 밀려온 조수가 나가며 모래 위에 마치 파도의 미니어처 같은 잔물결 문양을 새겨놓기도 한다. 해변에 새겨진 이 잔물결에는 해류가 남기고 간 작은 먹이 입자가 있어 생물 찌꺼기를 잡아먹는 녀석들에게 양식 창고 노릇을 한다. 해안의 경사가 너무 완만해 조수가 가장 낮게 빠져나갈 때면 고조선과 저조선 사이 모래밭이 자그마치 400미터나 펼쳐진다. 그렇지만 드넓은 모래벌판은 완벽하게 반반한 평야가 아니다. 구불구불한 도랑이 마치 육지를 가르는 협곡처럼 모래벌판을 어지럽게 가로지른다. 이 도랑들은 마지막 고조의 바닷물에 실려온 찌꺼기를 담고 있어 잠시라도 물 없는 상황을 견디지 못하는 동물에게 삶터가 되어준다.

언젠가 저조선 바로 위쪽에 펼쳐진 거대한 바다팬지(sea pansy) '군락'을 발견한 것도 바로 이곳에서였다. 잔뜩 흐린 날이었는데, 날씨가 흐렸다는 게 바로 이들이 그토록 무더기로 드러난 이유다. 바다팬지는 분명 모래 아래 있지만 맑은 날에는 여간해선 볼 수 없다. 몸을 마르게 하는 태양광으로부터 스스로를 보호해야 하기 때문이다.

그러나 이날은 분홍빛과 연보랏빛 꽃잎을 쳐들고 있는 그들의 모습이 모래 표면에 드러났다. 물론 건성으로 보면 있는 줄도 모르고 지나칠 만큼

바다팬지

꽃잎을 '살짝' 쳐들긴 했지만 말이다. 나는 그들의 존재를 알아보았고, 또 그들이 무엇인지도 식별할 수 있었다. 다만 이런 바닷가에서 꽃처럼 생긴 바다팬지를 발견하다니 어딘가 좀 어울리지 않는 듯한 느낌을 받았다.

모래 위로 솟은 짤막한 줄기에 하트 모양이 얹혀 있는 바다팬지는 식물이 아니라 동물이다. 바다팬지는 해파리·말미잘·산호 같은 단순한 동물과 동일한 분류군에 속하지만, 이들의 가장 가까운 친척을 찾으려면 해안을 떠나 외안 바닥으로 더 깊이 내려가야 한다. 거기에는 고사리처럼 생긴 바다조름(sea pen)이 부드러운 연니 속에 긴 줄기를 박고 있다.

저조대에 사는 바다팬지는 한때 해류에 실려 이곳 해안에 정착한 작은 유생에서 비롯되었다. 하지만 이들은 기이한 발달 과정을 거치면서 본래의 기원을 간직한 개체이길 포기하고, 수많은 개체가 꽃처럼 생긴 전체 속에 함께 어우러진 군체를 형성했다. 다양한 개체, 즉 폴립은 저마다 작은 관 모양으로 군체의 육질 부분에 깊이 박혀 있다. 그러나 이들 관 가운데 일부는 촉수 달린 작은 말미잘처럼 보인다. 이들이 군체에 필요한 먹이를 대주는 역할을 하며, 알맞은 때가 되면 생식세포를 만들어낸다. 나머지 관에는 촉수가 없다. 촉수 없는 관은 물을 받아들이고 조절하는 등 군체의 엔지니어 역할을 한다. 수압 전환 시스템이 군체의 움직임을 제어한다. 즉 줄기가 부풀면서 모래 속에 꽂히면 그 줄기를 따라 몸통이 바로 서는 것이다.

납작한 바다팬지 위로 밀물이 차오르면 먹이를 공급하는 폴립들이 물속에서 춤추는 티끌만 한 생명체, 즉 요각류, 규조류, 실처럼 가는 작은 물고기의 유생을 향해 촉수를 활짝 뻗는다.

밤에는 모래밭 위로 얕은 물이 잔잔하게 찰랑이는데, 그 속에서 수백 개의 작은 불빛이 은은하게 반짝거린다. 반짝이는 점들로 이뤄진 뱀처럼 구불구불한 선(線)은 이 지대가 바다팬지의 거처임을 말해준다. 마치 밤에 비행기에서 내려다보면 어두운 풍광을 배경으로 일렁이는 불빛이 그곳이 고속도로가에 들어선 거주지임을 알려주듯 말이다. 바다팬지는 심해에 사는 그 친척(바다조름)과 마찬가지로 아름다운 형광빛을 낸다.

산란기가 되면, 모래벌판을 뒤덮는 조수가 배〔梨〕 모양의 작은 유생을 수도 없이 실어 나른다. 장차 새로운 바다팬지 군체로 발달할 존재들이다. 과거에는 북미와 남미를 오가는 해류가 이런 유생을 실어 날랐고, 이들은 북쪽으로 멕시코에서 남쪽으로 칠레에 이르는 태평양 연안에 자리를 잡았다. 그러던 중 북미와 남미 대륙에 육교(파나마 지협을 의미함—옮긴이)가 놓이면서 물길이 막혔다. 오늘날 대서양과 태평양 연안 모두에서 바다팬지가 존재하는 것은 머나먼 지질학적 과거에는 북미와 남미가 서로 분리되어 있었으며 바다 생물이 대서양과 태평양을 자유롭게 오갔음을 분명하게 보여주는 증거다.

나는 저조선 위 촉촉한 모래밭에서 거기 서식하는 동물이 제 은신처를 들락날락할 때, 모래의 표층 아래에 작은 물방울이 뽀글거리는 모습을 보곤 했다.

그곳엔 전병처럼 얇은 연잎성게가 있다. 이들이 모래 속에 제 몸을 묻을 때면, 몸 앞쪽 가장자리가 모래 속으로 비스듬하게 미끄러져 들어간다. 연잎성게는 크게 힘들이지 않고 햇빛이나 물의 세계에서 벗어나 인간의 감각이 미치지 않는 저만의 어둠침침한 영역으로 숨어든다. 그 안에서 껍데기가 굴 파기에 알맞도록, 또한 쇄파의 위력에 맞설 수 있도록 단단해진다. 이는 체반의 중앙을 뺀 위쪽 껍데기와 아래쪽 껍데기 사이를 대

연잎성게

부분 채우고 있는 버팀용 기둥 덕분이다. 이 동물의 표면은 펠트처럼 부드러운 미세 가시로 뒤덮여 있다. 조수는 모래 알갱이를 계속 움직이게 하고 생물이 바다에서 뭍으로 이동하는 것을 거들어주는데, 연잎성게가 조류에 몸을 맡긴 채 꼼지락거릴 때면 미세 가시들이 햇빛을 받아 희미하게 일렁거린다. 체반의 위쪽 뚜껑에는 잎이 다섯 장 달린 꽃 같은 문양이 흐릿하게 새겨져 있다. 극피동물임을 드러내는 숫자 5의 의미와 상징을 다시 한 번 보여주는 것으로, 납작한 체반에는 구멍도 5개 있다. 연잎성게가 바람에 날려 쌓이는 모래의 표층 바로 아래에서 앞으로 전진할 때면 모래 알갱이들이 그 구멍을 통해 아래에서 위로 빠져나간다. 이는 앞으로 나아가는 동작을 돕고, 몸 위로 계속 모래를 쏟아내 그들의 존재를 가려준다.

연잎성게는 자신이 살아가는 어두운 세계를 다른 극피동물과 공유한다. 아래쪽의 젖은 모래에는 염통성게가 살아간다. 이들은 결코 바깥에서는 볼 수 없다. 이들을 보게 되는 것은 조수가 한때 이들을 감싸고 있던 작고 얇은 피각을 해안에 실어다주거나, 바람이 그 피각을 고조선 부근의 쓰레기 더미에 부려놓을 때뿐이다. 이상하게 생긴 염통성게는 모래 표층으로부터 15센티미터 정도 아래에 집을 짓고 산다. 이들은 자기 힘

염통성게

으로 안에 끈끈한 점액이 발린 수로를 뚫고, 그 수로를 통해 천해 바닥까지 닿아서 모래 알갱이 속에 들어 있는 규조류나 다른 먹이 입자를 찾아 먹는다.

더러 드넓은 모래밭에서 별처럼 생긴 뭔가가 반짝거릴 때도 있다. 이는 모래에서 살아가는 불가사리 중 한 마리가 그 밑에 있음을 말해준다. 불가사리는 바닷물이 차올라야만 비로소 모습을 드러낸 다음 호흡을 하기 위해 바닷물을 몸속으로 끌어들이고, 다시 위쪽 표면에 난 수많은 구멍으로 내보내니 말이다. 만약 모래가 움직이고, 안개 속에서 별이 사라지듯 별 같은 모양이 흔들리다 사라지면, 불가사리가 편평한 관족으로 모래 속에서 노를 저으며 황급히 달아나고 있는 것이다.

조지아주 해변의 모래밭을 가로질러 걷노라면 늘 얇은 지하 도시의 지붕 위를 걷고 있는 듯한 착각에 빠지곤 한다. 이 지하 도시에서 살아가는 동물 중 눈에 보이는 것은 거의, 혹은 전혀 없다. 그저 지하 거주지의 굴뚝, 환풍관 그리고 어두운 모래 속으로 이어진 다양한 통로와 홈만 보일 뿐이다. 마치 이곳 시민들이 공중위생을 실천하려고 애쓴 것처럼 모래밭 위까지 꺼내놓은 작은 쓰레기 더미도 간간이 눈에 띈다. 하지만 이곳 거주민은 자기 존재를 드러내지 않은 채 이해할 길 없는 저만의 어두운 세

모래에 굴을 파는 가시불가사리

계에서 잠잠히 살아간다.

굴 파는 동물로 이뤄진 이 지하 도시에서 가장 많은 수를 차지하고 있는 것은 단연 모래쏙이다. 조간대라면 어디서든 이들이 뚫어놓은 구멍을 찾아볼 수 있다. 지름이 연필보다 작고, 주위에 작은 배설물이 쌓여 있는 구멍이다. 모래쏙은 독특한 생활 방식 탓에 엄청난 양의 배설물을 내놓는다. 모래와 진흙 같은 소화되지 않는 물질에 섞인 먹이를 얻기 위해 어마어마한 양의 모래와 진흙을 삼키기 때문이다. 이들이 만든 구멍은 모래 속 1~2미터 아래 있는 굴로 이어지는 터널의 입구다. 입구 아래로는 거의 수직에 가까운 긴 통로가 있는데, 거기서 터널이 여러 갈래로 나뉜다. 어떤 갈래는 계속해서 모래쏙이 사는 어둡고 축축한 지하실로 이어지고, 또 어떤 갈래는 마치 비상 탈출구라도 되는 양 표층으로 향해 있다.

굴의 주인은 누군가가 구멍 입구에 모래알을 몇 개씩 떨어뜨리는 식으로 그들을 속이지 않는 한 결코 모습을 드러내지 않는다. 모래쏙은 몸이 가느다랗고 길며 이상하게 생긴 동물이다. 녀석들은 좀처럼 밖으로 나오지 않으므로 딱딱한 피부층이 필요 없다. 대신 비좁은 터널에서 굴을 파

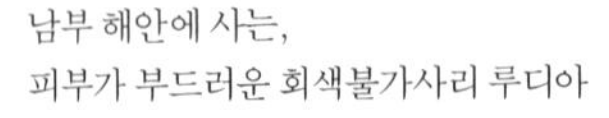

남부 해안에 사는,
피부가 부드러운 회색불가사리 루디아

모래쏙(유령새우)

거나 방향을 틀기에 알맞게끔 신축성 있는 외피로 뒤덮여 있다. 몸 아래쪽에는 바닷물을 굴 안으로 끌어들이기 위해 쉴 새 없이 파닥거려야 하는 여러 쌍의 납작한 부속지가 달려 있다. 깊은 모래층에서는 산소가 잘 공급되지 않으므로 공기를 머금은 물을 위에서 아래로 끌어와야 하기 때문이다. 조수가 들어올 때면 모래쏙은 굴 입구까지 기어 올라와 박테리아, 규조류 그리고 이보다 큰 유기 쇄설물 입자가 있는지 보려고 모래 알갱이 속을 살핀다. 그리고 여러 부속지에 난 작은 털로 모래에서 먹이를 떼어내 입으로 가져간다.

모래로 된 지하 세계에 영구 가옥을 짓는 동물 가운데 혼자 살아가는 것은 거의 없다. 대서양 연안에서는 모래쏙이 작고 토실토실한 게에게 상시적으로 숙식을 제공한다. 굴(oyster) 안에서 흔히 발견되는 종과 유연관계에 있는 속살이게(pea crab, *Pinnixa*)가 그것이다. 녀석들은 공기가 잘 통하는 모래쏙의 굴(burrow) 속에 얹혀살면서 먹이까지 안정적으로 공급받는다. 몸에서 망처럼 뻗어나온 작은 깃털을 이용해 굴에 들어온 물을 걸러 먹이를 잡아먹는 것이다. 캘리포니아주 해안에서는 모래쏙이 10여 개의 동물 종에게 숙식을 제공한다. 그중 하나가 망둥이(goby)라는 작은 물고기인데, 이들은 모래쏙의 굴을 물이 빠져나가 있는 동안만 잠깐 머무는 임시 거처로 활용한다. 녀석들은 모래쏙의 집 통로를 어슬렁거리다가 필요하면 주인을 밀치고 지나가기도 한다. 또 하나는 조개인데, 굴 밖에서 살지만 굴 벽에 흡관을 찔러 넣어 터널에 흐르는 물속의 먹이를 잡아먹는다. 이 조개는 흡관이 짧으므로, 평소에는 물이나 물이 제공하는 먹이에 쉽사리 닿기 위해 모래 표층 바로 아래서 살아야 한다. 그러나 모래쏙의 굴에 얹혀살면 깊은 곳에서 더 보호받으며 살아가는 이점을 누릴 수 있다.

같은 조지아주 모래밭 중 진흙이 좀더 많이 섞여 있는 곳에는 갯지렁이가 산다. 낮은 원뿔형 화산 모양의 검은 반구형 돔을 보면 거기에 갯지렁이가 살고 있음을 알 수 있다. 미국이나 유럽에서 갯지렁이가 사는 해변은 예외 없이 이들의 엄청난 수고 덕택에 새로워진다. 이들은 썩어가는 유기물의 양이 적절한 균형을 이루게끔 도와준다. 이들이 풍부한 곳에서는 해마다 1에이커당 약 2000톤의 흙이 일구어진다. 육지에서 같은 일을 하는 지렁이처럼 갯지렁이도 수많은 양의 흙을 몸 안으로 통과시킨다. 이들은 썩어가는 유기 쇄설물에 들어 있는 먹이를 소화관으로 흡수한 다음, 모래를 깔끔하게 돌돌 말린 배설물 형태로 몸 밖에 내보낸다. 이 배설물이 바로 거기에 갯지렁이가 있음을 알려주는 표식이다. 모래밭에는 거의 모든 검은 원뿔 옆에 깔때기 모양의 작은 홈이 나 있다. 갯지렁이는 모래 밑의 U자형 관 속에서 꼬리를 원뿔 아래에, 머리를 홈 아래에 둔 채 살아간다. 그러다 조수가 들어오면 먹이를 찾기 위해 홈 밖으로 머리를 쏘옥 내민다.

갯지렁이

나팔갯지렁이와 그들 필생의 역작인 관

그런가 하면 한여름에 갯지렁이가 살고 있다는 증거는 바로 커다랗고 반투명한 분홍색 주머니다. 한쪽 끝을 모래에 처박고 있는 주머니는 마치 아이들이 가지고 노는 풍선처럼 물속에서 이리저리 살랑거린다. 젤리같이 생긴 이 조밀한 덩어리는 갯지렁이의 알인데, 하나의 알주머니에서는 각각 30만 개나 되는 새끼가 발달 과정을 거치고 있다.

드넓은 모래벌판에는 갯지렁이 말고도 여러 바다 지렁이가 계속해서 분주하게 살아간다. 그중 하나인 나팔갯지렁이(trumpet worm)는 먹이를 함유한 바로 그 모래를 이용하여, 굴 파는 동안 부드러운 몸을 보호하기 위해 원뿔 모양의 관을 만든다. 우리는 더러 살아 있는 나팔갯지렁이가 작업하는 모습을 볼 수도 있다. 모래 표면 위로 관이 약간 튀어나와 있기 때문이다. 그러나 조수에 떠밀려온 쓰레기 더미에서 빈 관을 발견하는 게 훨씬 더 흔한 일이다. 이들의 관은 모래 알갱이 하나 두께로 모래알을 건축용 블록처럼 한 알 한 알 섬세하게 붙여놓은 천연 모자이크다. 언뜻 연약해 보이지만 그걸 만든 주인이 죽고 한참이 지난 뒤까지 본모습을 고스란히 간직한다.

스코틀랜드 사람 왓슨(A. T. Watson)은 이 나팔갯지렁이의 습성을 연구하느라 몇 년을 보냈다. 그는 관 만드는 일이 지하에서 이루어지므로 모래 알갱이를 정확한 자리에 놓고 붙이는 광경을 관찰하는 게 몹시 어렵다는 것을 깨달았다. 그러던 중 아주 어린 나팔갯지렁이의 유생을 잡아다가 모래층을 깐 실험용 접시에 넣고 관찰하면 좋겠다는 데 생각이 미쳤다. 관 만들기는 유생이 헤엄치며 돌아다니길 그치고 접시 바닥에 정착한 지 얼마 되지 않아서부터 시작되었다. 먼저 유생들은 저마다 제 주변에 막 모양의 관을 분비했다. 원뿔의 안감이자 모래 알갱이 모자이크의 기질(基質)이다. 어린 유생은 촉수가 2개밖에 없는데, 그걸 사용해 모래 알갱이를 모아 입으로 가져갔다. 그리고 모래 알갱이를 이리저리 굴리면서 살펴본 다음 알맞다고 판단하면, 붙이겠다고 생각한 관의 가장자리 지점에 놓았다. 그러면 접착샘에서 액체가 약간 분비되었다. 나팔갯지렁이는 마치 매끄럽게 다듬기라도 하려는 듯 방패처럼 생긴 구조물로 관 위를 슥슥 문질러댔다.

왓슨은 "관은 저마다 그 임차인이 필생에 걸쳐 제작한 것으로, 모래 알갱이로 이루어진 가장 아름다운 작품이다. 이들은 각각의 모래 알갱이를 마치 인간 건축가나 마찬가지의 정확성과 기술을 총동원해 그 자리에 놓은 것이다. ……모래 알갱이를 정확하게 제 위치에 놓았는지 여부는 예민한 촉감으로 분명하게 확인할 수 있다. 한 번은 나팔갯지렁이가 접착제를 붙이기에 앞서 직전에 놓은 모래 알갱이의 위치를 약간 바꾸는 모습을 본 적도 있다"고 썼다.

지하에서 굴을 파는 동안에는 이 관에서 주인이 살아간다. 갯지렁이처럼 나팔갯지렁이도 표층 아래 있는 모래에서 먹이를 구한다. 관도 그렇지만, 굴 파는 기관들을 보면 이들의 연약해 보이는 모습이 실제와는 판이하다는 것을 알 수 있다. 여기서 굴 파는 기관이란 두 부분으로 나뉜 강모를 말하는데, 빗살처럼 가늘고 끝이 뾰족해 무척이나 비현실적으로 보인다. 잔가위질을 되풀이해 가장자리를 너풀너풀하게 치장한 크리스마스트리 장식물처럼 장난기 어린 누군가가 반짝이는 금색 포일(foil)을 잘라놓은 것 같다.

나는 실험실에 만들어놓은 작은 바다와 모래의 세계에서 나팔갯지렁이가 작업하는 모습을 지켜본 적이 있다. 유리 접시 안의 얇은 모래층에서조차 그 빗살 같은 기관은 마치 불도저처럼 대단히 유용하게 쓰였다. 나팔갯지렁이가 관에서 슬며시 기어 나와 빗살을 모래에 꽂아 넣은 다음 모래를 한 덩어리 집어 올려 어깨 너머로 내던졌다. 그러고는 마치 삽날을 깨끗하게 털어내기라도 하려는 듯 관의 가장자리 위로 빗살을 후진시켰다. 녀석들은 오른쪽 왼쪽으로 번갈아가면서 그 모든 일을 박력 있고 신속하게 해치웠다. 금색 삽이 모래를 흐트러뜨리면, 이들은 부드러운 촉수를 사용해 모래 입자에 들어 있는 먹이를 찾아내 입으로 가져갔다.

바다와 본토 사이에 보초도(堡礁島: 방파제 구실을 하는 섬—옮긴이)가 늘어선 곳에서는 파도가 후미(inlet: 바다의 일부가 육지 쪽으로 깊숙이 들어간 곳—옮긴이)로 밀려든다. 조수는 그렇게 후미를 통해 섬 안쪽에 있는 작은 만으로 들어온다. 이들 섬의 바다 쪽 해안에는 몇 킬로미터씩 모래와 토사를 실은 해류가 밀려든다. 후미로 바닷물이 들고 나는 혼란의 와중에 연안 쪽으로 밀려오는 해류는 실어온 침전물을 일부 내려놓는다. 이런 식으로 수많은

밝은색 껍데기에 군데군데 윤곽 짙은
붉은 얼룩이 찍혀 있는 캘리코게

후미의 어귀에 일련의 사주가 바다 쪽으로 뻗어 있다. 다이아몬드 사주, 프라잉팬(Frying Pan) 사주를 비롯해 이름이 있거나 없는 수십 개의 사주다. 그러나 모든 침전물이 다 그렇게 퇴적하는 것은 아니다. 상당량의 침전물은 조수에 실려 후미 안쪽으로 들어온 뒤 그곳 잔잔한 바다에 부려진다. 사주는 곶이나 후미의 어귀 안에, 작은 만이나 해협에 만들어진다. 고요한 천해에서 살아가야 하는 바다 동물의 유생이나 새끼는 사주를 발견하면 그곳에 모여든다.

보호받는 룩아웃곶에는 바다 표층에 거의 닿아 있어 저조 때면 태양과 대기에 잠깐 노출되었다가 고조 때면 다시 바다에 잠기는 사주들이 있다. 이들 사주에는 좀처럼 거센 쇄파가 들이치지 않는다. 조수가 그 위로 밀려들면 사주의 모양과 크기도 서서히 달라진다. 조수가 오늘은 이 지역, 내일은 저 지역의 모래와 토사를 실어오는 까닭이다. 어쨌거나 사주는 그곳 모래밭에서 살아가는 동물에게 대체로 안정적이고 평화로운 세계다.

사주 중에는 샤크(Shark) 사주, 쉽스헤드(Sheepshead) 사주, 버드 사주처럼 그곳을 찾는 새나 바다 동물의 이름을 따서 명명한 곳도 있다. 버드 사주를 방문하려면 뷰포트의 타운마시(Town Marsh)를 구불구불 통과하는 해협을 배로 지나가야 한다. 그래야 뿌리 깊은 해안 풀 덕택에 단단해진 모래 해안, 즉 그 사주의 육지 쪽 해안에 가닿을 수 있다. 습지를 마주한 쪽의 진흙 해변에는 농게 수천 마리가 구멍을 숭숭 뚫어놓았다. 인기척에 놀란 농게들이 발을 질질 끌면서 달아났다. 수많은 작은 키틴질의 발에서 나는 소리가 종이 바스락거리는 소리처럼 들렸다. 모래 언덕 너머로 버드 사주가 건너다보였다. 앞으로 조수가 한두 시간 더 빠져나갈 시점이라면, 우리는 오직 얕은 바닷물층만이 태양 아래에서 반짝이는 상황을 보게 된다.

해안에서는 조수가 빠져나가면 젖은 모래의 경계선이 점점 바다 쪽으로 물러난다. 길게 펼쳐진 모래밭이 드러나기 시작하면, 외안에서는 단조로운 벨벳 조각이 반짝이는 비단결 바다 위로 살며시 고개를 내미는 것 같다. 마치 바다에서 서서히 굽이쳐온 거대한 물고기의 등처럼 말이다.

대조 때는 제멋대로 뻗어나간 이 거대한 사주의 정상이 바다에서 더 먼 곳으로부터 솟아오르고 더 오래 노출된다. 하지만 조수의 기세가 약하고 바닷물의 움직임이 둔한 소조 때는 사주가 거의 감춰져 있다. 썰물이 최저점인데도 바닷물이 사주 위로 얕게 일렁이는 것이다. 그러나 보통 달(month)의 저조 때는 날씨가 잔잔하면 모래 언덕 가장자리에서부터 거대하게 펼쳐진 사주 지대까지 물속을 헤치며 걸어갈 수 있다. 그럴 때면 물이 얕고 투명해서 사주 바닥에 있는 모든 것이 낱낱이 드러나 보인다.

나는 심지어 중조(中潮: 조차가 대조와 소조의 중간일 때—옮긴이) 때에도 마른 모래밭에서 멀리 떨어진 곳까지 내려가보았다. 거기에서는 깊은 해협이 드넓게 펼쳐진 사주 지대를 가로지르기 시작한다. 그 해협에 다가가자 바닥이 어둡고 불투명한 초록색 바다로 경사진 모습이 너무도 선명하게 보였다. 작은 연준모치 떼가 여울물 너머 절벽 아래 어둠 속에서 은빛으로 반짝일 때면 그 해협의 경사가 얼마나 가파른지 또렷이 느낄 수 있었다. 사주 사이로 난 좁은 통로를 따라 바다에서 찾아온 덩치 큰 물고기들이 노닐었다. 나는 심해저에 개량조개(sun ray clam) 군락지가 있고, 쇠고둥도 개량조개를 잡아먹기 위해 그곳까지 내려간다는 것을 알고 있었다. 게들은 헤엄을 치거나 눈만 빼꼼 내민 채 모랫바닥에 몸을 숨기고 있다. 게가 있는 곳에서는 모래 뒤로 2개의 작은 소용돌이가 인다. 숨을 쉬려고 아가미로 해류를 들이마신 흔적이다.

바닷물(제아무리 얕다 해도)이 사주를 덮으면, 생명체는 저마다 자신이 숨어 있던 곳에서 슬슬 기어 나온다. 어린 투구게가 잰걸음으로 깊은 바다를 찾아간다. 작은 복어(toadfish)들이 거머리말(eelgrass) 숲으로 옹송그리며 모여들어 인적 드문 세계에 들이닥친 낯선 인간의 발치에서 이상한 소리를 내며 시위를 한다. 껍데기 주변에 단정한 검은색 나선 구조와 그에 어울리는 검은색 발, 검은색 관상 흡관을 지닌 줄무늬튤립고둥(banded tulip snail)이 재빠르게 바닥 위를 미끄러지면서 모래에 확실한 자취를 남긴다.

깨다시꽃게

여기저기에 잘피〔sea grass: 해수에 완전히 잠겨서 자라는 해초, 해조(seaweed)와는 다르다—옮긴이〕가 나 있다. 대담하게 바닷물로 진출한 종자식물 가운데 단연 앞서가는 선구자다. 이들의 반반한 이파리는 모래를 뚫고 나오며, 서로 얽히고설킨 뿌리는 단단함과 안정감을 부여한다. 나는 이런 습지에서 모래에 사는, 신기하게 생긴 말미잘 군체를 발견했다. 말미잘은 그 구조와 습성 때문에 먹이를 구하려고 바닷물에 촉수를 뻗을 때 붙들 만한 단단한 지지대가 필요하다. 북쪽에서는(혹은 단단한 바닥이 있는 곳이면 어디에서나) 이들이 암석에 딱 달라붙어 살아간다. 그러나 이곳에서는 오직 촉수 왕관만 내놓고 모래 속에 기어 들어감으로써 동일한 목적을 달성한다. 이 관말미잘(tube anemone)은 갈수록 뾰족해지는 관의 끝부분을 수축해 아래쪽을 밀고 들어가는 식으로 굴을 판다. 그러면 파장이 서서히 몸 전체에 퍼지면서 모래 속으로 숨어 들어갈 수 있다. 모래밭 한가운데 꽃처럼 피어난 말미잘의 부드러운 촉수를 보면 묘한 느낌이 든다. 말미잘은 항상 암석 해안에 속해 있기 때문이다. 그러나 이곳 단단한 바닥에 묻혀 있는 말미잘은 필시 메인주의 조수 웅덩이 벽에 꽃처럼 피어 있는 말미잘만큼이나 편안함을 느낄 것이다.

사주의 잘피 지역에서는 여기저기 털날개갯지렁이의 관이 쌍둥이 굴뚝처럼 모래 위로 살짝 튀어나와 있다. 털날개갯지렁이 자신은 늘 지하의 U자형 관 속에서 살아간다. 관의 좁다란 끝이 바로 이들이 바다와 접촉하는 경로다. 털날개갯지렁이는 관에 몸을 누인 채 부채처럼 생긴 돌기를 이용해 집까지 이어진 깜깜한 터널로 계속 바닷물을 퍼들인다. 바닷물은 이들의 주식인 미세한 식물 세포를 공급해주며, 이들이 내버린 폐기물과 (산란기 때면) 새로운 세대로 자라날 종자를 거두어간다.

털날개갯지렁이는 바다에서 사는 짧은 유생기를 제외하고는 삶 전체를 그런 식으로 보낸다. 유생은 곧 유영 생활을 마치고 점차 행동이 굼떠지다가 결국 바닥에 자리를 잡는다. 그리고 기어 다니기 시작한다. 모래의 잔물결무늬 이랑에 숨은 규조류를 잡아먹기 위해서일 것이다. 털날개갯지렁이는 기어 다니면서 길게 점액을 흘린다. 며칠 뒤 새끼들이 점액이 칠해진 짧은 터널을 만들기 시작한다. 규조류가 엄청나게 섞여 있는 모래 속으로 굴을 파들어 가는 것이다. 이처럼 간단한 모양의 터널에서 제 키의 네댓 배가량 몸을 늘린 유생은 모래 표면까지 밀고 올라가 결국 U자형 터널을 뚫는다. 이렇듯 터널은 이들이 저마다 점점 커지는 몸을 수용할 만한 공간을 마련하고자 리모델링과 증축을 거듭한 결과다. 이들이 죽고 나면 흐늘흐늘한 빈 관이 모래에서 씻겨 나온다. 그리하여 우리는 해변 부유물 속에서 빈 관을 흔히 볼 수 있는 것이다.

어느 시점에서인가 거의 모든 털날개갯지렁이가 세입자를 들이기 시작한다. 바로 작은 속살이게들이다. (이들과 유연관계에 있는 또 다른 게는 모래쏙의 굴에서 더부살이를 한다.) 이들은 때로 살아가기 위해 연대한다. 먹이를 실은 바닷물이 계속 들어오는 데 혹한 게들이 어릴 때 털날개갯지렁이의 관으

털날개갯지렁이

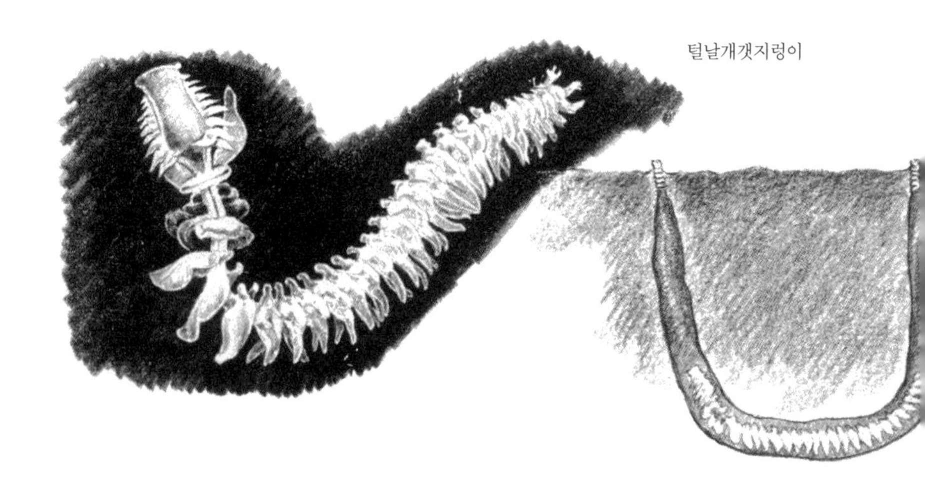

속살이게

로 들어온다. 그러다 이내 너무 커져 좁은 출구로 나갈 수 없게 된다. 털날개갯지렁이 자체도 실상 관을 떠나지 않기는 매한가지다. 설령 물고기나 게가 지나가는데도 대담하게 몸을 내밀곤 한다는 증거로, 더러 머리나 꼬리가 재생된 표집을 만날 수 있긴 해도 말이다. 털날개갯지렁이는 공격을 받으면 몸 전체가 이상한 청색과 흰색을 띠어 적을 두렵게 만든다. 하지만 대체로 적의 공격에는 무방비한 편이다.

사주의 표면 위로 약간 튀어나온 또 다른 굴뚝도 보인다. 둘씩 짝을 짓는 대신 홀로 살아가는 털보집갯지렁이의 것이다. 털보집갯지렁이는 사람 눈을 감쪽같이 속일 수 있게끔 약간의 조개껍데기와 해조로 교묘히 위장하고 있다. 이들의 관은 모래 속으로 무려 90센티미터나 뻗어 있을 때도 있는데, 이렇게 조개껍데기와 해조로 치장하고 있는 것은 모래 위에 드러난 관의 끝부분뿐이다. 이들은 천적이 알아보기 어렵게끔 효과적으로 위장하고 있지만, 관의 드러난 부분 모두에 붙일 물질을 모으자면 부득이 몸의 일부가 10센티미터 정도 드러나는 것을 감수해야 한다. 그러나 털보집갯지렁이도 털날개갯지렁이처럼 굶주린 물고기한테 조직을 떼어 먹힐 경우 다시 재생된다.

조수가 빠져나가면, 모래에 묻힌 조개를 잡아먹으려고 미끄러지듯 돌

털보집갯지렁이

아다니는 커다란 쇠고둥을 곳곳에서 볼 수 있다. 이들은 몸 안으로 바닷물을 끌어들인 뒤 미세 식물을 걸러 먹는다. 하지만 쇠고둥의 탐색은 주먹구구식이 아니다. 미각이 예민해 조개의 흡관에서 배출되는 보이지 않는 물줄기를 감지할 수 있기 때문이다. 이들은 빼어난 미각을 동원해 실팍한 맛조개를 찾아낸다. (맛조개의 껍데기는 토실토실하게 부푼 속살을 간신히 덮고 있다.) 또한 입을 단단히 닫은 경성껍질조개를 잡기도 한다. 쇠고둥은 굳게 앙다문 조개도 가뿐하게 열 수 있다. 커다란 발로 조개를 잡고 근육을 수축하면서 맷집 있는 껍데기로 몇 차례 타격을 가하는 것이다.

한 종의 삶은 다른 종들과 서로 복잡하게 얽혀 있으므로 생명의 주기가 그쯤에서 바로 끝나는 것은 아니다. 해저의 작고 어두운 동굴 속에는 쇠고둥의 적인 바위게(stone crab)가 도사리고 있다. 이들은 자줏빛 감도는

혹쇠고둥

바위게

거대한 몸집에 쇠고둥의 껍데기를 산산조각 낼 수 있는 밝은 빛깔의 집게발이 달려 있다. 바위게는 부두의 돌 사이에 생긴 굴, 석회암이 침식해 생긴 구멍, 혹은 버려진 낡은 폐타이어 같은 인공 거처에 몸을 웅크리고 있다. 이들의 주거지 근처에는 마치 전설에 나오는 거인의 집 주변처럼 먹잇감으로 희생된 동물의 잔해가 부서진 채 널브러져 있다.

쇠고둥은 바다의 적인 바위게를 피하고 나면 이제 하늘의 적을 마주하게 된다. 갈매기는 떼 지어 이곳 사주에 몰려온다. 이들은 쇠고둥의 껍데기를 박살낼 커다란 집게발은 없지만 대대로 전해 내려오는 지혜로 또 하나의 비법을 몸에 익혔다. 드러나 있는 쇠고둥을 발견하고 낚아챈 갈매기는 하늘 위로 올라간다. 그런 다음 아래가 포장된 도로나 부두, 혹은 해변인지 확인하고 그대로 떨어뜨린다. 이어 곧바로 낙하지점으로 내려가 박살난 껍데기 조각 속에서 쇠고둥의 속살을 파먹는다.

다시 그 사주로 돌아온 나는 초록빛 해저 협곡 가장자리의 모래에서 나선형 물체가 솟아나와 있는 것을 발견했다. 고리들이 이어진 채 꼬여 있는 줄 같았다. 양피지로 만든 듯한 작은 손지갑 모양의 피막을 수십 개씩 꿰어놓은 거칠거칠한 끈으로, 거기엔 암컷 쇠고둥의 알이 들어 있었다.

홈쇠고둥과 그 알집. 알집 끝이 뾰족하다.
혹쇠고둥은 알집 끝이 홈쇠고둥보다 둥글다.

때는 6월, 바로 쇠고둥의 산란기였다. 나는 그 피막 속에서 신비로운 창조의 힘이 작동해 수천 마리의 새끼 쇠고둥을 만들 준비를 하고 있으며, 그중 수백 마리가 살아남아 피막 벽에 난 얇고 둥근 문으로 나올 것이며, 마침내 그들이 각각 부모와 같은 껍데기에 싸인 새끼가 될 것임을 알고 있었다.

해안으로 밀려드는 파도의 기세를 누그러뜨리는 외딴 섬도 없고, 굽이진 기다란 육지도 없이 드넓은 대서양의 파도에 속절없이 노출된 곳에서는 조수선 사이 지역(즉 조간대)이 생명체가 살아가기에 더없이 팍팍한 장소다. 이곳은 거칠고 변화무쌍하고 끊임없이 움직이는 세계다. 심지어 모래조차 바닷물처럼 얼마간 유동성을 획득한다. 이와 같이 노출된 해안에는 생명체가 거의 살지 않는다. 오직 고도로 분화한 생물 종만 격랑이 몰아치는 모래밭에서 살아남을 수 있다.

열린 해안에서 사는 동물은 대체로 크기가 작고 항시 몸놀림이 날쌔다. 이들의 생활 양식은 독특하다. 해안에 부서지는 파도는 이들의 친구이자 적이다. 밀려드는 파도는 먹이를 가져다주지만, 다시 소용돌이치면서 바다로 빠져나갈 때면 휘감아갈 기세로 이들을 위협하곤 한다. 어떤 동물이든 놀랄 만큼 능란한 솜씨로 쉬지 않고 재빠르게 모래를 팔 수 있어야만 거친 쇄파와 바람에 날리는 모래 속에서도 파도가 실어온 먹이를 잡아먹을 수 있다.

이런 일을 가장 성공적으로 해내는 동물은 바로 쇄파 속에서 살아가는 모래파기게다. 포어성(捕魚性) 동물인 이들은 망을 효과적으로 이용해 물 속에 떠다니는 미생물을 잡을 수 있다. 모래파기게는 파도가 부서지는 곳에 살면서, 해안으로 밀려드는 밀물을 따라왔다가 빠져나가는 썰물을 따라가기를 되풀이한다. 이들은 물이 차오르는 동안 무수히 삶의 터전을 옮긴다. 먹이를 잡기에 더 알맞은 깊이의 해변을 찾아 끊임없이 모래를 파대는 것이다. 모래파기게가 장관을 이루며 집단 이주할 때면 모래에 돌연 거품이 일어나는 것처럼 보인다. 무리 지어 날아가는 새나 떼로 헤엄치는 물고기처럼, 이들도 파도가 덮치면 한꺼번에 집단적으로 모래에서 기어나온다. 바닷물이 세차게 밀려들면 이들은 해변 쪽으로 이동한다. 그러다 파도의 기세가 약간 주춤하면, 꼬리 부속지를 뱅뱅 돌려 너무도 가뿐하게 모래 속으로 기어 들어간다. 조수가 빠져나가면 모래파기게는 다시 여러 단계의 여행을 거치며 저조대로 내려간다. 그런데 만약 조수가 자기 있는 곳 아래로 빠져나갔는데도 어쩌다 미처 돌아가지 못한 경우에는 젖은 모래 속으로 10센티미터 정도 파고 들어간 뒤 다음 번 바닷물이 돌아오길 기다린다.

이름(mole crab)이 말해주듯 이 작은 갑각류 모래파기게에게는 두더지(mole)를 닮은 구석이 있다. 납작한 부속지는 두더지의 앞발을 연상케 하

모래파기게

며, 눈은 작은 데다 사실상 있으나마나 하다. 모래에서 살아가는 다른 여느 동물과 마찬가지로 이들도 시각보다는 촉각에 의존한다. 모래파기게는 감각을 느끼는 수많은 털이 나 있어 촉각이 매우 예민하다. 깃털처럼 생기고 끝이 둥글게 말린 기다란 촉수는 너무나도 효율적이어서 작은 박테리아도 걸려들 정도다. 만약 이 촉수가 없다면 모래파기게는 쇄파 속에서 포어성 동물로 살아가지 못할 것이다. 이들은 먹이를 잡으려 할 때면 주둥이 부분과 촉수만 보일 때까지 젖은 모래 속으로 후퇴한다. 그런데 해안을 바라보면서도 쇄파가 들어올 때 먹이 활동을 시도하지 않는다. 대신 파도가 해변에서 힘을 다 쓰고 바다로 빠져나가길 기다린다. 기력이 다한 파도가 5센티미터 정도로 얕아지면 이들은 흐르는 물속으로 촉수를 내뻗는다. 잠시 낚시를 한 뒤 주둥이 주위에 붙은 부속지로 촉수를 잡아당겨 잡은 먹이를 입안에 털어 넣는다. 우리는 다시 한 번 이런 활동 속에서 신기한 집단행동을 볼 수 있다. 모래파기게 한 마리가 촉수를 내뻗으면, 그 군체에 속한 모든 개체가 일시에 그 행동을 따라하는 것이다.

거대한 모래파기게 군체가 살아가는 곳을 우연히 지나가다 모래가 살아 있는 듯 꿈틀거리는 광경을 보는 것은 말도 못하게 특별한 경험이다. 건성으로 보면 아무도 살지 않는 것처럼 여겨질 수 있는 곳이니 말이다. 파도가 얇은 물유리(이산화규소를 알칼리와 함께 녹여 만든 액체형 유리—옮긴이) 줄기처럼 바다 쪽으로 빠져나가는 그 짧은 순간에 땅속 요정같이 생긴 수백 마리의 작은 얼굴이 한꺼번에 모랫바닥을 뚫고 불쑥 모습을 드러낸다. 이들은 긴 수염이 난 얼굴에 구슬 같은 눈이 달려 있으며, 몸은 배경색과 거의 같아서 간신히 분간할 수 있다. 녀석들은 그러는가 싶더니 삽시간에 다시 보이지 않는 곳으로 사라진다. 마치 이상하게 생긴 한 무리의 작은 혈거인이 숨어 있던 세계의 문을 열고 잠시 밖을 내다보다 이내 도로 사라지는 것처럼 말이다. 그 모습이 얼마나 강렬한지 잠시 헛것을 본 게 아닌가 싶고, 바람에 날리는 모래와 거품 이는 바닷물이 부리는 마술에 홀린 듯한 기분에 사로잡힌다.

모래파기게는 먹이를 잡아먹으려고 쇄파의 가장자리에 머물기 때문에 육지의 적과 바다의 적 양쪽에 노출된다. 바로 젖은 모래사장에서 먹이를 탐색하는 새, 들어오는 물속에 섞인 먹이를 잡아먹으려 조류를 타면서 헤엄치는 물고기, 그리고 사냥을 하기 위해 파도 속에서 쏜살같이 튀어나오는 꽃게 따위다. 이렇듯 모래파기게는 바다의 생태계에서 바닷물 속에 든 미세 먹이와 큰 육식성 포식 동물을 이어주는 중요한 역할을 한다.

개체 모래파기게는 조수선에서 사냥하는 저보다 덩치 큰 동물의 공격을 피할 수 있다 해도 수명이 그리 길지는 않다. 여름, 겨울 그리고 이듬해 여름까지가 고작이다. 이들은 미세한 유생으로서 삶을 시작한다. 어미게가 몇 달간 몸 아래쪽에 붙이고 다닌 주황색 알 덩어리에서 부화한 것이다. 부화기가 다가오면 어미 게는 다른 게들과 함께 해변을 오르내리면서 먹이를 구하던 활동을 그만두고 저조대 근방에 머문다. 자식들이 해변 위쪽 모래밭에 꼼짝없이 묶이고 마는 위험을 피하려는 것이다.

알 보호용 피막에서 벗어난 어린 모래파기게 유생은 투명하고 두상이

크며, 여느 갑각류 새끼와 마찬가지로 돌기로 이상하게 장식된 큰 눈을 갖고 있다. 모래에서의 삶에 대해 까맣게 모르는 유생은 플랑크톤의 일원이 된다. 그리고 자라면서 허물을 벗는다. 유생 때 걸치고 다니던 겉옷을 과감하게 벗어던지는 것이다. 그리하여 여전히 털 난 다리를 건들거리면서 유생처럼 유영하긴 하지만, 이제 파도가 모래를 이리저리 몰고 다니는 사나운 쇄파대의 바닥으로 내려앉는 단계에 접어든다. 여름이 끝날 무렵 이들은 다시 한 번 허물을 벗는데, 이렇게 해서 마침내 성체 단계로 전환한다. 어미 모래파기게와 같은 먹이 활동 습성을 지니게 되는 것이다.

수많은 새끼 모래파기게가 오랜 유생기 동안 해류를 타고 연안을 따라 긴 여행을 한다. 따라서 이 여행에서 운 좋게 살아남는다 해도, 이들이 마침내 당도한 해안은 제 부모가 살던 모래밭에서 멀리 떨어진 곳이기 십상이다. 마틴 존슨(Martin Johnson)은 강한 표층 해류가 바다 쪽으로 흘러가는 태평양 연안에서는 수많은 모래파기게 유생이 바다 깊은 곳으로 실려간다는 사실을 확인했다. 이들은 요행히 돌아오는 해류를 타지 못하면 목숨을 잃을 수밖에 없는 운명이다. 유생기가 길기 때문에 새끼 게 중 일부는 연안해에서 320킬로미터나 떨어진 곳까지 쓸려간다. 이들은 대서양 연안을 따라 흐르는 해류를 타고 훨씬 더 멀리까지 여행하는 것 같다.

겨울이 와도 모래파기게는 여전히 살아 있다. 이들은 서리의 여파가 모래 깊숙이 스며들고 해변에 얼음이 끼는 북쪽 서식지에서는 추운 겨울 몇 달을 나기 위해 조하대까지 내려가기도 한다. 2미터가량 바닷물이 차 있어 차가운 겨울 공기에 노출되지 않도록 막아주는 곳이기 때문이다. 봄은 교미의 계절이고, 7월이면 지난해 여름에 부화한 수컷 모래파기게가 대부분, 아니 모두 죽고 없다. 암컷 모래파기게는 새끼가 부화하기까지 몇

달 동안 알집을 지니고 다닌다. 겨울이 오기 전에 이들 암컷도 죄다 죽고, 이 종의 단 한 세대만이 해변에 살아남는다.

파도가 들이치는 대서양 해안의 조간대에서 살아가는 또 하나의 유일한 동물은 작은 코키나조개(coquina clam, *Donax variabilis*: 백합과 등줄조개의 일종—옮긴이)다. 거의 쉴 새 없이 움직이는 코키나조개는 특이한 삶을 살아간다. 이들은 파도가 덮치면, 휩쓸려가지 않기 위해 단단하고 뾰쪽한 발을 삽처럼 사용해 모래를 파고 부드러운 껍데기를 잽싸게 그 안에 집어넣는다. 일단 안전한 곳에 피신한 코키나조개는 흡관을 내민다. 껍데기와 길이가 비슷한 흡관이 입에서 크게 나풀거린다. 흡관은 바닷물에 실려 들어오거나 파도가 바닥을 휘저을 때 위로 떠오른 규조류 등의 먹이 물질을 빨아들인다.

코키나조개도 모래파기게처럼 가장 적절한 깊이의 바닷물을 이용하기 위해 수십수백 마리씩 무리 지어 해변을 위아래로 분주히 오르내린다. 따라서 이들이 구멍에서 나와 파도에 실려갈 때면 모래밭이 밝은색 조개껍데기로 반짝거린다. 이따금 모래에 굴을 파고 사는 다른 작은 동물이 이들과 함께 파도에 실려 이동하기도 한다. 바로 코키나조개를 잡아먹는 육식의 송곳고둥(screw shell, *Terebra*)이다. 코키나조개의 또 다른 적은 바닷새다. 끈덕진 고리부리갈매기(ring-billed gull)는 얕은 바다의 모래 속에 숨

코키나조개

은 코키나조개를 잡아서 으깨 먹는다.

어느 해변에서나 코키나조개는 잠깐씩만 머문다. 먹이를 찾아 이 해변 저 해변 돌아다니기 때문이다. 해변에 나비처럼 생기고 몇 개의 가로줄이 그어진 알록달록한 조개껍데기가 숱하게 보이면, 한때 그곳에 코키나조개가 집단적으로 서식했음을 알 수 있다.

어느 해안에서든 일정한 간격을 두고 되풀이해서 조수가 가장 멀리 들어오는 고조대는 오직 잠시만, 그리고 간헐적으로만 바닷물에 잠긴다. 이런 곳은 본디 바다뿐 아니라 육지의 속성도 동시에 지니고 있다. 이러한 중간적이고 일시적인 속성은 이곳 위쪽 해변의 물리적 세계뿐 아니라 거기서 살아가는 동물에게도 큰 영향을 미친다. 밀려들었다 빠져나가는 조수는 이곳 해변에 살아가는 동물 중 일부가 점차 물에서 벗어나 살아가는 데 익숙해지도록 만드는 것 같다. 아마도 이것이 바로 지금 현재 온전히 육지에도 바다에도 속하지 않는 동물이 고조대에 존재하는 까닭일 것이다.

달랑게는 제 삶터인 마른 모래와 마찬가지로 옅은 빛깔을 띠는데, 거의 육지 동물이나 진배없어 보인다. 이따금은 이들이 파놓은 구멍을 해변 맨 위쪽의 모래 언덕이 봉긋 솟기 시작하는 지점에서부터 볼 수 있다. 그러나 이들은 공기로 호흡하는 동물은 아니다. 대신 아가미를 둘러싼 새실(branchial chamber, 鰓室)에 얼마간의 바닷물을 실어온다. 따라서 물을 보충하기 위해 간간이 바다에 다녀와야 한다. 아울러 거의 상징적이랄 수 있는 바다로의 귀환이 또 한 차례 이루어진다. 달랑게 개체는 저마다 플랑크톤이라는 작은 생명체로서 삶을 시작하며, 다 자란 암컷은 산란기가 되면 알을 낳으러 다시 바다로 돌아가는 것이다.

이런 식으로 알을 낳을 필요만 없다면 성체 달랑게의 삶은 육지 동물과 하등 다를 바가 없다. 그러나 낮 동안에도 이따금 아가미를 적시기 위해 물이 있는 곳으로 내려가야 한다. 될수록 최소한으로만 바다와 접촉함으로써 소기의 목적을 달성하려는 것이다. 이들은 직접 물속으로 들어가는 대신 파도가 부서지는 지점 약간 위쪽에서 대기한다. 다리로 모래를 꽉 움켜잡고 바다를 향해 옆으로 비스듬히 선 자세다. 파도가 들이치는 바닷가를 거닐어본 사람이라면 누구나 어떤 쇄파는 다른 것보다 더 높으며 해변 위쪽으로 더 멀리까지 와서 부서진다는 사실을 알 것이다. 달랑게 역시 그 사실을 잘 알고 있기라도 한 양 진득하게 기다린다. 그러다 다른 것보다 큰 파도가 몸을 적시면 그제야 해변 위쪽으로 돌아온다.

그렇다고 이들이 늘 바닷물에 젖는 일을 경계하는 것은 아니다. 내 머릿속에는 다음과 같은 장면이 강하게 남아 있다. 폭풍이 몰아치는 10월 어느 날, 버지니아주 해변에서 달랑게 한 마리가 바다귀리(sea oat, *Uniola paniculata*) 줄기에 다리를 벌리고 앉아 있는 모습이다. 달랑게는 바다귀리 줄기에서 떼어낸 것으로 보이는 먹이 입자를 연신 입으로 가져가고 있었다. 먹이를 먹어치우던 달랑게는 그 즐거운 일에 온통 마음을 빼앗긴 나머지 제 뒤에서 무시무시한 바다가 으르렁거리고 있다는 사실을 까맣게 잊은 듯했다. 갑자기 파도가 부서지면서 흰 포말이 몸 위로 덮쳤고, 녀석은 바다귀리 줄기에서 떨어져나가 그 줄기와 함께 해변에 보기 좋게 나동그라졌다. 달랑게는 자신을 잡으려고 달려드는 사람에게 과도하게 내몰리면 거의 예외 없이 쇄파 속으로 몸을 던진다. 마치 더 사악한 적을 피하기 위해 덜 사악한 적을 택하기라도 하려는 것처럼 말이다. 이때 그들은 헤엄을 치는 대신 바닥을 기어 다니면서 위험이 사라져 다시 밖으로 나올 수 있을 때까지 기다린다.

달랑게는 흐린 날이나 이따금 햇볕이 쨍쨍 내리쬐는 날에도 조금씩 무리 지어서 멀리까지 나아가곤 하지만, 주로 밤에 해변을 누비면서 먹이를 잡아먹는다. 어둠이 깔리는 밤이면 낮에는 모자란 용기를 추슬러 대담하게 모래 위로 기어 나온다. 가끔은 물 가까이 작은 임시 홈을 파고 안에 들어앉아 바다가 가져다주는 것을 지켜보기도 한다.

개체 달랑게는 자신의 짧은 생애를 통해 그 종이 살아온 기나긴 역사, 즉 바다 생물이 육상으로 진출하게 된 진화의 드라마를 함축적으로 보여준다. 달랑게 유생은 모래파기게 유생과 마찬가지로 바다에서 살아가며, 일단 어미가 품고 공기를 제공하는 알에서 부화하면 일종의 플랑크톤이 된다. 해류에 실려 떠다니는 어린 달랑게는 여러 차례 각피층을 갈아치우면서 점차 커지는 몸집을 담아낸다. 유생은 탈피할 때마다 조금씩 형태가 달라져 마지막엔 메갈로파(megalopa) 단계에 접어든다. 메갈로파는 이 종의 운명을 상징적으로 보여주는 형태다. 바다에 홀로 버려진 이 작은 생명체는 자신을 해안으로 데려가려는 본능에 충실해야 하고, 해변에 성공적으로 정착해야 하기 때문이다. 오랜 진화 과정을 거치면서 메갈로파는

달랑게

달랑게 유생의 초기 단계(왼쪽), 메갈로파 단계(오른쪽)

자기 운명에 적절히 대처할 수 있는 능력을 키웠다. 메갈로파의 구조는 그와 유연관계에 놓인 다른 게들의 단계와 비교해보면 무척 특이하다. 여러 종의 달랑게 유생을 연구한 조셀린 크레인(Jocelyn Crane)은 메갈로파가 표피층이 두껍고 무거우며 몸이 둥글다는 것을 발견했다. 부속지는 마치 조각한 것처럼 표면에 홈들이 파여 있어 단단히 접어 몸에 붙일 수 있다. 각 부속지는 이웃한 부속지에 꼭 맞춰져 있다. 적응 과정을 거치며 최적화한 이런 구조는 해안에 오르는 위험하기 짝이 없는 행동을 할 때 새끼 달랑게들이 몰아치는 쇄파와 휩쓸리는 모래에 피해를 입지 않도록 도와준다.

일단 해변에 도착하면 달랑게 유생은 작은 구멍을 하나 판다. 파도의 위협을 피하려는 뜻일 수도 있고, 성체 형태로 변신하기 위한 탈피 공간을 마련하기 위해서일 수도 있다. 이때부터 새끼 달랑게의 삶은 서서히 해변으로 옮아간다. 달랑게는 어릴 때는 밀물로 덮이는 젖은 모래에, 반쯤 성장하면 고조선 위에 구멍을 판다. 그러다가 다 자라면 위쪽 해안으로 올라간다. 심지어 이들 종이 육지 쪽으로 올라올 수 있는 최고점인 모래 언덕까지 진출하기도 한다.

달랑게가 살아가는 해변이라면 어디에서나 이 종의 습성과 관련한 나날의, 혹은 계절의 흐름에 따라 구멍이 나타났다 사라졌다 한다. 밤에는 구멍의 입구가 열리고, 달랑게들이 기어 나와 먹이를 뒤지면서 해변을 돌아다닌다. 그러다 동이 틀 무렵이면 다들 구멍 속으로 돌아간다. 이들이 애초에 나온 구멍으로 도로 들어가는지, 아니면 그저 아무 데나 편리한 구멍을 찾아가는지는 확실치 않다. 달랑게의 습성은 지역, 나이, 그리고 여러 여건의 변화에 따라 저마다 다르다.

달랑게가 뚫어놓은 터널은 모래 아래로 약 45도 기울게 파고 들어간 단순한 원통형으로, 터널 안쪽 끝에는 널찍한 굴이 자리하고 있다. 일부 달랑게는 굴에서 모래 표면 쪽으로 이어진 부속 터널을 뚫기도 한다. 부속 터널은 적(덩치가 더 크고 적대적인 게)이 중앙 터널로 내려올 경우를 대비한 비상구로, 대개 표면까지 거의 수직으로 뻗어 있다. 또한 중앙 터널보다 물에서 훨씬 멀리 떨어져 있으며 모래 표면까지 뚫려 있을 수도, 그렇지 않을 수도 있다.

달랑게는 이른 아침에 그날 하루 동안 쓰기로 정한 구멍을 손질하고 키우고 다듬으면서 몇 시간을 보낸다. 터널에서 모래를 실어 나르는 달랑게는 늘 비스듬하게 모습을 드러낸다. 이들은 끌어낸 모래를 마치 짐처럼 몸 뒷부분에 달린 다리로 들고 나온다. 어떤 때는 구멍 입구에 다다르자마자 모래를 냅다 내던지고 쏜살같이 줄행랑치며, 또 어떤 때는 좀더 멀리까지 가서 버리고 돌아간다. 달랑게는 흔히 자신이 사는 굴에 음식을 가득 채우고 나서 터널 속으로 숨어든다. 거의 모든 달랑게가 낮에는 터널 입구를 닫는다.

여름에는 줄곧 해변에서 하루 주기로 구멍이 나타났다 사라진다. 그러나 가을이 되면 대부분의 달랑게가 조수선 위쪽 마른 해변으로 기어 올라온다. 그리고 구멍을 전에 없이 깊게 판다. 10월의 추위를 피하고 싶어 하는 양 말이다. 그러고 나면 모래 문은 이듬해 봄까지 굳게 닫힌 채 두 번 다시 열리지 않는다. 겨우내 해변에는 달랑게도, 그들이 뚫어놓은 구멍도 없는 것처럼 보인다. 어른의 엄지손톱만 한 새끼 달랑게도, 다 자란 성체 달랑게도 몽땅 사라진다. 아마도 긴 동면에 들어간 듯하다. 그러다 4월 맑은 날 해변을 거니노라면 여기저기 뚫려 있는 구멍을 발견할 수 있다. 머잖아 빛나는 새 봄옷을 빼입은 달랑게가 빼꼼 모래 문을 열고 잠시 팔에 기댄 채 따사로운 봄 햇살을 쬐려 할지도 모른다. 공기에 아직 쌀쌀한 기운이 남아 있으면, 달랑게는 금방 물러나 냉큼 문을 닫아버릴 것이다. 하지만 때가 되면 드넓은 위쪽 해안에 숨어 있던 달랑게들이 긴 동면에서 깨어나기 시작한다.

달랑게와 마찬가지로 갯벼룩이라고 알려진 작은 이각류도 새로운 생활 양식을 얻기 위해 낡은 것을 과감히 벗어던진 극적인 진화의 순간을 생생하게 보여준다. 이 이각류의 조상은 철저히 바다 생활을 했다. 그런데 우리의 추측이 맞다면 이들의 먼 후예는 필시 육지 생활을 하게 될 것이다. 지금 바다 동물에서 육지 동물로 옮아가는 과도기에 놓여 있기 때문이다.

과도기의 동물 대부분이 그렇듯 이들의 생활 방식에도 다소 기이한 모순과 아이러니가 존재한다. 위쪽 해변까지 진출한 이들이 처한 곤경은 바다에 매여 살지만 자신에게 생명을 준 요소인 바로 그 바다에 의해 위협을 받고 있다는 점이다. 이들은 결코 자진해서 물에 들어가지는 않는 것 같다. 헤엄을 잘 치지도 못하고, 물에 오래 잠겨 있으면 빠져 죽을 위험도 있다. 그러나 이들에게는 습기가 있어야 하고, 해변 모래에 함유된 소금도

갯벼룩

필요한 듯하다. 그래서 하는 수 없이 바다와 관련을 맺고 살아가야 한다.

갯벼룩의 움직임은 밤낮의 변화와 조수의 리듬을 따른다. 밤 시간 동안 물이 빠지는 저조 때가 되면, 이들은 먹이를 찾아 멀리 조간대까지 나가서 배회한다. 그리고 파래·거머리말·켈프 조각을 갉아 먹는다. 어찌나 맹렬하게 씹어대는지 작은 몸이 흔들릴 지경이다. 이들은 조간대에 밀려든 바다 쓰레기 더미에서 죽은 물고기 조각이나 조개껍데기에 남아 있는 육질을 찾아낸다. 이렇게 살아 있는 생명체는 시체가 공급하는 인산염, 질산염, 그 밖의 무기 물질을 사용하고 해변은 말끔하게 치워지니 누이 좋고 매부 좋은 격이다.

밤에 바닷물이 빠지면, 갯벼룩은 날 새기 직전까지 먹이를 뒤지며 돌아다닌다. 그러나 아침 햇살이 하늘을 물들이기 전에 다들 고조선을 향해 해변 위쪽으로 이동하기 시작한다. 이들은 위쪽 해안에 굴을 파고, 낮의 햇살과 밀물을 피해 안에 들어앉아 있다. 갯벼룩은 열심히 움직일 때 보면, 첫 번째 쌍의 다리에서 두 번째 쌍의 다리로 모래 입자를 전달하고 다시 가슴에 붙은 세 번째 쌍의 다리로 전달해 제 뒤에 모래를 쌓는다. 굴을 파는 이 작은 동물은 가끔가다 딸깍하며 몸을 곧추 세우기도 한다. 쌓인 모래를 굴 밖으로 내던지기 위해서다. 이들은 네 번째와 다섯 번째 쌍의 다리로 몸을 버팅기면서 터널의 한쪽 벽에서 미친 듯이 작업하고, 다시 몸을 돌려 반대쪽 벽에서 같은 일을 계속한다. 이 동물은 조그맣고 다리도 부서질 듯 연약해 보이지만, 10분이면 터널을 완성하고 그 끝에 널찍한 방까지 만들 수 있다. 만약 갯벼룩이 최대 깊이의 터널을 판다면, 이는 사람이 아무런 연장 없이 오로지 맨손으로만 18미터 정도의 터널을 파 내려간 것에 견줄 수 있는 방대한 노동이다.

갯벼룩은 굴 파는 일을 마치면 입구로 돌아가 터널 안쪽에서 가져온 모래로 쌓은 출입문이 안전한지 점검한다. 그리고 굴 입구에서 긴 더듬이를 내밀어 모래를 살핀 다음 그 알갱이들을 세차게 잡아당긴다. 그렇게 모래 문을 닫은 뒤 어둑하고 아늑한 방 안에서 몸을 웅크리고 있다.

조수가 모래 위로 올라오면, 부서지는 파도와 해안으로 밀려드는 바닷물의 진동이 굴 안에 몸을 숨긴 이 작은 동물에게까지 전해져 위험을 피해 안에 가만히 있어야 한다고 알려준다. 이들은 본능적으로 먹이를 찾아 헤매는 해안 새들이 있어 위험한 낮 시간을 피하는데, 이러한 보호 기제가 어떻게 해서 생겨났는지는 알 길이 없다. 깊은 동굴 안에서는 사실 낮이든 밤이든 거의 차이가 없다. 그러나 신기하게도 갯벼룩은 해변에 두 가지 중요한 조건, 즉 어둠과 썰물이 갖춰질 때까지 안전한 모래 방에 죽치고 있다. 그러다 어둠이 깔리고 썰물 때가 되면 비로소 잠에서 깨어나 터널의 긴 수직 통로를 타고 올라와 모래 문을 박차고 나온다. 검은 해변이 또다시 이들 앞에 펼쳐진다. 조수 가장자리에 흰 포말을 머금은 바닷물의 퇴각선이 거기까지가 바로 사냥 가능한 구역임을 말해준다.

그토록 고생스럽게 판 구멍은 단 하룻밤, 혹은 단 한 번의 밀물과 썰물 동안 묵을 거처에 지나지 않는다. 저조 때의 사냥이 끝나면 갯벼룩은 저마다 새로운 집을 마련한다. 우리가 위쪽 해변에서 보게 되는 구멍은 전에 살던 주민이 어디론가 가버려 비어 있는 굴로 이어져 있다. 안에 누가 들어 있는 굴은 문이 닫혀 있어 그 위치를 쉽게 알아차릴 수 없다. 바다의 가장자리인 모래 해안에서, 보호받는 해변이나 모래톱은 생명체가 풍부한 지대고, 쇄파가 들이치는 모래밭은 생명체가 드문 지대다. 또한 고조선 부근은 시공간적으로 육지를 침략할 태세를 갖춘 선구적인 생명체들이 살아가는 지대다.

그런가 하면 모래 해안에서는 다른 생명체에 관한 기록도 찾아볼 수 있다. 해변에는 바닷물에 떠밀려온 표류물이 얇은 그물처럼 펼쳐져 있다. 이는 지칠 줄 모르는 에너지를 지닌 바람과 파도와 조수가 직조한 이상한 성분의 옷감이다. 표류물에 섞여 있는 물질을 열거하자면 한이 없다. 게의 집게발, 해면 조각, 상처 나고 부서진 연체동물의 껍데기, 바다 식물로 뒤덮인 낡은 원재(圓材: 둥근 재목—옮긴이), 물고기 뼈, 새의 깃털 따위가 마른 해안 풀이나 해조의 줄기에 뒤엉켜 있다. 이 옷감을 직조한 이는 근처에 있는 물질을 활용하는데, 그 디자인은 북쪽이냐

홍어의 알집, 연잎성게, 칼라처럼 생긴 큰구슬우렁이의 모래 알집

남쪽이냐에 따라 다르다. 표류물은 외안의 바닥이 어떤 종류인지, 즉 완만하게 경사진 모래 구릉인지 바위가 많은 암초인지를 보여준다. 또한 따뜻한 열대 해류가 가까이 지나가는지, 아니면 북쪽에서 추운 바닷물이 쳐들어오고 있는지도 미묘하게 알려준다. 해변에 밀려온 바다 쓰레기 더미에는 살아 있는 생물이 거의 없지만, 이는 주변의 모래 해안에서 살아가거나 혹은 먼 바다에서 실려온 수많은 생명체를 넌지시 암시해준다.

해변에 떠밀려온 표류물 속에는 더러 망망대해의 표층수에서 살고 있어야 마땅한 동물이 섞여 있기도 하다. 이런 것을 보면 대부분의 바다 생물은 그들이 살아가는 특정 바닷물의 포로라는 사실을 다시금 떠올리게 된다. 본래의 물길이 수온과 염도의 변화나 바람에 의해 낯선 영역으로 들어서면, 외해의 표층수에서 살고 있어야 하는 동물이 본의 아니게 그 물살에 실려오는 것이다.

호기심에 찬 인류가 세계의 해안을 거닐기 시작한 이래 지난 수세기 동

쇠고둥의 알 띠, 고깔해파리, 큰구슬우렁이, 달랑게

안, 사람들은 조간대까지 떠내려온 부유물 속에서 망망대해로부터 길을 잃은 수많은 미지의 바다 동물을 발견했다. 이처럼 외해와 해안의 신비로운 관련성을 보여주는 것 중 하나가 바로 껍데기가 양의 뿔처럼 생긴 스피룰라(*Spirula*)다. 오랫동안 사람들은 오로지 그것의 껍데기(두세 개의 나선이 느슨하게 꼬인 모습의 작고 흰 껍데기)만을 알고 있었다. 껍데기를 빛에 비춰 보면 여러 개의 방으로 나뉜 것을 알 수 있지만, 이것을 만들고 그 안에서 살아간 동물의 흔적은 좀처럼 찾아보기 어려웠다. 1912년경 살아 있는 스피룰라 표본을 여남은 마리 발견하긴 했으나, 이들이 살던 바다가 대체 어디인지는 끝내 알아내지 못했다. 그러던 차에 덴마크 과학자 요하네스 슈미트(Johannes Schmidt)가 뱀장어의 생애사에 관한 고전적인 연구에 착수했다. 그는 대서양을 오가며 해수면부터 영원히 빛이 들지 않는 바다 깊은 곳까지 여러 층위에서 부유 생물 채집망을 끌어올렸다. 그물에는 그의 연구 대상인 유리처럼 투명한 뱀장어 유생과 함께 다른 동물들도 딸려 나왔는데, 그중에 스피룰라 표본도 상당수 섞여 있었다. 깊이 1600미터 바다의 여러 층위에서 잡힌 녀석들이었다. 스피룰라는 깊이 270~450미터 지대에서 가장 풍부하게 살아가는 듯했다. 거기에서 엄청난 무리를 발견했기 때문이다. 오징어처럼 생긴 이 작은 동물은 다리가 10개이고 몸은 원통형이다. 또 한쪽 끝에는 프로펠러 모양의 지느러미가 달려 있다. 이들은 수족관에 넣으면 제트 엔진을 장착한 것처럼 덜컥덜컥 뒤쪽으로 몸을 놀리며 헤엄친다.

이렇게 깊은 바다에 사는 동물의 잔해가 해변 퇴적물 속에 들어 있다니 신기하지만 그 이유는 자명하다. 스피룰라의 껍데기는 아주 밝은 빛깔이다. 스피룰라는 죽어서 썩기 시작하면 시체가 분해되면서 가스를 분

껍데기가 양 뿔을 닮은 스피룰라

출하기 때문에 껍데기가 표면으로 떠오른다. 연약한 껍데기는 표층수에서 해류를 타고 천천히 떠다니기 시작한다. 천연 '방류병(drift bottle: 본래는 해류 연구가나 조난자가 통신문을 넣어 띄워 보내는 병—옮긴이)'이 되는 것이다. 요컨대 이것이 어느 곳에서 멈추느냐는 그게 어디에 분포하느냐가 아니라 그 껍데기를 실어온 해류의 경로가 어디인지를 말해준다. 스피룰라 자체는 깊은 바다 위쪽에서 살아간다. 아마도 대륙붕단에서 심연으로 내려가는 가파른 대륙사면 위에 가장 풍부하게 존재하는 것 같다. 이들은 세계적으로 이 정도 깊이의 열대와 아열대 지역을 차지하고 있는 것으로 보인다. 우리는 양 뿔처럼 구부러진 스피룰라의 작은 껍데기에서, '나선형 껍데기를 가진 거대한 갑오징어(cuttle fish)'가 바다를 떼 지어 누비고 다니던 쥐라기와 그 이전 시기를 떠오르게 하는 한 가지 특징을 발견할 수 있다. 태평양과 인도양에 사는 앵무조개(pearly nautilus)를 제외한 모든 두족류(cephalopod: 문어·오징어 따위의 동물—옮긴이)는 껍데기를 포기하거나, 아니면 체내 흔적 기관으로 바꿔버렸기 때문이다.

때로 조수에 실려온 바다 쓰레기 더미에는 종잇장처럼 얇은 껍데기가 섞여 있기도 하다. 해안에 밀려온 해류가 모래에 새겨놓은 듯한 잔물결 문양이 흰 표면에 새겨져 있는 껍데기다. 바로 문어와 먼 친척뻘로, 다리가 8개 달린 배낙지(paper nautilus)의 것이다. 배낙지는 대서양과 태평양의 외해에서 살아간다. 이 '껍데기'는 사실 암컷이 새끼를 보호하기 위해 만든 정교한 알집, 즉 요람이다. 암컷 배낙지가 마음대로 드나들 수 있도록 별도로 분리된 구조다. 몸집이 훨씬 더 작은 수컷(암컷의 약 10분의 1밖에 되지 않는다)은 껍데기를 분비하지 않는다. 그리고 다른 몇몇 두족류와 마찬가지로 희한한 방식으로 암컷을 수정시킨다. 즉 엄청난 정포(精包)가 들어 있는 다리들 가운데 하나가 분리되어 암컷의 외투강 속으로 들어가는 것이다. 배낙지 수컷은 오랫동안 주목받지 못했다. 19세기 초 프랑스 동물학자 조르주 퀴비에(George Cuvier)는 그 떨어져 나온 다리에 관해서는 잘 알고 있었지만, 그것을 기생충 같은 독립된 별개의 동물로 여겼다. 배낙지는 올리버 웬들 홈스(Oliver Wendell Holmes)의 유명한 시에 나오는 앵무조개가 아니다. 같은 두족류이긴 하나 앵무조개는 다른 분류군에 속하며,

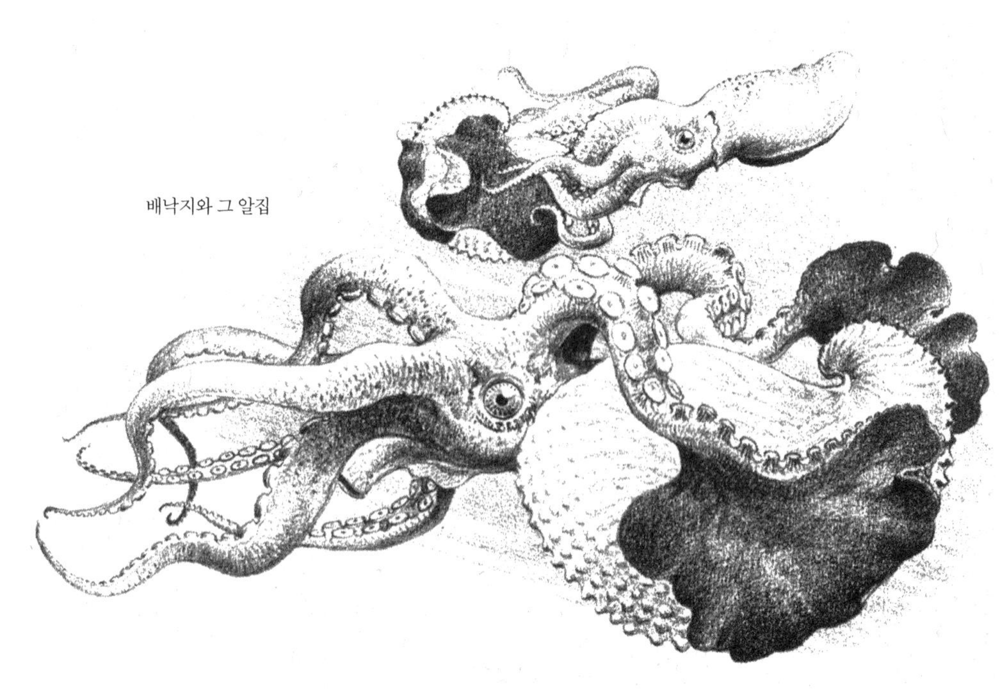
배낙지와 그 알집

외투막에서 분비한 진짜 껍데기를 지니고 있다. 열대 바다에서 살아가는 배낙지는 스피룰라처럼 중생대 바다를 지배하던, 나선형 껍데기를 가진 대형 연체동물의 후예다.

폭풍이 불면 열대 바다에 사는 수많은 동물이 길을 잃는다. 나는 언젠가 노스캐롤라이나주 낵스(Nags)갑의 조개껍데기 상점에서 아름다운 보랏빛의 보라고둥(*Janthina*)을 구입하려 한 적이 있었다. 그런데 상점 주인은 유일하게 남은 표본이라면서 팔지 않으려 했다. 주인의 이야기를 듣고서야 그 까닭을 납득할 수 있었다. 여자 주인은 허리케인이 휩쓸고 지나간 해변에서 여전히 망가지지 않은 채 기적적으로 물에 떠 있는 살아 있는 보라고둥을 발견한 일이며, 궁지에 몰린 그 작은 동물이 자신에게 닥친 재난에 맞서 유일한 방어 기제를 동원하며 주위 모래를 보랏빛으로 물들이던 광경을 들려주었다. 훗날 나는 키라고섬의 산호석에 난 홈에서 엉겅퀴 관모처럼 환한 빛깔의 빈 보라고둥 껍데기를 하나 발견했다. 잔잔한 조수에 실려와 거기에 살포시 내려앉은 것이다. 하지만 낵스갑에서 만난 그 상점 주인만큼 운이 좋은 적은 없었다. 살아 있는 보라고둥은 단 한 번도 보지 못했으니 말이다.

외해에 살면서 바다 표면을 떠다니는 보라고둥은 뽀글뽀글한 거품으로 만든 뗏목 아래 대롱대롱 매달려 있다. 이들은 점액을 분비해 뗏목을 만든다. 점액이 기포를 붙잡아 빳빳한 셀로판처럼 단단하고 맑은 물체로 바꾸는 것이다. 번식기가 되면 보라고둥은 1년 내내 물 위에 떠 있을 수 있도록 도와주는 뗏목 아래쪽에 알집을 꽉 붙들어 맨다.

다른 대다수 고둥처럼 보라고둥도 육식동물이다. 먹이는 작은 해파리, 갑각류, 작은 조개삿갓(goose barnacle), 그 밖의 동물성 플랑크톤이다. 이

기포로 이루어진 뗏목에 매달려 있는 보라고둥

따금 하늘에서 갈매기가 불시에 달려들어 보라고둥을 채가기도 한다. 그러나 대부분의 경우 여기저기 떠다니는 바다 거품과 거의 구분할 수 없는 거품 뗏목이 훌륭한 은신처 역할을 하는 것 같다. 필경 밑에서 올라오는 또 다른 적도 있을 텐데, 그때는 뗏목 아래에 매달린 보라고둥 껍데기의 청보라색이 도움을 준다. 표층수나 그 부근에 살아가는 동물이 아래에서 올려다보는 적의 눈을 속이는 데 유용한 색깔이기 때문이다.

북상하는 강한 멕시코 만류는 돛을 단 함대처럼 표층에 떠서 살아가는 생명체, 즉 외해에서 살아가는 기이한 강장동물인 관해파리류(siphonophore: 아래에서 소개하는 고깔해파리와 벨렐라가 이 관해파리류에 속한다—옮긴이)에 영향을 끼친다. 역풍이 불거나 바닷물이 역류하면 작은 배처럼 생긴 관해파리류는 이따금 얕은 바다로 떠밀려와 해변에 버려진다. 이런 일은 남쪽에서는 심심찮게 일어나는데, 뉴잉글랜드 남부 해안에서도 더러 길을 잃고 멕시코 만류에 실려온 관해파리류를 볼 수 있다. 낸터킷 서쪽의 얕은 바다는 이들을 끌어 모으는 덫 역할을 한다. 이렇듯 길을 잃은 생명체 중에는 아름다운 고깔해파리(Portuguese man-of-war, *Physalia*)의 하늘색 돛도 섞여 있다. 이 고깔해파리는 거의 모든 사람에게 잘 알려져 있다. 너무도 눈에 잘 띄는 물체라 해변을 거니는 사람이라면 누구나 그들의 모습을 놓칠 수 없기 때문이다. 반면 벨렐라(purple sail, *Velella*)를 아는 이들은 그보다 적다. 크기가 훨씬 작고, 일단 해안에 밀려오면 순식간에 말라버려 식별하기 어려워지는 탓이다. 고깔해파리와 벨렐라는 둘 다 전형적으로 열대 바다에서 살아가지만, 이따금 따뜻한 멕시코 만류를 타고 멀리 영국 해안까지 건너가 어떤 해에는 그곳에 무수히 등장하기도 한다.

타원형 부낭처럼 생긴 벨렐라는 살아 있을 때면 아름다운 푸른색으로, 부낭을 가로질러 볏처럼 생긴 돛이 봉긋 솟아 있다. 벨렐라의 타원형 몸판은 가로 4센티미터, 세로 2센티미터 정도다. 이는 하나의 동물이 아니라 서로 분리되지 않는 여러 개체가 한데 어우러진 군체다. 즉 단 하나의 수정란에서 비롯된 여러 마리 후손이다. 다양한 개체들은 저마다 다른 기능을 수행한다. 먹이 활동을 총괄하는 개체 하나가 부낭의 중앙에 대롱대롱 달려 있고, 생식을 담당하는 개체들이 그 주위에 몰려 있다. 부낭 가장자리 주변으로는 긴 촉수 모양의 먹이 담당 개체들이 몸을 아래로 늘어뜨린 채 작은 치어를 낚는다.

더러 바람과 해류의 패턴이 기이하게 맞아떨어져 수많은 고깔해파리를 한데 모아 주면 멕시코 만류를 가로지르는 선박에서

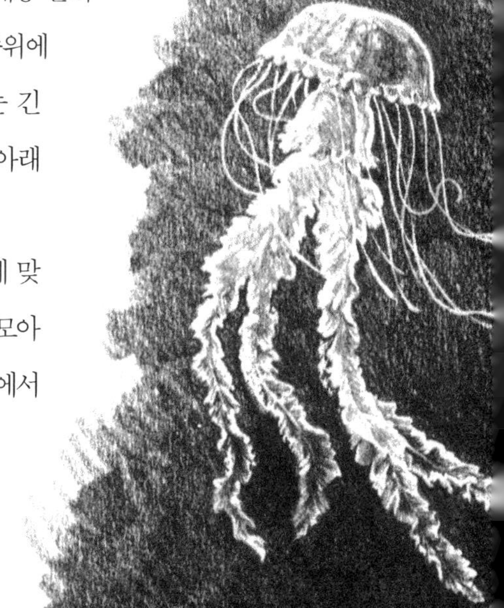

남쪽에서 흔히 볼 수 있는 대양해파리

떼 지어 떠다니는 녀석들의 함대를 볼 수 있다. 그러면 몇 시간, 혹은 며칠 동안 고깔해파리들과 함께 항해를 계속하게 된다. 부낭, 즉 돛이 기단을 가로질러 비스듬하게 나 있는 관해파리류는 마치 순풍을 타고 달리는 배 같다. 맑은 바닷물을 내려다보면 부낭 아래쪽으로 뻗어 있는 촉수가 보인다. 고깔해파리는 유망(流網)을 달고 다니는 작은 어선 같다. 하지만 이 '망'은 몇 가닥의 고압 전선과 같으므로 재수 없게 걸려들어 촉수에 쏘이면 대부분의 물고기와 작은 동물은 살아남지 못한다.

고깔해파리의 본성이 어떤지 파악하기란 어렵다. 실제로 이들의 생태에 관해서는 거의 알려진 게 없다. 다만 벨렐라와 마찬가지로, 하나의 개체처럼 보이는 것이 실은 수많은 개체가 모여서 형성된 군체라는 점만큼은 확실하다. 물론 각 개체는 다른 개체와 떨어져 독립적으로 살아갈 수 없다. 고깔해파리의 부낭과 기단은 하나의 개체로 여겨진다. 그 밑으로 뻗어 있는 긴 촉수들은 저마다가 개체인 또 다른 개체군이다. 먹이를 잡는 촉수는 큰 표본일 경우 길이가 무려 12~15미터에 이르기도 하는데, 거기에는 자세포(刺細胞)가 빼곡하다. 그 자세포가 독을 쏘므로 고깔해파리는 모든 강장동물을 통틀어 가장 위험하다.

해안에서 해수욕하는 사람은 이들의 촉수에 살짝 스치기만 해도 호되게 매질을 당한 듯한 자극을 얻는다. 심하게 쏘일 경우에는 목숨을 잃기도 한다. 이 독성의 특징이 정확히 무엇인지는 알 길이 없다. 어떤 이들은

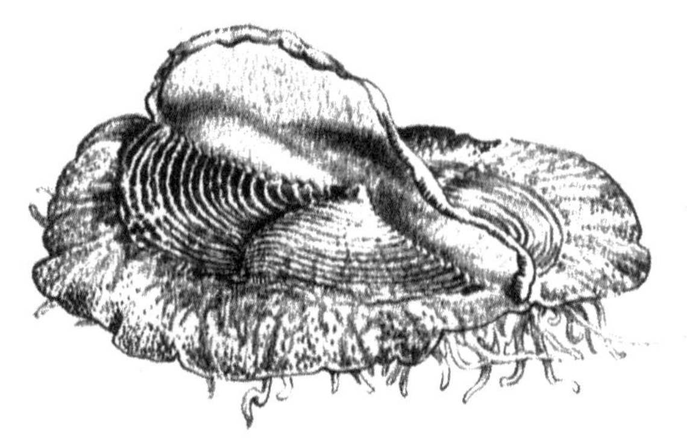
벨렐라

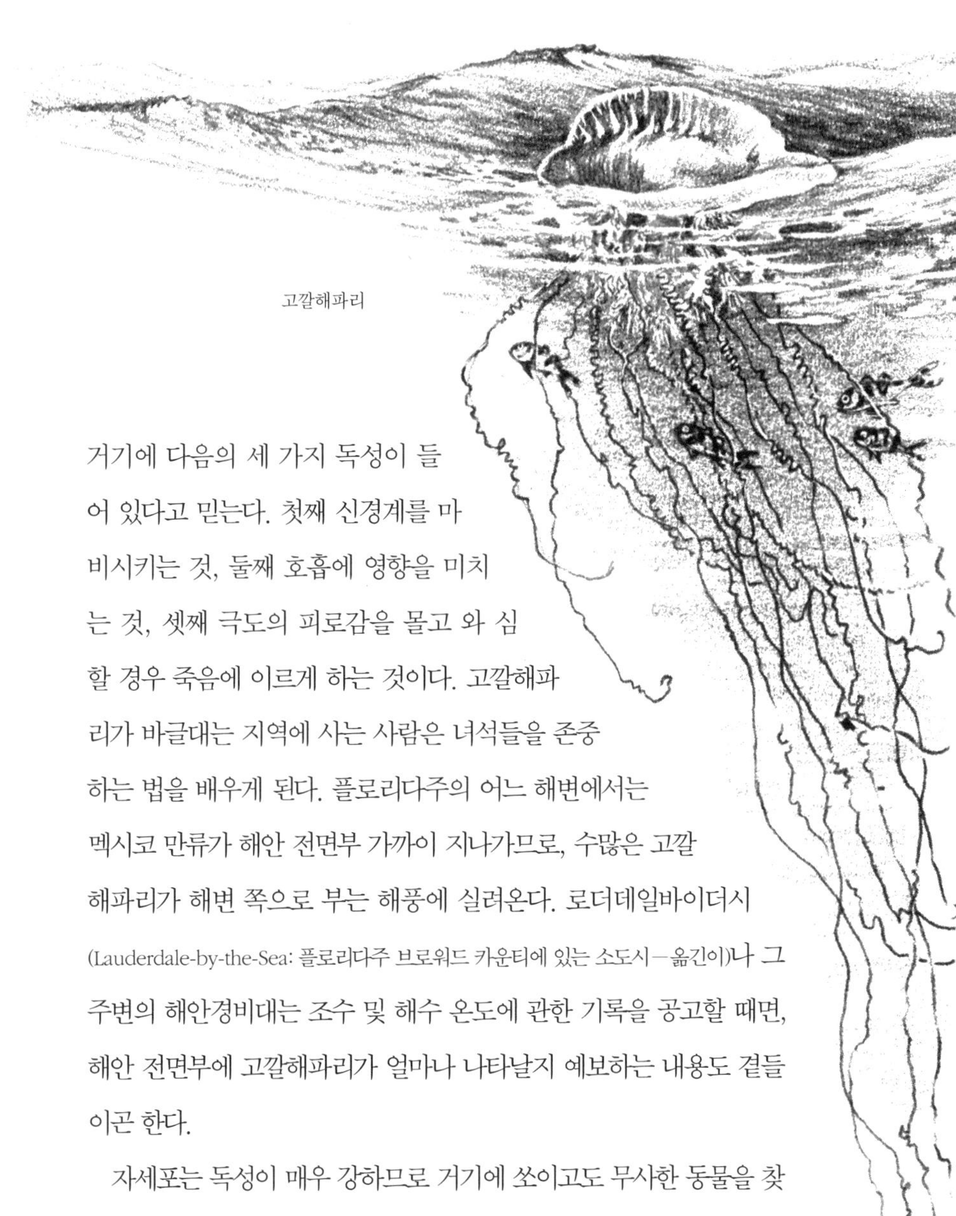

고깔해파리

거기에 다음의 세 가지 독성이 들어 있다고 믿는다. 첫째 신경계를 마비시키는 것, 둘째 호흡에 영향을 미치는 것, 셋째 극도의 피로감을 몰고 와 심할 경우 죽음에 이르게 하는 것이다. 고깔해파리가 바글대는 지역에 사는 사람은 녀석들을 존중하는 법을 배우게 된다. 플로리다주의 어느 해변에서는 멕시코 만류가 해안 전면부 가까이 지나가므로, 수많은 고깔해파리가 해변 쪽으로 부는 해풍에 실려온다. 로더데일바이더시(Lauderdale-by-the-Sea: 플로리다주 브로워드 카운티에 있는 소도시—옮긴이)나 그 주변의 해안경비대는 조수 및 해수 온도에 관한 기록을 공고할 때면, 해안 전면부에 고깔해파리가 얼마나 나타날지 예보하는 내용도 곁들이곤 한다.

자세포는 독성이 매우 강하므로 거기에 쏘이고도 무사한 동물을 찾기란 어렵다. 그런데 노메우스(*Nomeus*)라는 작은 물고기는 예외다. 이들은 늘 고깔해파리의 그늘에서만 살아가므로, 다른 상황에서는 결코 발견할 수 없다. 노메우스는 아무런 해도 입지 않고 고깔해파리의 촉수 사이를 휙휙 오간다. 아마도 이런 식으로 적의 공격을 피하려는 의도인 것 같다. 그 보답으로 노메우스는 고깔해파리의 사정권 안으로 다른 물고기를 꼬드긴다. 그렇다면 이들의 안전은 어떻게 될까? 노메우스는 진짜 독성에 면역력을 지니고 있을까, 아니면 그저 지독스레 아슬아슬한 줄타기를 하는 것일까? 일본의 한 연구자는 몇 년 전, 노메우스가 독성을 지닌 촉수의 일부를 야금야금 뜯어 먹음으로써 평생에 걸쳐 그 독에 차츰 익숙해져 면역력을 갖게 되었다고 밝힌 바 있다. 그러나 최근 들어 일부 연구자는 노메우스에겐 그 어떤 면역력도 없으며, 살아 있는 노메우스는 하나같이 너무도 운 좋은 녀석들일 따름이라고 주장했다.

고깔해파리의 돛, 즉 부낭은 이른바 가스샘에서 분비된 가스로 가득 차 있다. 가스는 대개 질소(85~91퍼센트)와 소량의 산소 그리고 극미량의 아르곤으로 이뤄져 있다. 관해파리류 중 일부는 해수면 상황이 좋지 않을 경우 공기주머니의 공기를 빼 깊은 바닷속으로 가라앉기도 한다. 그러나 고깔해파리는 그러지 못하는 게 분명하다. 다만 공기주머니의 팽창 정도나 위치를 조절할 수는 있다. 언젠가 사우스캐롤라이나주 해변에 밀려온 중간 크기의 고깔해파리를 발견했을 때, 이런 사실을 똑똑히 확인할 수 있었다. 나는 바닷물을 담은 양동이에 밤새 녀석을 넣어놓은 뒤 다시 바다로 돌려보내려 했다. 조수가 빠져나갈 때 독을 쏘는 능력을 존중하는 마음에서 그대로 양동이에 담은 채 을씨년스러운 3월의 바다로 걸어갔다. 그리고 할 수 있는 한껏 멀리 던졌다. 계속해서 들어오는 파도가 녀석을 거듭 얕은 바다로 밀어냈다. 고깔해파리는 더러는 내 도움으로, 더러는 혼자 힘으로 해변에 불어오는 남풍을 타고 돛의 형태와 위치를 확실하게 바로잡으며 다시 바다 쪽으로 향했다. 어느 때는 성공적으로 들어오는 파도를 넘고, 또 어느 때는 얕은 바닷물에 갇히고 떠밀리면서 제자리걸음을 했다. 그러나 어려움을 겪든 잠깐의 성공을 즐거워하든 녀석의 태도에 마지못한 기색은 조금도 없었다. 마치 상황을 자각하고 있는 듯한 인상을 강하게 풍겼다. 무력하게 떠다니는 부유물이 아니라 제 운명에 맞서 백방으로 애쓰는 생명체였던 것이다. 마지막으로 해변 한참 위쪽까지 떠밀려 온 그 작고 푸른 돛을 보았을 때, 녀석은 다시 바다로 떠날 기회를 엿보면서 바다 쪽을 바라보고 있었다.

해변에 버려진 바다 쓰레기 더미를 보면 표층수의 유형이 드러나지만, 다른 한편 그만큼이나 분명하게 연안해 해저의 특색이 어떤지도 짐작할 수 있다. 뉴잉글랜드 남부에서 플로리다주 최남단까지 수천 킬로미터에 이르는 육지에는 모래밭이 끝없이 이어진다. 모래밭은 해변 위쪽에 자리한 마른 사구부터 바닷물에 잠긴 대륙붕까지 드넓게 펼쳐져 있다. 그러나 이 모래 세계 도처에 암석 지대가 숨어 있다. 그중 하나는 부서지고 조각난 암초와 바위 턱이 띠처럼 이어진 곳으로, 노스캐롤라이나주와 사우스캐롤라이나주에서 약간 떨어진 초록빛 바다에 잠겨 있다. 일부는 해안 전면부 가까이에 있고, 또 일부는 멀리 멕시코 만류의 서쪽 가장자리까지 진출하기도 했다. 어부들은 이 숨겨진 암석 지대를 '검은 암석'이라고 부른다. 거기에 블랙피시(blackfish)가 모여 살기 때문이다. 가장 가까운 조초산호(reef-building coral, 造礁珊瑚: 산호초를 만드는 산호를 통틀어 이르는 말—옮긴이)는 그곳에서 수백 킬로미터 떨어진 플로리다주 남부에서 발견되지만, 해도는 이곳을 '산호' 지대라고 표기하고 있다.

1940년대에 이르러서야 듀크 대학에서 생물학을 연구하는 잠수부들이 이 암초 지대를 탐사한 뒤, 이는 산호가 아니라 이회토라고 알려진 부드러운 암석이 드러난 것이라고 밝혔다. 수천 년 전인 중신세(中新世)에 만들어졌으며, 그 위로 여러 층의 침전물이 쌓인 뒤 해수면이 상승하면서 물에 잠겼다는 것이다. 듀크 대학의 잠수부들에 따르면 물에 잠긴 이 암초는 낮은 암석 덩어리인데, 어떤 곳은 모래 위로 1미터 정도 솟아오르고, 또 어떤 곳은 평평하게 깎여나가 너울거리는 갈조류 모자반(sargassum)이 그 위에 숲을 이루기도 한다. 깊게 갈라진 암석 틈에는 또 다른 해조가 붙어산다. 암석 대부분은 신기한 바다 동식물에 뒤덮여 있다. 돌처럼 단단한 산호말(그 친척들은 뉴잉글랜드의 저조선 부근 암석을 회색빛 감도는 핑크빛으로 물들인다)이 드러난 암초 윗부분에 피각을 형성하고, 거기에 난 틈새를 메우고 있다. 암초는 대부분 비틀리고 구불구불한 석회질 관들로 이뤄진 두터운 층에 덮여 있다. 이는 살아 있는 고둥이나 관을 만드는 갯지렁이의 작품으로, 오래된 화석암의 석회질층을 형성한다. 그리고 해를 거듭하면서 해조와 고둥과 갯지렁이의 관 잔해가 서서히 암초 구조물에 더해진다.

해조나 갯지렁이의 관으로 뒤덮이지 않은 암초에는 천공 연체동물〔이를테면 돌맛조개, 폴라스조개(piddock), 그 밖의 작은 천공 조개들〕이 구멍을 뚫는다. 미세한 바다 생물을 잡아먹는 동안 들어가서 살 거처다. 암초가 단단하게 받쳐주므로, 물결에 날리는 모래와 토사로 이뤄진 단조로운 풍광 속에서 다채로운 색깔의 향연이 펼쳐진다. 주황색·빨간색·황토색 해면이 암초 위에 넘실거리는 해류 속으로 가지를 뻗는다. 암초에서 뻗어 나온 히드라충이 부서질 듯 가냘픈 가지를 하늘거린다. 그리고 번식기에는 이들의 옅은 색 '꽃' 속에서 작은 해파리가 헤엄쳐 나온다. 주황색과 노란색의 부채뿔산호(gorgonian)는 키가 크고 억센 풀처럼 생겼다. 여기에는 덤불 모양의 기이한 이끼벌레가 살아간다. 거친 젤리 모양을 한 이들의 가지에는 수천 개의 작은 폴립이 있고, 이 폴립들이 먹이를 잡아먹으려고 촉수 달린 머리를 내민다. 이끼벌레는 이따금 부채뿔산호 주위에서 살아가는데, 그럴 때면 그 모습이 마치 칙칙하고 뻣뻣한 중심부를 에워싼 회색 단열재처럼 보인다.

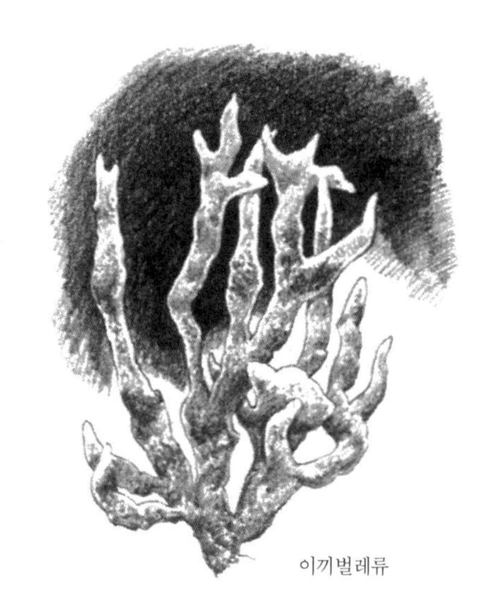
이끼벌레류

암초가 없다면 이런 유형의 동물은 하나같이 모래 해안에서 살아가기 어려울 것이다. 그러나 지질 역사라는 환경이 변함에 따라 중신세의 암석이 이 천해의 해저에 노출된 결과, 해류에 떠다니던 동물 유생은 끊임없이 고형체를 찾아다니던 탐색을 여기서 비로소 멈출 수 있었다.

사우스캐롤라이나주 머틀비치(Myrtle Beach) 같은 곳에서는 폭풍이 불고 나면 거의 예외 없이 암초에 거주하는 생명체가 조간대 모래밭에 등장한다. 이들의 출현은 연안해의 바닷물이 극심하게 요동쳤음을 분명하게 말해준다. 수천 년 전 바닷속에 깊이 잠긴 이래 쇄파의 심통이라고는 모르고 살아온 오래된 암석에까지 파도가 기세 좋게 밀려든 것이다. 폭풍파는 그곳에 착생하는 수많은 동물을 삶터에서 몰아냈으며, 기생·공생이 아니라 독립생활을 하는 동물 일부를 휩쓸어가 버렸다. 그런 다음 이들을 실어다 계속 바다가 얕아지는가 싶더니 결국 바닷물은 없고 모래 해변만 남은 낯선 세계에 부려놓았다.

나는 북동쪽에서 몰아치는 폭풍의 여파로 살을 에는 듯한 바람이 부는 해변을 걸어본 적이 있다. 파도가 수평선 위로 넘실대고 바다는 차가운

납빛을 띠었다. 그곳에서 해변에 널브러져 있는 밝은 주황색의 나무해면(tree sponge) 무더기, 그보다 작은 초록색·빨간색·노란색의 갖가지 해면, 반투명한 주황색·빨간색·회백색의 만두멍게 덩어리, 울퉁불퉁한 감자처럼 생긴 우렁쉥이, 그리고 여전히 부채뿔산호의 얇은 가지를 물고 있는 진주조개(pearl oyster)를 보고 깊은 감동을 받았다. 이따금 살아 있는 불가사리를 만나기도 했다. 암석에 붙어사는 짙붉은 남부형 불가사리였다. 언젠가는 파도에 떠밀려와 젖은 모래밭에서 몸부림치는 문어 한 마리를 본 적도 있다. 여전히 숨이 붙어 있었던 것이다. 해안을 향해 부서지며 달려드는 파도 너머로 던져주자 녀석은 쏜살같이 내뺐다.

머틀비치를 비롯해 연안해에 이런 암초가 존재하는 곳이라면 어느 모래밭에서든 오래된 암초 조각을 발견할 수 있다. 이회토는 시멘트처럼 생긴 단조로운 회색 암석으로, 연체동물이 뚫어놓은 구멍이 숭숭 나 있고, 이따금 그 껍데기가 박혀 있기도 하다. 구멍을 내는 동물의 수는 언제나 무수히 많다. 따라서 해저 암반에서는 단단한 표면을 서로 차지하려는 경쟁이 치열할 테고, 수많은 유생이 살아갈 근거지를 마련하는 데 실패할 것이라고 짐작할 수 있다.

해안에서는 덩어리 크기가 저마다 다르고, 또 이회

군체를 이루는 우렁쉥이속(屬) 만두멍게

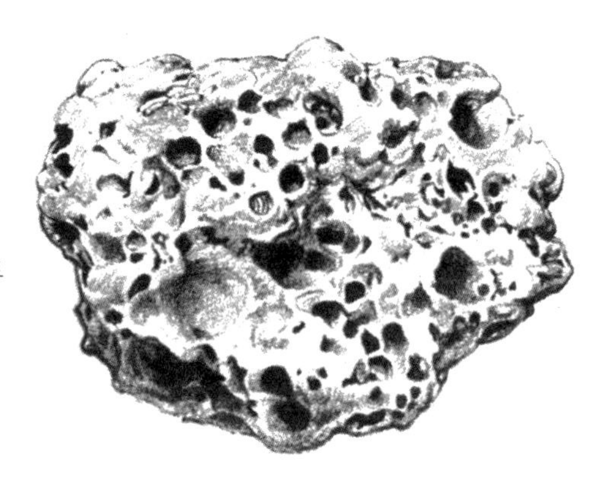

연안해의 산호초에서 얻은 이회토

토보다 훨씬 더 풍부하게 존재하는 또 다른 종류의 '암석'도 찾아볼 수 있다. 구불구불한 작은 통로들이 빽빽이 들어찬 벌집 모양의 태피(taffy) 사탕 같은 구조다. 사람들은 해변에서 처음 이 암석을, 특히 모래에 절반쯤 묻혀 있을 때 발견하면, 찬찬히 살펴보고 나서 암석처럼 딱딱하다는 걸 확인하기 전까지는 거의 해면의 일종으로 착각하곤 한다. 그러나 이는 광물질에서 생겨난 게 아니라 몸이 검고 머리에 촉수가 달린 작은 바다 갯지렁이가 만든 것이다. 군집 생활을 하는 이 갯지렁이는 석회질의 기질을 주위에 분비한다. 이것이 굳어 단단한 암석이 되거나, 암초를 두껍게 뒤덮거나, 암석 바닥 위에 단단한 덩어리를 구축하는 것 같다. 이 독특한 '갯지렁이 암석'은 머틀비치에서 내가 구해온 표본을 보고 올가 하르트만(Olga Hartman) 박사가 "'기질을 만드는 다모류(*Dodecaceria*)'인데, 이들의 가장 가까운 친척이 태평양과 인도양에서 살고 있다"고 밝히기 전까지는 대서양 해안에서 잘 알려지지 않았다. 이 특별한 종은 언제 어떻게 대서양에 도착했을까? 이들은 얼마나 광범위하게 분포하고 있을까? 이를 비롯한 수많은 질문은 아직 해결되지 않은 채 남아 있다. 이들의 존재는 우리의 지식이 오직 제한된 범위에 그치며, 우리가 오직 한정된 지식의 창을 통해서만 미지의 세계를 들여다볼 따름임을 알려주는 또 하나의 예다.

노스캐롤라이나주·사우스캐롤라이나주 해변에서 발견한
이른바 '갯지렁이 암석'

고조 때 바닷물이 하루 두 차례씩 돌아오는 지대 위쪽에 자리한 조상대에서는 모래밭이 바짝 말라 있다. 그래서 열을 과하게 받는다. 그중에서도 가장 건조한 지역은 몹시 메말라서 생명체를 유인하는 것은 고사하고 삶을 가능케 해주는 것조차 찾아볼 수 없다. 건조한 모래 알갱이는 서로 몸을 비빈다. 바람이 모래를 휘감아 해안 위쪽 옅은 안개 속으로 몰고 온다. 바람에 실려온 까칠까칠한 모래 알갱이는 떠다니는 목재를 때려 은빛으로 반짝이게 하고, 버려진 나무의 기둥을 반질반질 윤나게 만들고, 해변에서 둥지를 틀고 살아가는 새들을 성가시게 한다.

이 지역에는 거의 아무런 생명체도 살아가지 않지만, 뭇 생명체를 떠오르게 하는 것은 적지 않다. 고조선 위쪽에 자리한 이곳은 모든 연체동물의 빈 조개껍데기가 비로소 여정을 끝내는 장소다. 노스캐롤라이나주의 섀클포드(Shackleford) 사주, 혹은 플로리다주 새니벌(Sanibel)섬에 연해 있는 해변에 가보면 연체동물이 바닷가에서 살아가는 유일한 거주민이 아닌가 싶을 지경이다. 해안에 널린 이들의 잔해는 부스러지기 쉬운 게나 성게, 불가사리의 잔해가 원소로 분해되고도 한참 뒤까지 오래도록 남아 거의 해안을 독점하고 있다. 우선 이 껍데기들은 파도에 의해 해변 아래쪽에 떨구어진다. 그런 다음 조수가 오르내림에 따라 모래밭을 지나 고조가 최고로 차오르는 지점까지 서서히 올라온다. 이들은 날려온 모래 아래 묻히거나, 거세게 불어닥치는 폭풍파에 다시 쓸려가기 전까지는 계속 이곳에 남아 있을 것이다.

조개껍데기 더미가 어떻게 이뤄지는지는 남쪽이냐 북쪽이냐에 따라 다르다. 이는 거기에 모여 살던 연체동물의 종류가 다르다는 것을 의미한다. 뉴잉글랜드 북부 암석 해안 중간중간의 자갈투성이 모래밭에는 예외 없이 홍합과 총알고둥 껍데기가 가득하다. 그리고 보호받는 코드곶 해변을 생각하면 내 기억 속에는 조수에 실려 살랑거리던 가랑잎조개(jingle shell) 껍데기가 떠오른다. 마치 비늘 조각처럼 얄팍해서 안에 무슨 생명체가 살아갈 공간이 있을까 싶은 껍데기가 비단 광택을 뽐내던 모습 말이다. 해안의 부유물 속에서는 이들의 반반한 아래쪽 껍데기(여기에는 가랑잎조개를 암석이나 다른 동물의 껍데기에 붙여주는 튼튼한 족사가 지나다닐 수 있도록 구멍이 하나 뚫려 있다)보다 불룩한 위쪽 껍데기가 더 자주 눈에 띈다. 다채로운 가랑잎조개의 은색·금색·살구색 껍데기는 이곳 북부 해안을 독차지

가랑잎조개

침배고둥

하다시피 한 홍합의 짙푸른 색과 극명한 대조를 이룬다. 그리고 떠밀려온 부챗살 모양의 가리비(scallop) 껍데기와 돛대가 하나 달린 배〔船〕 같은 희고 작은 침배고둥(boat shell) 껍데기가 해변 곳곳에 흩어져 있다. 침배고둥은 신기하게 손질한 것처럼 아래쪽 껍데기에 작은 '반쪽짜리 갑판'이 달려 있다. 침배고둥은 흔히 예닐곱 개의 개체가 줄지어 동료들 몸에 붙어 산다. 침배고둥 각 개체는 일평생 처음에는 수컷이었다가 나중에 암컷이 된다. 서로 사슬처럼 몸을 붙인 개체 중 언제나 아래쪽에 있는 것은 암컷이고, 위쪽에 있는 것은 수컷이다.

뉴저지주 해안이나 메릴랜드주와 버지니아주 연안 섬에서 발견되는 조개껍데기는 크기가 무척 크고 장식 성격을 띠는 돌기가 없는데, 거기에는 다 그럴 만한 이유가 있다. 즉 바람에 날리는 모래로 이루어진 연안해의 세계는 끊임없이 해안으로 밀려드는 파도에 심하게 시달리는 것이다. 함박조개(surf clam) 껍데기가 두꺼운 것도 파도의 힘에 맞서려는 자구책이다. 또한 이들 해안에는 중무장한 쇠고둥, 매끄러운 구형의 큰구슬우렁이 껍데기가 도처에 흩뿌려져 있다.

사우스캐롤라이나주 해안 지대는 피조개(ark clam) 껍데기가 다른 종보다 훨씬 더 많은 것으로 보아 피조개 몇 종이 거의 점령한 듯하다. 피조개 껍데기는 형태가 다양하긴 하나, 길고 곧은 관자를 지니고 있으며 단단하다. 폰데로사피조개(*Noetia ponderosa*)는 짧은 수염 모양의 검은 외각층(몇몇 연체동물의 껍질 바깥쪽을 싸고 있는 키틴질 비슷한 막—옮긴이)에 싸여 있다. 외각층은 신선한 것일수록 더 무성하고, 해변에서 부대낀 것일수록 더 성기다. 터키윙(turkey wing)은 색깔이 화사한 피조개로 노란빛이 감도는 껍데기에 붉은 줄무늬가 그어져 있다. 터키윙 역시 외각층이 두껍고, 연안해의 깊은 바위틈에서 암석이나 기타 지지물에 억센 족사로 몸을 칭칭 동여맨 채 살아간다. 몇몇 피조개, 가령 작은 트랜스버스피조개(transverse ark)와 피가 붉은 몇 안 되는 연체동물 중 하나인 꼬막(bloody clam) 덕분에 연체동물의 서식지가 뉴잉글랜드까지 넓어지긴 했지만, 피조개 분류군이 주류를 이루는 것은 역시 남부 해변이다. 플로리다주 서부 연안에 있는 유명한 새니벌섬은 조개껍데기 종류가 대서양 연안의 그 어떤 곳보다 다채로움에도 불구하고 해안 퇴적물의 약 95퍼센트를 피조개 껍데기가 차지하고 있다.

키조개(pen shell)는 해터러스곶과 룩아웃곶 아래쪽 해변에도 무더기로 나타나지만, 그래도 역시나 플로리다주의 멕시코만 연안에 가장 많이 산다. 잔잔한 겨울 날씨임에도 새니벌섬 해변에 키조개 껍데기가 몇 트럭

폰데로사피조개

분 널브러져 있는 광경을 본 적이 있다. 거친 열대성 허리케인 탓에 껍데기가 가벼운 이 연체동물이 믿을 수 없으리만치 처참하게 파괴된 것이다. 새니벌섬은 해변이 멕시코만 쪽으로 24킬로미터가량 펼쳐져 있다. 이 기다란 해변에는 폭풍이 한 번 몰아쳤다 하면 약 100만 개의 키조개 껍데기가 실려오는 것으로 추정된다. 9미터 아래 해저까지 미친 파도에 휩쓸린 것들이다. 바스러지기 쉬운 키조개 껍데기는 폭풍파 속에서 서로 몸을 부대낀다. 그중 상당수가 부서지지만 심하게 상하지 않은 조개라 하더라도 바다로 돌아갈 방도는 없다. 이들은 그렇게 해변에서 명을 다한다. 이 사실을 알고 있기라도 하듯 이들 속에서 공생하는 속살이게들이 침몰하는 배에서 빠져 나오는 쥐 떼처럼 조개껍데기 밖으로 기어 나온다. 그럴 때면 당혹감이 완연한 속살이게 수천 마리가 쇄파 속에서 허우적대는 모습을 볼 수 있다.

키조개는 몸을 고정하기 위해 질감이 특이한 금색 광택의 족사를 잣는다. 옛날 사람들은 지중해 키조개의 족사로 금색 옷감을 짜기도 했다. 옷감이 어찌나 곱고 부드러운지 반지 속을 들락날락할 수 있을 정도다. 이 산업은 이오니아(Ionia)해에 있는 이탈리아 타란토(Taranto)에서 지금까지도 면면히 이어져오고 있다. 타란토에서는 이 천연 직물로 장갑을 비롯한 작은 의류를 만들어 관광객에게 기념품이나 수집품으로 판매한다.

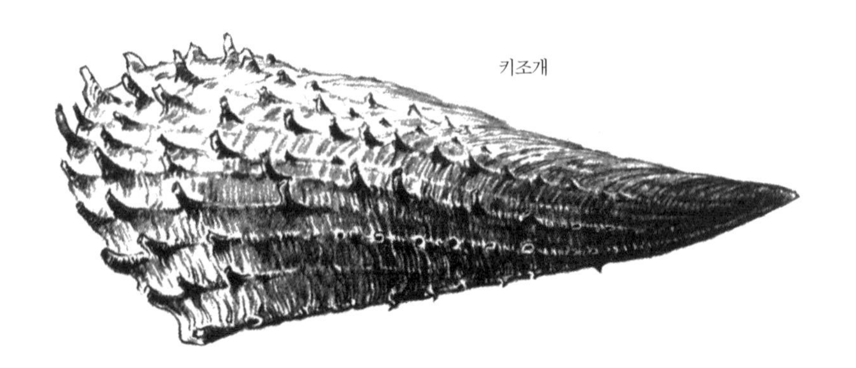
키조개

우줄기

위쪽 해변의 바다 쓰레기 더미에서 망가지지 않은 우줄기 껍데기를 발견하는 것은 흔치 않은 일이다. 우줄기 껍데기는 더없이 연약하고 으스러지기 쉬워 보이지만, 이 새하얀 조개는 살아 있으면 단단한 진흙인 토탄에 구멍을 뚫을 수도 있다. 우줄기는 천공 조개 가운데 최강자다. 매우 긴 흡관이 있으며, 이 흡관으로 바닷물을 빨아들이고 내뱉으면서 토탄에 깊이 구멍을 낸다. 나는 버저즈(Buzzards)만의 토탄 지대에 구멍을 파고 그 안에 들어앉아 있는 우줄기를 본 적이 있다. 뉴저지주 해안에서는 토탄이 드러난 해변에서 이들을 발견하기도 했다. 그러나 버지니아주 북쪽에서는 우줄기가 일부 지역에서만, 그것도 매우 적은 개체만 살아간다.

깨끗한 빛깔, 부서질 듯한 생김새가 특징인 우줄기는 생애 내내 진흙 속에 묻혀 살아간다. 이들의 아름다움은 마침내 숨을 거둔 뒤 껍데기가 파도에 실려 해변으로 밀려오기 전까지 사람들 눈에 띄지 않게끔 운명 지어진 듯하다. 이들은 어두운 감옥 안에 한층 더 신비로운 아름다움을 숨기고 있다. 우줄기는 적의 위협을 피해, 혹은 다른 동물의 눈에 띄지 않도록 숨어서 이상한 초록빛을 내며 홀로 반짝인다. 왜? 누구의 눈을 즐겁게 해주려고 그러는 걸까?

해변 부유물 속에는 우줄기 껍데기뿐 아니라 형태나 질감이 신비로운 다른 물체도 보인다. 다양한 형태와 크기의 평평하고 단단한, 혹은 조개

껍데기 모양의 체판은 바다우렁이의 딱지다. 바로 바다우렁이가 조개껍데기 안으로 들어가면서 입구를 닫을 때 쓰는 보호용 문이다. 딱지는 어떤 것은 둥글고, 어떤 것은 나뭇잎 모양이고, 또 어떤 것은 가늘고 굽은 단도처럼 생겼다. 〔남태평양의 '고양이의 눈(cat's eye)'은 한 고둥 종의 딱지인데, 사내애들이 가지고 노는 구슬처럼 반짝이고 한쪽 표면이 둥글다.〕 다양한 종들의 딱지는 형태·성분·구조가 저마다 특징적이라 종을 식별하는 데 더없이 요긴한 도구다.

조수에 실려온 부유물에는 다양한 바다 생물이 삶의 첫 며칠을 보낸 뒤 버린 빈 알집도 많다. 이들은 형태도 성분도 제각기 다양하다. 검은 '인어의 지갑(mermaid's purse)'은 홍어(skate)의 빈 알집이다. 평평하고 딱딱한 사각형 모양으로 2개의 길고 구부러진 갈퀴, 즉 덩굴손이 양쪽 가장자리에 뻗어 있다. 어미 홍어는 이 덩굴손으로 수정란이 들어 있는 망을 연안해 바닥의 해조에 붙인다. 성장하고 부화한 새끼 홍어가 내버린 어릴 적 집은 이따금 해변까지 밀려온다. 중심 줄기에 양피지로 만든 것 같은 얇은 용기가 매달린 줄무늬튤립고둥의 알집을 보면 꽃의 마른 꼬투리가 떠오른다. 홈쇠고둥(channeled whelk)이나 혹쇠고둥(knobbed whelk)의 알집 역시 양피지로 만든 듯한 작은 피막이 길게 나선형으로 이어져 있다. 납작한 타원형 피막에 저마다 수십 개의 새끼 쇠고둥이 들어 있다. 이들의 껍데기는 작디작지만 그 모양이 믿기 어려우리만치 완벽하다. 해변에서 발견한 줄 모양의 알집에는 이따금 새끼 쇠고둥이 몇 마리 남아 있을 때가 있는데, 녀석들은 마치 마른 콩깍지에 들어 있는 콩처럼 피막의 단단한 벽에 부딪쳐 딸랑거린다.

해변에서 발견할 수 있는 물체 가운데 우리를 가장 당혹스럽게 만드는 것은 아마도 큰구슬우렁이의 알집일 것이다. 고운 사포(sandpaper) 조각으로 인형의 어깨에 두를 망토를 만든다면 그런 게 나올 것이다. 여러 종의 큰구슬우렁이가 만들어낸 '칼라'는 크기가 저마다 제각각이고, 약간씩이긴 하지만 모양도 다 다르다. 어떤 것은 가장자리가 둥글고, 또 어떤 것은 가리비처럼 잔물결 문양을 띠기도 한다. 알의 배열도 종에 따라 패턴이 약간씩 다르다. 큰구슬우렁이의 이상한 알집은 발아래에서 널찍하게 퍼지는 식으로 분비된 점액이 껍데기 바깥에서 굳어 만들어진다. 이렇게 해서 칼라 같은 모양이 생겨나는 것이다. 알은 모래 입자와 뒤범벅되어 있는 칼라의 아래쪽에 달라붙어 있다.

둥근 목재, 밧줄 조각, 병, 통, 다양한 모양과 크기의 상자 등 사람이 바다에 침범했음을 보여주는 자취가 바다 생물의 흔적과 뒤얽혀 있다. 바다에 오래 머물러 있던 것들은 몸에 바다 생물을 지니고 있기도 하다. 해류에 실려 다니는 동안 플랑크톤의 일원으로서 정착할 곳을 찾아 나선 유생들이 달라붙는 단단한 기질 노릇을 하기 때문이다.

대서양 연안에서 북동풍이 불거나 열대 폭풍이 지나가고 난 뒤 며칠 동안이 외해에서 떠밀려온 부유물을 찾기에 가장 적합한 때다. 바로 그와 같은 때 낵스갑 해변에서 보낸 날이 생각난다. 밤새 허리케인이 바다를 할퀴고 지나간 이튿날이었다. 바람은 여전히 세차게 불고 쇄파도 제

큰구슬우렁이와 희한하게 생긴 알집

법 거셌다. 그날 해변에는 떠다니는 목재, 나뭇가지, 널빤지와 원재 따위가 여기저기 수없이 나뒹굴었다. 그 대부분에는 외해에 사는 민조개삿갓(gooseneck barnacle, *Lepas*)이 주렁주렁 매달려 있었다. 기다란 널빤지에는 쥐의 귀만 한 작은 민조개삿갓이 다닥다닥 붙었다. 떠다니던 또 다른 목재에는 민조개삿갓이 줄기를 제외하고 2~3센티미터 길이로 자라 있었다. 목재를 뒤덮은 이들의 크기는 대략적으로나마 이 목재가 바다에서 얼마 동안 떠다녔는지 보여주는 지표다. 빈틈이 없을 정도로 목재에 덕지덕지 들러붙은 민조개삿갓을 보면, 이들의 유생 수가 믿기지 않을 만큼 많다는 걸 알 수 있다. 아이러니하게도 이 유생은 오직 바닷물에서만 발달을 완성할 수 없어 바다를 떠도는 동안 단단한 물체라면 뭐든 기어이 붙잡으려 한다. 깃털 달린 부속지로 물속에서 노를 젓고 있는, 이상하게 생긴 이 작은 생명체는 저마다 성체 형태를 띠기 전에 자기 몸을 부착할 수 있는 딱딱한 표면을 찾아내야만 한다.

민조개삿갓의 생애는 암석에 사는 고랑따개비와 매우 흡사하다. 민조개삿갓이나 고랑따개비나 단단한 껍데기 속에 작은 몸이 들어 있고, 거기에 먹이를 입으로 쓸어가는 데 사용하는 부슬부슬한 부속지가 달려 있다는 점은 같다. 그러나 민조개삿갓은 껍데기가 저질에 단단하게 들러붙은

민조개삿갓

평평한 기단에서부터 생겨나지 않고 육질의 줄기 끝에 달려 있다는 것이 고랑따개비와 가장 크게 다르다. 민조개삿갓도 먹이를 잡아먹지 않을 때면 암석에 붙은 고랑따개비나 다를 바 없이 껍데기를 앙다물고 있다. 하지만 먹이를 잡아먹으려고 입을 열 때면 역시나 부속지가 리듬감 있는 동작으로 비질을 한다.

해안에서 오랫동안 바다 위를 떠다녔음이 분명하고 육질의 갈색 줄기와 가장자리에 푸른빛과 붉은빛이 도는 상아색 조개껍데기가 더없이 촘촘하게 박힌 나뭇가지를 보면, 우리는 중세 사람들이 어쩌다 이 이상하게 생긴 갑각류에게 그런 이름(gooseneck barnacle)을 붙여주었는지 이해하고도 남는다. 17세기의 영국 식물학자 존 제라드(John Gerard)는 다음과 같은 경험을 바탕으로 '기러기나무(goose tree, Barnakle tree)'에 관한 글을 썼다. "도버와 러미(Rummey) 사이에 있는 영국 해안을 거닐다 오래된 썩은 나무의 줄기를 발견했다. 그것을 물에서 마른 뭍으로 끌어낸 나는 거기에 수천 개의 기다란 진홍색 주머니 같은 게 자라고 있는 것을 발견했다. ……끝에 작은 홍합처럼 생긴 조개가 달려 있었다. ……껍데기를 열어본 나는 안에서 새처럼 생긴 동물을 발견했다. 껍데기는 반쯤 열려 있었는데, 부드러운 털로 뒤덮인 그 동물은 날아갈 채비를 하고 있었다. 아무래도 따개비라고 부르는 동물이 틀림없는 것 같다." 제라드의 눈에는 민조개삿갓의 부속지가 새의 깃털처럼 보인 듯하다. 이처럼 허약하기 이를 데 없는 상상을 토대로 그는 다음과 같은 엉터리 문서를 만들어냈다. "이들은 3월과 4월에 알을 낳는다. 그리고 5월과 6월에 그 알에서 새끼 기러기가 나오며, 그로부터 한 달 뒤면 깃털이 완성된다." 이때부터 나온 과거의 수많은 '비'자연사적인 작품에서 우리는 따개비 모양의 과일이 달린 나무, 조개껍데기에서 나와 날아가는 기러기의 그림을 흔히 볼 수 있다.

해변에 버려진 오래된 원재와 물먹은 목재는 좀조개(shipworm)가 만들어놓은 작품들로 빼곡하다. 나무를 온통 들쑤셔놓은 긴 원통형 터널 말이다. 이따금 이들의 작은 석회질 껍데기 조각 말고 그들 자신의 잔해가 남는 일은 거의 없다. 이것을 보면 몸이 가늘고 긴 갯지렁이처럼 생기긴 했지만 좀조개는 분명 연체동물임을 알 수 있다.

좀조개는 인류가 지상에 출현하기 훨씬 전부터 존재했다. 그러나 우리 인류는 이 지상에 거주한 길지 않은 기간 동안 좀조개 수를 엄청나게 불려놓았다. 좀조개는 오직 나무에서만 살아갈 수 있다. 그래서 새끼들은 자신의 삶에서 결정적으로 중요한 시기에 목재 물질을 발견하지 못하면 목숨을 잃는다. 바다 생물이 육지에서 유래한 뭔가에 전적으로 의존하는 것은 어쩐지 앞뒤가 맞지 않아 보인다. 좀조개는 육상에서 목본 식물이 생겨난 뒤에야 비로소 존재했음에 틀림없다. 좀조개의 조상은 아마 진흙이나 점토에 구멍을 뚫고, 그 구멍을 바다의 플랑크톤을 얻는 터전으로 삼는 조개 같은 유형이었을 것이다. 그러다 나무가 생겨나고 발달하면서 이들의 선조는 새로운 서식지에 적응하기 시작했다. 강을 따라 바다에 실려온, 수가 비교적 적은 임목(林木) 말이다. 하지만 불과 수천 년 전까지는, 즉 인류가 바다에 목조 배를 띄우고 바닷가에 부두를 짓기 시작하기 전까지는 전 지구적으로 좀조개 수가 그리 많지 않았을 것이다. 좀조개는 인간이 돈을 들여 만든 목선이나 부두 같은 목조 구조물이 나타나자 거기에 달라붙음으로써 이동 거리가 크게 넓어졌다.

역사 속에서 좀조개가 지녔던 위상은 확실하다. 이들은 노예선을 갖고 있던 로마인, 바다를 항해하던 그리스인이나 페니키아인, 신세계 탐험가에게 커다란 골칫거리였다. 1700년대에 좀조개는 네덜란드인이 바닷물을 막기 위해 쌓아놓은 제방에 구멍을 뻥뻥 뚫어버렸다. 이들은 그런 식으로 네덜란드인의 생명 자체를 위협했다. [최초로 좀조개에 관한 광범위한 학문적 연구를 시작한 것은 바로 네덜란드 과학자들이었다. 이들에게 좀조개의 생태를 알아내는 것은 생사가 달린 문제였다. 1733년 호트프리트 스넬리위스(Gottfried Snellius)는 처음으로 이 동물이 갯지렁이가 아니라 조개 모양의 연체동물이라고 밝혔다.] 1917년경 좀조개가 샌프란시스코 항에 들이닥쳤다. 페리선의 선가(船架: 배를 수리하기 위해 땅 위로 끌어 올리거나 싣는 데 쓰는 설비—옮긴이)가 주저앉고, 부두와 선적한 화물차들이 항구로 빠지는 사태가 생기고 나서야 사람들은 좀조개가 침투한 것 아닐까 의심하기 시작했다. 제2차 세계대전 기간 동안 특히 열대 바다에서는 어디에서나 좀조개가 눈에 보이지는 않지만 가공할 만한 적이었다.

좀조개 암컷은 새끼를 자신이 판 굴속에 보호하고 있다 유생 단계가 되면 바다로 띄워 보낸다. 작은 유생은 저마다 2개의 보호용 껍데기로 덮여 있어 여느 새끼 쌍각류 조개처럼 보인다. 막 성체기의 문턱에 다다랐을 때 목재를 만나면 만사가 순조롭다. 이들은 닻 구실을 하는 가느다란 족사를 만들고 발이 발달한다. 그리고 껍데기는 잘 드는 절단 도구로 바뀐다. 껍데기 겉에 뾰족하게 솟은 이랑들이 이어져 있기 때문이다. 이들은 굴을 파기 시작한다. 강력한 근육을 이용해 이랑 모양의 껍데기로 목재를 긁으면서 회전하면 매끈한 원통형 굴이 뚫린다. 굴이 길어짐에 따라 좀조개는 대개 목재에서 떨어져 나온 톱밥을 먹고 살아간다. 몸 한쪽 끝은 여전히 작은 구멍 모양의 입구 부근 벽에 붙이고 있다. 좀조개는 흡관을 통해 바다와 계속 접촉할 수 있다. 굴을 파 들어가는 다른 쪽 끝에는 작은 껍데기가 달려 있다. 좀조개는 몸을 쫙 펴면 연필처럼 가늘지만 길이가 무려 45센티미터에 이르기도 한다. 목재에 유생 수백 마리가 들끓을 수도 있지만, 좀조개는 결코 다른 좀조개의 굴을 망가뜨리는 법이 없다. 다른 굴에 가까이 다가가고 있다는 걸 감지하면 여지없이 한쪽으로 비켜서기 때문이다. 이들은 구멍을 뚫을 때 떨어져 나온 목재 부스러기를 소화관에 집어넣는다. 어떤 목재 부스러기는 소화를 거쳐 포도당으로 전환하기도 한다. 섬유소를 소화하는 능력을 지닌 동물은 그리 많지 않다. 오직 일부 고둥과 곤충 그리고 소수의 동물만 그런 능력이 있다. 하지만 좀조개는 이 까다로운 기술을 거의 써먹지 않고, 주로 자기 몸을 통과하는 플랑크톤을 먹고 산다.

해변에 널려 있는 또 다른 목재에서는 나무폴라스조개(wood piddock)가 남긴 흔적을 볼 수 있다. 나무껍질 바로 아랫부분만 얕게 판 구멍으로 넓고 깔끔한 원통형이다. 구멍을 파는 나무폴라스조개는 오직 자신을 보호해줄 거처를 마련하고 있을 따름이다. 이들은 좀조개와 달리 목재를 소화하지 못하며, 오로지 튀어나온 흡관으로 몸 안에 끌어들인 플랑크톤만 먹고 산다.

나무폴라스조개가 파놓은 빈 구멍에는 때로, 버려진 새둥지를 곤충이 차지하듯 다른 동물이 기거하기도 한다. 나는 사우스캐롤라이나주 베어스블러프(Bears Bluff)에 있는 샛강의 진흙 제방에서 구멍이 숭숭 뚫린 목재를 본 적이 있다. 껍데기가 희고 다부진 작은 나무폴라스조개가 한때

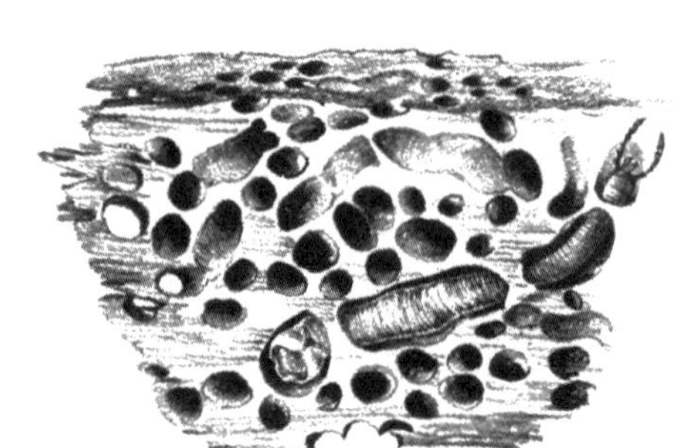

떠다니는 통나무에 구멍을 파는 좀조개

큰다발이끼벌레. 해변에서 시달린 잔해는 부드러운 식물 다발 모양이다.

그 구멍에서 살았을 테지만, 조개는 오래전에 죽고 껍데기마저 사라졌다. 그러나 구멍마다 케이크에 박힌 건포도처럼 검게 빛나는 동물이 들어앉아 있었다. 잔뜩 몸을 웅크린 작은 말미잘들이다. 토사를 실은 바닷물, 부드러운 진흙으로 이루어진 이곳을 자신이 필히 확보해야 하는 단단한 토대로 삼은 것이다. 이처럼 좀체 있음직하지 않은 생뚱맞은 곳에서 말미잘을 보면 누구라도 어떻게 말미잘 유생이 여기까지 와 단정한 구멍 속에서 살게 되었는지 의아할 것이다. 그리고 그 과정에서 생명체가 숱하게 죽어갔다는 사실을 새삼스레 떠올릴 것이다. 이 말미잘들은 다행히 근거지를 확보하는 데 성공했지만, 나머지 수천 마리는 필경 그러지 못했다는 것을 우리는 생각해낼 수 있다.

조간대에 떠밀려온 부유물이나 바다 쓰레기 더미를 볼 때마다 연안해에는 기이하고도 낯선 세계가 펼쳐져 있음을 떠올리게 된다. 여기서 보는 것이 비록 생명체의 겉껍질 아니면 그 조각 일부일 수도 있지만, 우리는 그것을 통해 삶과 죽음, 운동과 변화, 해류·조수·파도에 의한 생명체의 이동 따위를 인식할 수 있다. 비자발적인 이주민 가운데는 성체도 일부

섞여 있다. 이들은 여행 도중 사망하기도 한다. 새 거처에 정착한 거주민 중 그곳 조건이 마음에 든 몇은 살아남을 테고, 그들이 낳은 새끼 중 생존한 녀석들이 결국 그 종을 널리 퍼뜨릴 것이다. 하지만 비자발적 이주민의 대다수는 유생인데, 이들이 성공적으로 정착할 수 있느냐 없느냐는 유생기가 얼마나 긴지(성년기를 지낼 육지에 이르는 긴 여정을 감당할 수 있는지), 이들이 맞닥뜨릴 바닷물의 수온이 어떤지, 또 해류가 이들을 살기 좋은 사주로 데려다줄지, 아니면 길을 잃게 될 심해로 안내할지 등 여러 요소에 좌우된다.

그래서 해변을 거니노라면 해안(그중에서도 특히 모래 바다 한가운데에서 볼 수 있는 암석, 혹은 그 비슷한 것으로 이루어진 '섬')에 동식물군이 어떻게 정착하는가, 하는 더없이 매혹적인 질문의 답을 저절로 얻을 수 있다. 방파제를 설치하거나, 부두와 다리를 위해 바다에 잔교(棧橋: 해안선이 접한 육지에서 직각 또는 일정한 각도로 돌출한 접안 시설—옮긴이)와 말뚝을 박거나, 오랫동안 해를 보지 못한 채 바다 밑에 묻혀 있던 암석이 다시 해저 위로 모습을 드러내면, 이들의 단단한 표면이 이내 전형적으로 암석에서 사는 동물로 뒤덮이기 때문이다. 그런데 어떻게 암석 거주 동물이 남북으로 수백 킬로미터가량 펼쳐져 있는 이곳 모래 해안에 모여 살게 되었을까?

이 질문의 답이 무엇일지 곰곰이 따져보노라면 동물의 끊임없는 이동이 떠오른다. 대체로 헛수고로 돌아갈 공산이 크지만 어쨌거나 생명체는 끊임없이 이동하면서 기회가 온다면 반드시 잡고 말겠다는 필사의 각오로 그 기회를 노리고 있다는 사실 말이다. 해류는 단지 바닷물의 움직임에 지나지 않는 게 아니라 바로 생명체의 흐름이다. 곧 바다 생명체의 알과 새끼를 수없이 실어 나른다. 그런가 하면 해류는 더욱 강인한 알이나 새끼를 이 해양 저 해양으로, 혹은 긴 여정을 거쳐 조금씩 해안으로 날라다 준다. 바다 바닥을 따라 한류가 흐르는 곳에서는 해류가 깊이 자리한 숨은 물길로 이들을 실어간다. 해류는 새롭게 수면 위로 솟아오른 섬에 모여 살 거주민을 데려다준다. 우리가 틀림없이 그럴 것이라고 생각하듯 해류는 바다에 처음 생명체가 생겨나기 시작한 이래 이런 일을 계속해왔다.

그리고 해류가 자기 경로를 따라 끊임없이 이동하는 한 어떤 특정 생명체가 영역을 넓혀가고, 결국 새로운 영역을 차지할 가능성은 얼마든지 있다. 아니, 이것은 엄연한 사실이다.

나는 생명의 중압감을 이보다 더 잘 보여주는 것은 거의 없다고 생각한다. 살아남고, 여정을 이어가고, 번식하고자 하는 강렬하고 맹목적이고 무의식적인 의지 말이다. 광대한 이동에 참여하고 있는 동물 대다수가 실패할 운명에 처해 있다는 사실이야말로 생명의 신비 가운데 하나다. 수십억 마리의 생명체가 실패하고 단 몇 마리만 성공할 때 그 수많은 실패로 인해 비로소 성공이 의미를 갖게 된다는 사실 또한 신비롭기 짝이 없다.

Bob Hines

5

산호 해안

드넓게 펼쳐져 있는 플로리다키스를 여행하노라면 누구라도 하늘과 바다가 하나가 되고, 맹그로브로 뒤덮인 숲이 여기저기 산재해 있는 이곳의 독특한 풍광에 마음을 빼앗기지 않을 수 없다. 플로리다키스는 저만의 이색적이고 강렬한 분위기를 자아낸다. 여기서는 대부분의 장소에서 현재의 모습을 통해 과거를 떠올리고 미래를 상상해볼 수 있다. 여러 유형의 산호로 장식된, 들쭉날쭉하게 깎여나간 헐벗은 암석에는 죽은 과거의 황량함이 드리워져 있다. 배를 타고 위에서 내려다보면 다채롭게 펼쳐진 바다 정원에서 생명의 기운이 약동하는 열대의 울창함과 신비를 엿볼 수 있다. 즉 산호초와 맹그로브 습지를 보면서 우리는 미래가 어떻게 펼쳐질지 어렴풋하게나마 가늠해본다.

플로리다키스는 미국에서도 달리 비견할 만한 곳이 없는 독보적인 지역이다. 세계적으로도 그와 비슷한 해안은 거의 찾아보기 어렵다. 일부 사주는 1000년 전에 따뜻한 바다에서 번성하던 동물이 건축한 오래된 암초의 죽은 자취이지만, 연안해에서는 살아 있는 산호초가 열도의 가장자리를 장식하고 있다. 이곳은 생명 없는 암석이나 모래가 만든 해안이 아니라 살아 있는 생명체가 활동을 통해 일궈낸 해안이다. 다만 그 생명체는 몸이 우리와 같은 원형질로 되어 있으나 바다의 물질을 암석으로 바꿔 놓을 수 있다.

지상에 존재하는 살아 있는 산호 해안은 수온이 좀처럼 (그리고 결코 오랜 기간 동안) 섭씨 21도 이하로 내려가지 않는 바다에서만 조성된다. 암초가 대규모로 만들어지려면 산호충이 석회질 골격을 분비하기에 알맞을 정도로 따뜻한 바다에 잠겨 있어야 하기 때문이다. 따라서 암초나 산호 해안에서 볼 수 있는 이와 관련한 구조물은 예외 없이 북회귀선과 남회귀선 사이 지역으로 국한된다. 그뿐만 아니라 오로지 대륙의 동해안에서만 발견할 수 있다. 대륙의 동해안은 지구의 자전과 바람의 방향에 따라 열대 해류가 극 방향으로 흐르는 곳이다. 연안 한류가 적도 방향으로 흐르는 서해안은 깊고 차가운 바닷물이 용승하는 지역이라 산호가 살아가기엔 부적합하다.

따라서 북아메리카의 경우 산호가 캘리포니아주와 멕시코의 태평양 연안에는 드문 데 비해 서인도제도 지역에는 풍부하다. 대보초(Great Barrier Reef)가 1500킬로미터 넘게 생명체로 성벽을 치고 있는 오스트레일리아 북동쪽 해안, 남아메리카의 브라질 해안, 동아프리카의 열대 해안도 마찬가지로 산호가 무성하다.

미국에서는 오직 플로리다키스 해안만이 산호 해안이다. 약 300킬로미터에 걸친 이곳의 섬들은 남서쪽으로 열대 바다까지 이어져 있다. 플로리

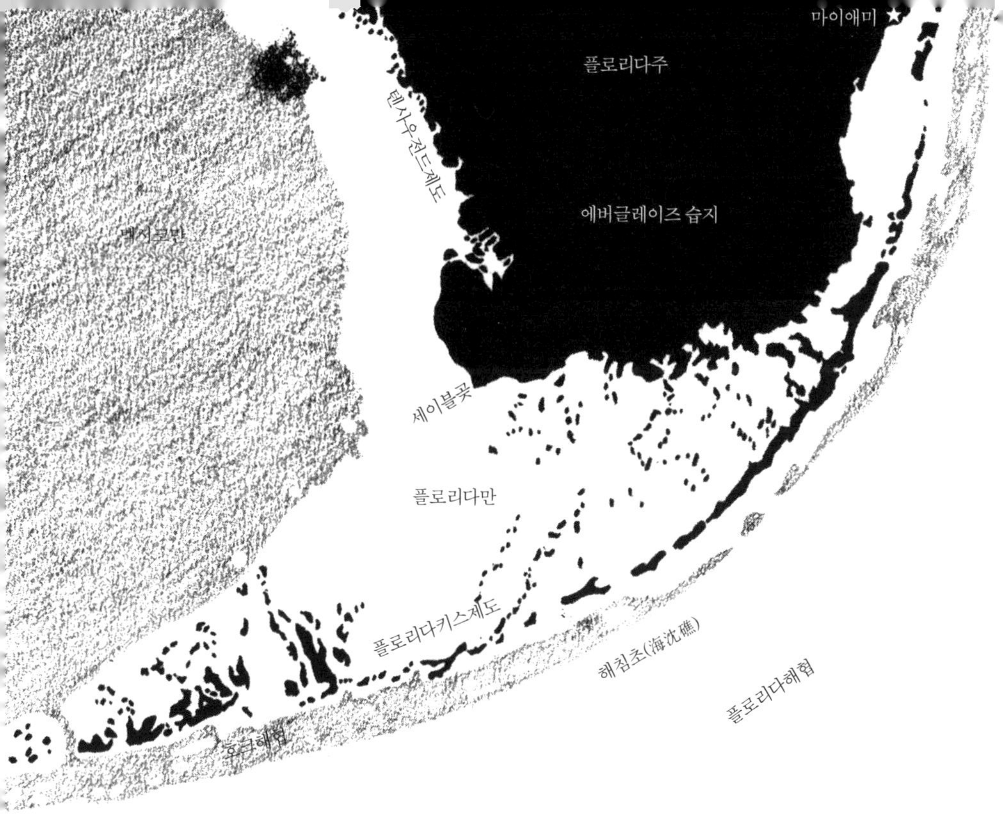

다키스는 마이애미의 약간 남쪽〔비스케인(Biscayne)만으로 들어가는 입구인 샌즈키(Sands Key), 엘리엇키(Elliott Key), 올드로즈키(Old Rhodes Key)〕에서 시작된다. 그 아래 남서쪽으로 계속 이어진 섬들이 플로리다만을 사이에 두고 플로리다반도 남단을 둘러가다 마침내 육지로부터 점점 멀어지면서 멕시코만과 플로리다해협(짙푸른 멕시코 만류가 바로 이곳을 통해 밀어닥친다)을 가르는 가느다란 선을 이룬다.

플로리다키스의 바다 쪽으로는 5~10킬로미터 너비로 얕은 여울이 드리워져 있다. 여기는 깊어봐야 대략 9미터도 안 되는 해저가 완만하게 경사진 바닥을 이룬다. 예외적으로 깊이가 18미터에 이르는 호크(Hawk)해협이 얕은 여울을 가로지르고 있어 작은 배들이 이곳으로 항해할 수 있다. 점차 깊어지는 바닷가에 살아 있는 산호초 성벽이 거초면(reef flat, 裾礁面: 죽은 생물초로 이루어진 돌투성이의 평탄한 대지—옮긴이)의 바다 쪽 경계를 이룬다(262쪽 참조).

플로리다키스는 속성과 기원이 다른 2개의 그룹으로 나뉜다. 활 모양으로 완만하게 굽어 있는, 샌즈키에서 로거헤드키(Loggerhead Key)의 약 180킬로미터에 걸쳐 있는 동쪽 섬들은 홍적세의 산호초 잔해가 노출된 것이다. 이 산호초의 건축가들은 빙하기가 끝나기 직전 따뜻한 바다에 살면서 번성했지만, 오늘날 산호, 즉 이들의 잔해는 마른땅이다. 이러한 동쪽 사주의 길고 좁다란 섬들은 키 작은 나무와 관목으로 뒤덮여 있으며, 외해에 고스란히 노출되어 있는 산호 석회암이 가장자리를 이룬다. 외해의 물은 보호받는 쪽에 자리한 얽히고설킨 맹그로브 습지를 지나 플로리다만의 얕은 바다로 들어온다. 반면 파인(Pine)제도라고 알려진 플로리다키스 서쪽은 전혀 다른 유형의 땅으로, 간빙기의 얕은 바다 바닥에서 비롯되었으며 이제는 해수면 위로 아주 살짝만 드러난 석회암으로 이루어져 있다. 하지만 사주가 산호충에 의해 만들어진 것이든 바다 표류물이 굳어 생긴 것이든 결국 바다의 작품인 것만은 틀림없다.

이러한 산호 해안의 존재는 육지와 바다가 불안한 평형 상태에 놓여 있는 게 아니라, 지금도 생명체의 생존 과정을 통해 끊임없이 변화하고 있음을 보여준다. 플로리다키스를 가로지르는 다리 위에서 맹그로브로 뒤덮인 섬들이 수평선 멀리까지 흩어져 있는 드넓은 바다를 바라보노라면 그러한 느낌이 더욱 확연해진다. 이곳은 과거에 잠긴 꿈결 같은 땅처럼 보일지도 모른다. 그러나 다리 아래로 길고 가느다란 초록색 맹그로브 묘목이 한 그루 떠다닌다. 한쪽 끝엔 벌써 뿌리가 자라고 있어 떠도는 길

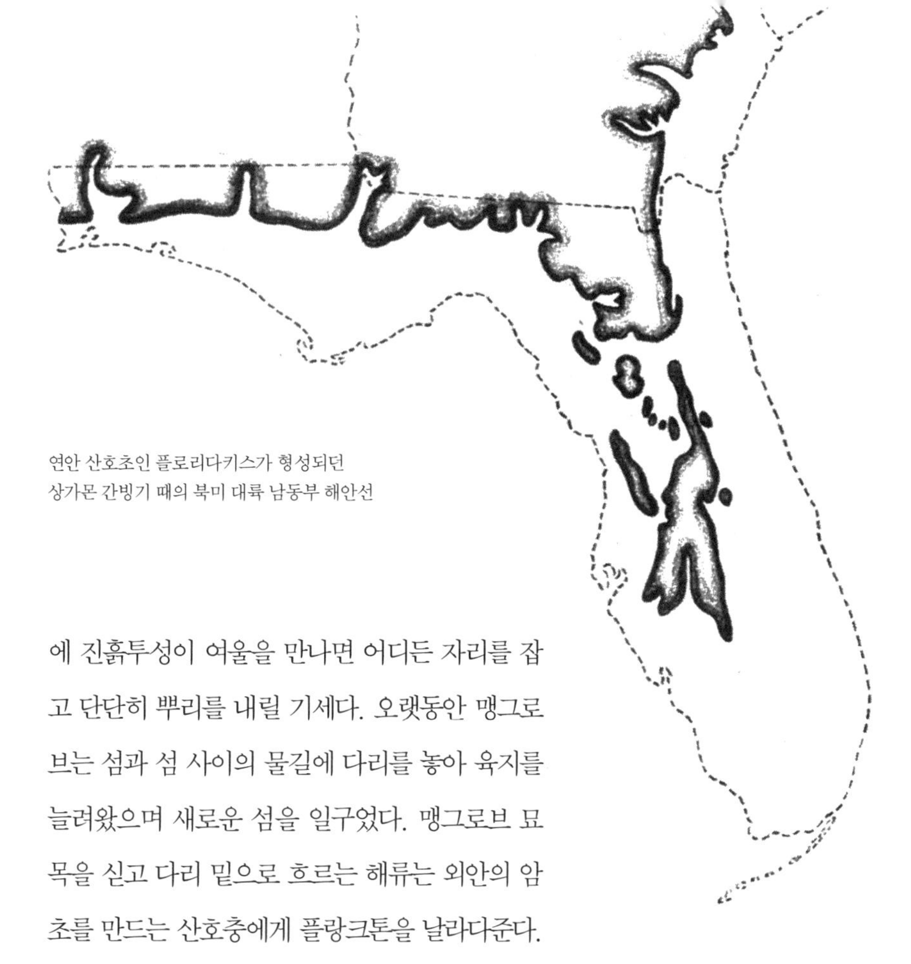

연안 산호초인 플로리다키스가 형성되던
상가몬 간빙기 때의 북미 대륙 남동부 해안선

에 진흙투성이 여울을 만나면 어디든 자리를 잡고 단단히 뿌리를 내릴 기세다. 오랫동안 맹그로브는 섬과 섬 사이의 물길에 다리를 놓아 육지를 늘려왔으며 새로운 섬을 일구었다. 맹그로브 묘목을 싣고 다리 밑으로 흐르는 해류는 외안의 암초를 만드는 산호충에게 플랑크톤을 날라다준다. 외안의 암초는 암석처럼 단단한 성벽을 이루고 언젠가 육지로 합류하게 된다. 이곳의 해안은 그렇게 만들어졌다.

현재를 이해하고 미래를 전망하려면 과거를 기억해야만 한다. 홍적세 때 지구는 네 차례 넘는 빙하기를 경험했다. 혹독한 기후가 일반적이고, 거대한 빙상이 남쪽으로 밀려오던 때다. 이 시기에는 지구의 바닷물 대부분이 얼어붙었으며 전 세계적으로 해수면이 낮아졌다. 빙하기 사이에 좀 더 따뜻한 간빙기가 이어졌는데, 이때는 빙하가 녹으면서 바닷물이 불어나 세계의 해수면이 도로 상승했다. 위스콘신 빙기(Wisconsin glacial stage)

라고 알려진 가장 최근의 빙하기 이후에는 대체로 지구 기후가 균일하게는 아니더라도 어쨌거나 점차 따뜻해지는 경향을 보인다. 위스콘신 빙기 이전의 간빙기는 상가몬(Sangamone)이라고 알려져 있는데, 플로리다키스의 역사는 바로 이 상가몬 간빙기와 밀접한 관련이 있다.

지금 현재 플로리다키스 동쪽의 물질을 이루고 있는 산호는 불과 수만 년 전인 바로 이 상가몬 간빙기에 암초를 건설했다. 당시 해수면은 아마 오늘날보다 30미터 정도 높았을 테고, 플로리다고원의 남부 전역이 바다에 잠겨 있었을 것이다. 플로리다고원의 경사진 남동쪽 가장자리에서 약간 떨어진 약 30미터 깊이의 따뜻한 바다에서 산호가 자라기 시작했다. 그 뒤 해수면이 9미터가량 낮아졌을 때(새로운 빙하기의 초기 단계에 일어난 일), 바다에서 사라진 물은 멀리 북쪽에서 눈이 되어 내렸다. 그리고 또다시 해수면이 9미터 정도 낮아졌다. 한층 얕아진 바다에서 산호는 훨씬 더 풍부하게 번성하기 시작했고 암초도 위로 자라났다. 마침내 암초 구조물은 해수면 바로 가까이까지 솟아올랐다. 해수면 하강은 처음에는 암초의 성장에 이로웠지만 점차 암초를 파괴하기에 이르렀다. 위스콘신 빙기에 북쪽에서 얼음이 늘어나며 해수면이 너무 과하게 낮아져 암초가 드러났고, 거기서 살아가던 산호충이 모조리 죽어버렸기 때문이다. 암초는 제 자신의 역사 속에서 다시 한 번 잠깐 동안 물에 잠기기도 했지만, 조초(造礁) 동물을 되살려놓기에는 역부족이었다. 암초는 나중에 재등장했고, 지금 현재 사주와 사주 사이의 물길을 이루는 낮은 쪽을 빼고는 모두 바다 위로 형체를 드러냈다. 오래된 암초가 드러난 곳에서는 심하게 부식하고 바다 물보라의 공격과 비의 분해 작용으로 바스러진 모습을 볼 수 있다. 도처에 오래된 산호의 윗부분이 또렷하게 드러나 있어 그 산호가 어떤 종인

지 확실하게 구분할 수 있다.

상가몬 간빙기의 바다에서 만들어진 암초는 살아 있는 것이었다. 그러나 그 암초의 육지 쪽으로 퇴적물이 쌓이기 시작했다. (더 최근에는 이것이 플로리다키스 서쪽 그룹의 석회암이 되었다.) 당시에는 현재 플로리다반도의 남단이 전부 물에 잠겨 있던 터라, 가장 가까운 육지가 240킬로미터 정도나 더 북쪽에 놓여 있었다. 수많은 바다 생물의 잔해, 석회암 용액, 바닷물의 화학 반응이 이곳 여울의 바닥을 부드러운 연니로 뒤덮이게 만들었다. 그 뒤로도 해수면이 계속 달라짐에 따라 이 연니는 더욱 밀도 있고 단단해져서 어란(魚卵) 모양의 탄산칼슘 소구체를 다량 함유한 고운 질감의 흰 석회암이 되었다. 이러한 특성 때문에 이 연니는 '어란성 석회암', 혹은 '마이애미 어란성 석회암'으로 알려져 있다. 이것이 바로 플로리다주 본토 남부의 바닥에 깔린 암석이다. 이 석회암은 플로리다만에서는 최근에 쌓인 퇴적물의 기단을 이루고 있으며 파인제도, 즉 빅파인키(Big Pine Key)에서 키웨스트에 이르는 플로리다키스 서쪽에서는 해수면 위로 솟아 있다. 플로리다주 본토에서도 팜비치(Palm Beach)·포트로더데일(Fort Lauderdale)·마이애미 같은 도시는 해류가 플로리다반도의 오래된 해안선을 쓸고 지나가면서 부드러운 연니를 굽은 모래톱으로 주조할 때 형성된 석회암 등성이에 들어서 있다. 이 '마이애미 어란성 석회암'은 에버글레이즈(Everglades) 습지의 바닥에도 깔려 있는데, 어디는 뾰족하게 삐죽 솟아 있고 어디는 용해되고 구멍이 파여 표면이 기이할 정도로 울퉁불퉁하다. 타미애미트레일(Tamiami Trail)과 마이애미에서 키라고에 이르는 고속도로를 건설한 이들은 바로 그 도로 용지에서 캐낸 석회암을 정지(整地) 작업하는 데 썼다.

이러한 과거를 알면 현재에도 그 유형이 반복되며, 지구가 옛 과정을 되풀이하고 있음을 깨달을 수 있다. 오늘날에도 과거와 마찬가지로 살아 있는 암초가 외안을 형성하고, 퇴적물이 연안해에 쌓이고, 거의 느낄 수 없지만 어쨌든 해수면이 분명히 조금씩 달라지고 있는 것이다.

산호 해안에서 조금 떨어진 바다는 얕은 곳은 초록색이고, 저 멀리 깊은 곳은 푸른색이다. 그런데 폭풍이 몰아치거나 남동풍이 오래 불고 난 뒤에는 바다가 '유백색'으로 변한다. 폭풍이나 오랜 남동풍이 유백색의 석회질 퇴적물을 암초에서 씻어내리고, 그 퇴적물이 켜켜이 쌓인 거초면 바닥을 잔뜩 휘저은 결과 바닷물이 자욱해지는 것이다. 이런 날에는 잠수 마스크나 잠수용 호흡기도 아무 짝에 쓸모가 없다. 바닷속의 가시거리가 런던의 안개 속보다 나을 게 없기 때문이다.

바다가 유백색으로 뿌예지는 것은 플로리다키스 부근의 연안해에 퇴적물이 너무 많이 가라앉아 있다는 데 간접적 원인이 있다. 사람들은 해안에서 바다로 몇 발자국만 걸어가도 토사 같은 흰 물질이 바닥에 쌓여 있거나 물에 떠다니는 것을 볼 수 있다. 해수면 어디에서나 이 물질이 비처럼 아래로 쏟아지는 모습이 분명하게 눈에 띈다. 먼지 같은 이 미세 입자는 해면·부채뿔산호·말미잘 위에 내려앉는다. 또한 키 작은 바닷말을 묻어버려 숨을 못 쉬게 만들고, 거대한 로거헤드해면(loggerhead sponge)의 거무튀튀한 덩어리를 하얗게 뒤덮는다. 이곳을 건너다니는 사람들의 발길이 그 물질을 구름처럼 휘저어놓기도 한다. 강한 해류와 바람도 거기에 한몫한다. 퇴적물은 놀라운 속도로 쌓인다. 폭풍이 몰아치고 난 뒤에는 먼젓번 고조에서 다음 번 고조 사이에 무려 5~8센티미터나 새로 쌓이기도 한다. 물질의 출처는 가지각색이다. 어떤 것은 연체동물 껍데기, 석회물질을 뒤집어쓴 해조, 산호 구조물, 갯지렁이나 고둥의 관, 부채뿔산호와 해면의 침골, 해삼 껍데기 등 동식물이 분해된 데 따른 기계적인 결과물이다. 또 어떤 것은 부분적으로 바닷물에 들어 있던 탄산칼슘이 화학적으로 침전한 결과물이기도 하다. 이는 다시 플로리다주 남부의 표층을 이루는 드넓은 석회암 지대에서 녹아나와 에버글레이즈 습지를 통해 서서히 빠져나가거나 강을 타고 바다로 흘러든다.

몇 킬로미터에 걸쳐 사슬처럼 길게 늘어선 지금의 플로리다키스 바깥쪽에는 살아 있는 산호초가 있다. 이 산호초는 천해의 바다 쪽 가장자리를 형성한 채 플로리다해협이 깊은 골짜기로 가파르게 치닫는 경사면을 내려다보고 있다. 산호초는 마이애미 남쪽의 포위록스(Fowey Rocks)에서 마키저스(Marquesas)제도와 드라이토르투가스제도까지 이어져 있으며, 대체로 거기가 18미터 깊이 지점임을 보여준다. 하지만 산호초는 흔히 그보다 얕은 곳에서 불긋 솟아 있거나, 더러 군데군데 해수면을 뚫고 나와 연안해에 작은 섬으로 흩어져 있기도 하다. 거기에는 대개 등대가 있어 그곳이 섬이라는 걸 알 수 있다.

작은 배를 타고 산호초 위를 돌아다니며 바닥이 유리로 되어 있는 양동이로 아래를 내려다보면, 풍광 전체를 그려보는 게 어렵다는 것을 깨닫는

디스크조개

다. 한 번에 볼 수 있는 것이 전체의 극히 일부에 지나지 않는 까닭이다. 더 자세히 관찰할 수 있는 잠수부조차 사정은 별반 다르지 않다. 그들 역시 육지의 바람 격인 해류가 휘몰아치는 산등성이, 즉 부채뿔산호가 숲을 이루고 엘크혼산호(elkhorn coral)가 마치 돌로 된 나무처럼 자라는 산등성이에 와 있다는 사실을 깨닫기가 쉽지 않은 것이다. 육지 쪽의 경우 해저는 이 작은 산마루에서 물이 가득 찬 호크해협의 골짜기로 완만하게 경사져 내려간다. 그런 다음 다시 상승해 마침내 해수면을 뚫고 솟아오른다. 그 결과가 바로 사슬처럼 이어진 야트막한 섬들, 즉 사주들이다. 하지만 산호초의 바다 쪽에서는 해저가 깊고 푸른 바다를 향해 급경사를 이룬다. 약 18미터 깊이까지는 살아 있는 산호가 자란다. 하지만 그 아래는 무척 어둡고, 아마도 퇴적물이 너무 많을 것이다. 그래서 살아 있는 산호가 아니라, 해수면이 지금보다 더 낮았던 과거 어느 때인가 조성된 죽은 산호초 지대가 펼쳐져 있다. 깊이가 180미터 정도 되는 바다에는 깨끗한 암석 바닥인 포탈레스(Pourtalès)고원이 자리하고 있다. 여기에는 동물군이 풍부하게 살아가지만, 이곳에 서식하는 산호는 암초를 만들지 않는다. 해수면 아래 550~900미터 층위에서는 퇴적물이 멕시코 만류가 흐르는 경로인 플로리다해협의 골짜기 사면에 쌓인다.

암초 자체에 대해 말해보자. 동물이든 식물이든, 죽은 것이든 산 것이든 수백만 생명체가 암초의 구성 성분이 된다. 일단 수많은 종의 산호가 작은 석회질 컵을 만들고, 그 컵을 이용해 기이하고도 아름다운 형태를 숱하게 빚어내면서 암초의 토대를 구축한다. 하지만 산호 외에 다른 조초동물도 있다. 암초의 틈새는 이들의 껍데기이며 석회질 관, 기원이 저마다 다양한 건축용 석재와 섞여 단단하게 굳은 산호석으로 가득 차 있다. 관을 만드는 갯지렁이 군집도 보인다. 껍데기가 소용돌이처럼 생긴 관 모양의 고둥이 서로 뒤엉켜 거대한 무리를 이루고 있다. 생체 조직에 석회를 퇴적하는 속성이 있는 석회 조류도 암초의 일부가 된다. 또한 육지 쪽 여울에서 무성하게 자라는 석회 조류는 죽으면서 자신을 구성하고 있던 물질을 산호모래에 더해주고, 이것은 나중에 석회암을 생성한다. 부채산호(sea fan) 또는 회초리산호(sea whip)라고도 알려진 부채뿔산호는 모두 연성 조직 속에 석회질 침골을 함유하고 있다. 이 석회질 침골은 불가사리, 성게, 해면 그리고 무수히 많은 그보다 작은 생명체가 분비한 석회와 더불어, 시간이 흐르고 바닷물이 화학 작용을 일으킨 결과 종국에는 암초의 일부가 된다.

건설하는 자가 있으면 파괴하는 자도 있게 마련이다. 호박해면은 석회암을 분해한다. 천공 연체동물은 석회암에 터널을 숭숭 뚫어놓는다. 갯지렁이는 물어뜯을 수 있는 날카로운 턱으로 석회암을 파들어간다. 그들은 이렇게 함으로써 석회암의 구조를 허술하게 만들어 결국에는 산호 덩어리가 파도의 힘에 굴복해 맥없이 부서지거나, 암초의 바다 쪽 면이 깊은 바다로 굴러떨어질 날을 재촉한다.

서로 얽히고설킨 채 살아가는 이 복잡한 공동체의 토대를 이루는 것은 기만적이게도 겉으로는 단순해 보이는 미세 생명체, 곧 산호 폴립이다.

줄칼조개는 산호 파편이나 그 밖의 부스러기로 둥지를 짓는다. 더러 산호초가 그 주위에 자라나 이들을 꼼짝 못하게 가둬버리기도 한다.

산호충은 대략 말미잘과 비슷한 경로로 만들어진다. 산호 폴립은 벽이 이중인 원통형 관으로, 기단은 닫혀 있고 다른 쪽 끝은 뚫려 있다. 뚫린 끝에는 왕관 모양의 촉수가 입 주위를 에워싸고 있다. 그런데 산호 폴립은 산호초의 생존이 달린 것으로 말미잘과는 한 가지 중요한 차이가 있다. 즉 석회를 분비하고 자기 주위에 단단한 컵을 만드는 능력이 있다는 점이다. 연성 조직의 바깥층인 외투막이 연체동물의 껍데기를 분비하는 것처럼 이 역시 바깥층에 있는 세포가 맡은 일이다. 말미잘 모양의 산호 폴립은 암석처럼 단단한 물질로 이루어진 칸 속에 자리하고 있다. 폴립의 '피부'는 일련의 수직 주름이 사이를 띄워 안쪽으로 뒤집어지고, 또 이 모든 피부가 열심히 석회를 분비하므로 컵의 둘레가 매끄럽지 못하지만, 안쪽으로 툭 튀어나온 격벽이 있다는 게 특징이다. 산호의 골격을 살펴본 적이 있는 사람이라면 익히 알겠지만, 산호 폴립의 컵은 별이나 꽃 같은 패턴을 빚어낸다.

대부분의 산호는 수많은 개체가 군체를 이룬다. 하지만 어느 군체에 속한 개체들은 모두 단 하나의 난자에서 비롯된 것이다. 즉 하나의 난자가 성장한 뒤 출아(出芽)해 새로운 폴립들을 만들어낸다. 산호 군체는 저마다 자신이 속한 종의 전형적 특색을 보여주는 형태를 띤다. 가지가 뻗어 있거나, 크고 둥근 암석처럼 생겼거나, 납작하게 피각을 이루거나, 혹은 컵 모양이거나……. 살아 있는 폴립은 어떤 종에서는 듬성듬성하고 어떤 종에서는 촘촘하지만, 어쨌거나 오직 표면만 살아 있는 폴립으로 덮여 있으므로 산호 군체의 중앙은 단단하다. 군체가 더 크고 대규모일수록 그걸 구성하는 개체 산호는 더 작다는 지적이 사실일 때도 있다. 즉 사람 키보다 큰 산호의 가지를 이루는 폴립이 그 자체로는 겨우 0.3센티미터에 불과할 수도 있는 것이다.

산호 군체를 이루는 단단한 물질은 대개 흰색이지만, 공생 관계를 이루며 산호의 연성 조직에서 살아가는 미세한 식물 세포의 빛깔을 띠기도 한다. 이러한 공생 관계에서는 흔한 일로, 이들 간에는 모종의 거래가 이루어진다. 식물은 이산화탄소를 얻고, 동물은 그 식물이 배출하는 산소를 이용하는 것이다. 그러나 이 같은 관계는 더욱 특별한 의미를 띨 수도 있다. 해조의 노랑·초록·갈색은 카로티노이드(carotinoid)라는 화학 물질군에 속한다. 최근의 연구에 따르면, 해조에 들어 있는 이들 색소가 산호에 작용해 생식 과정에 영향을 미치는 것으로 드러났다. 정상적인 상황에서는 해조가 있으면 산호에 득이 되는 것 같다. 하지만 어둠침침한 곳에서는 산호충이 그 이득을 누리지 못하고 해조를 배설해버린다. 아마도 빛이 약하거나 어두우면 해조의 생물학적 기능과 작용이 완전히 달라지고, 그래서 해조의 신진대사 산물이 다소 해롭게 바뀌어 산호가 해조를 고스란히 배출할 수밖에 없는 듯하다.

산호 군락에서는 다른 이상한 동물들도 더불어 살아간다. 플로리다키스나 서인도제도 지역에서는 산호혹게(gall crab)가 살아 있는 두뇌산호(brain coral) 군체의 위쪽에 오븐처럼 생긴 구멍을 뚫는다. 산호가 자라는 동안 산호혹게는 어떻게든 반달 모양의 입구를 열어놓는다. 그래서 어렸을 적에는 그 입구를 통해 들락날락할 수 있다. 그러나 일단 장성하면 산호 안에서 꼼짝없이 옥살이를 하는 것으로 알려져 있다. 플로리다주에 사는 이 산호혹게의 존재에 관해서는 상세하게 알려진 게 없지만, 대보초의 산호에서 발견되는 그 사촌 종에서는 오직 암컷만이 혹을 만들어낸다고 한다. 필시 몸집 작은 수컷이 구멍 속에 꼼짝없이 갇힌 암컷을 찾아오는 것 같다. 이 종의 암컷은 바닷물에 들어 있는 동식물 먹이를 체로 걸러 먹는다. 그래서 암컷의 소화 기관이나 부속지는 거기에 맞춰 크게 달라진다.

해안 전면부를 비롯해 어디에서나 암초 구조물 전체를 통틀어 가장 풍

산호초의 외곽을 형성하는 데 도움을 주는 거대 산호 종
아스트란지아산호(왼쪽), 두뇌산호(가운데), 작은별산호(오른쪽)

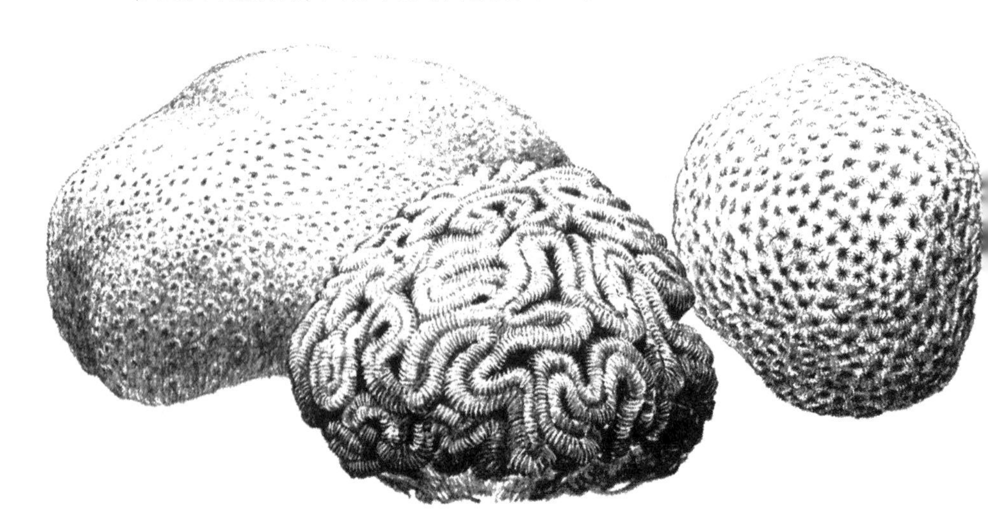

부하게 존재하는 것은 부채뿔산호다. 그중에서 보랏빛이 감도는 부채뿔산호는 흐르는 해류를 향해 부채처럼 생긴 구조물을 활짝 펼친다. 그러면 부채 전체에서 작은 구멍을 통해 수없이 많은 입이 튀어나오고, 촉수가 바닷물로 손을 뻗어 먹이를 잡아먹는다. '홍학의혀(flamingo-tongue snail)'라고 알려진, 반질반질 광택이 나는 단단한 껍데기를 가진 작은 고둥이 이 부채뿔산호 위에서 살아가기도 한다. 홍학의혀는 껍데기를 덮기 위해 길게 늘어난 연주황색의 부드러운 외투막에 엉성한 검정색 삼각형이 무수히 그려져 있다. 부채뿔산호 중 하나인 회초리산호는 좀더 흔해서 해저에 빽빽한 덤불숲을 이룬다. 대체로 허리 높이쯤 되는데, 더러 사람 키만 할 때도 있다. 회초리산호는 산호초를 연보라색·보라색·노란색·주황색·갈색·황갈색으로 물들인다.

피각화한 해면(encrusting sponge)은 산호초 벽에 노란색·초록색·보라색·빨간색의 매트를 깐다. 굴아재비(jewel box)나 가시국화조개(spiny oyster) 같은 이국적인 연체동물이 거기에 달라붙어 있다. 긴가시성게(long-

홍학의혀

바라쿠다

spined sea urchin)는 해면에 난 구멍이나 틈새에 뾰족뾰족한 검은 조각처럼 붙어 있다. 밝은 빛깔의 물고기 떼가 산호초 앞에서 반짝이고, 외로운 사냥꾼 그레이스내퍼(gray snapper)와 바라쿠다(barracuda)가 이들을 잡기 위해 노리고 있다.

밤이 되면 산호초는 아연 활기를 띤다. 돌처럼 단단한 가지와 탑 그리고 돔처럼 둥근 표면 여기저기에서, 어둠이 깔릴 때까지 햇빛을 피해 보호용 컵 안에 잔뜩 몸을 사리고 있던 작은 산호충이 촉수 달린 머리를 내밀고 물 위로 올라오는 플랑크톤을 잡아먹기 시작한다. 산호 가지 사이를 헤엄치면서 돌아다니는 작은 갑각류와 많은 형태의 다른 미세 플랑크톤은 순식간에 무수한 자세포로 무장한 촉수의 먹잇감이 되고 만다. 개체 동물 플랑크톤은 무척 작지만 실타래처럼 얽힌 엘크혼산호의 가지를 무사히 통과하기란 쉽지 않다.

산호초에서 살아가는 또 다른 생명체들도 주로 밤과 어둠에 반응하며, 그 상당수가 낮에 은신해 있던 굴이나 틈새에서 기어 나온다. 밤이 되면 거대한 해면 속에 숨어 사는 이상한 동물(작은 새우나 이각류, 그리고 초대받지 않은 손님으로 해면의 관 속에 깊이 들어앉아 살아가는 그 밖의 미세 동물)이 어둡고 비좁은 통로로 기어 나와 마치 산호초의 세계를 휘익 둘러보기라도 하는 양 입구 주위에 모여든다.

1년 중 어느 날 밤에는 산호초에서 특별한 사건이 벌어지기도 한다. 남태평양에서 살아가는 유명한 팔롤로(palolo: 갯지렁이의 일종—옮긴이)는 어느 특정한 달(month)에 달(moon)이 특정 주기일 때 알을 낳으려고 떼 지어 몰려든다. 그리고 좀 덜 알려져 있기는 하지만 서인도제도의 산호초와 일부 플로리다키스에서 살아가는 그 사촌 종도 오직 그때에만 산란을 한다. 대서양 팔롤로의 산란은 플로리다곶 드라이토르투가스의 암초 부근이나 서인도제도의 몇몇 지역에서 거듭 발견할 수 있다. 드라이토르투가스에서는 이들의 산란이 언제나 7월에, 대체로 상현달보다는 하현달 때 더 자주 이루어진다. 대서양 팔롤로는 초승달 때는 결코 알을 낳지 않는다.

팔롤로는 죽은 산호 암석의 구멍에서 살아간다. 어느 때는 다른 동물이 파놓은 터널을 이용하기도 하고, 어느 때는 직접 암석을 긁어서 굴을 뚫기도 한다. 이 이상한 작은 동물의 삶은 빛의 지배를 받는 것처럼 보인다. 팔롤로는 다 자라기 전에는 햇빛, 보름달빛, 심지어 흐릿한 달빛을 비롯한 모든 유의 빛을 역겨워한다. 오직 어둠이 짙게 깔린 밤에만, 즉 광선에 대한 거부감이 심하지 않을 때에만 조심스럽게 굴 밖으로 나와서 가까이 있는 암석에 붙은 식물을 조금씩 뜯어 먹는다. 산란기가 다가오면 이

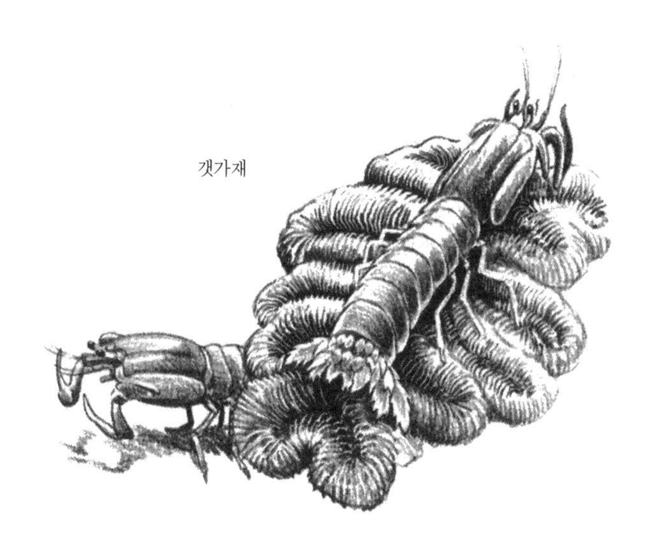
갯가재

들의 몸에서는 주목할 만한 변화가 일어난다. 성세포가 성장함에 따라 팔롤로의 하단 3분의 1이 새로운 빛깔을 띤다. 수컷은 진분홍색, 암컷은 초록빛이 감도는 회색으로 변하는 것이다. 더욱이 난자와 정자를 지니고 있어 한껏 부푼 하체 부분은 벽이 몹시 얇고 취약해지며, 이 부위와 상체 사이가 눈에 띄게 수축한다.

마침내 밤이 되면, 육체적으로 크게 달라진 팔롤로는 새로운 방식으로 달빛에 반응한다. 달빛은 굴 안에 죽은 듯 갇혀 있던 팔롤로를 끌어내 이상한 의식을 치르도록 이끈다. 팔롤로는 벽이 얇아진 부푼 하체를 굴 밖으로 내민다. 그러고는 이내 몸을 비비 트는 동작을 수차례 되풀이한다. 그러면 약한 부분이 부러지면서 두 동강이 난다. 이때부터 두 부분은 서로 다른 운명의 길을 걷는다. 즉 하나는 굴에 남아서 어둠을 버티며 소심하게 먹이를 찾는 존재로서의 삶을 새로이 시작하고, 또 하나는 해수면 위로 헤엄쳐 가서 수백만 마리의 팔롤로 무리와 합류해 산란 활동에 동참하는 것이다.

밤의 마지막 몇 시간 동안 팔롤로 떼는 급속도로 불어나고, 새벽이 다가오면 산호초 위 바다는 그야말로 이들 천지가 된다. 최초의 햇살이 비치면, 거기에 강하게 자극받은 팔롤로가 거세게 몸을 비틀기 시작한다. 급기야 얇아진 벽이 터져버리는데, 암컷에서는 난자가, 수컷에서는 정자가 바닷물로 쏟아져 나온다. 안을 다 비워내 기력이 다한 팔롤로는 잠시 힘없이 헤엄치다가 잔치를 벌이려고 몰려든 물고기의 먹잇감이 된다. 그러고도 남은 존재는 이내 바다 밑으로 가라앉아 서서히 죽음을 맞이한다. 하지만 해수면을 떠도는 수정란은 깊이 몇 미터에 면적 몇 에이커쯤 되는 지역을 누비고 다닌다. 수정란 속에서는 세포 분열이라는 급격한 변화

블랙에인절피시

가 일어난다. 같은 날 저녁 무렵 수정란에서 작은 유생이 쏟아져 나오고, 이들은 나선형으로 헤엄을 친다. 유생은 약 사흘 동안은 해수면에서 지내며, 그 뒤로는 그 아래 있는 산호초에 굴을 파고 산다. 이들은 1년 뒤 제 부모와 마찬가지로 그 종 특유의 산란 활동을 고스란히 되풀이한다.

플로리다키스와 서인도제도 주변에 간간이 떼 지어 다니는, 이들과 유연관계인 일부 갯지렁이는 몸이 야광이라서 어두운 밤에 아름다운 불꽃의 향연을 펼치기도 한다. 어떤 이들은 콜럼버스가 10월 2일 밤, "육지를 발견하기 약 4시간 전, 달뜨기 약 1시간 전"에 목격했다고 주장한 그 신비로운 빛이 바로 이들 불갯지렁이(fireworm)의 공연이었다고 믿는다.

산호초에서 출발한 조수는 거초면 위를 쓸고 지나간 뒤 마침내 해안에 솟은 산호석에 부딪쳐 멈춘다. 플로리다키스의 일부 지역에서는 이 암석이 풍화 작용으로 매끄럽게 다듬어져 표면이 반반하고 둥그스름하다. 그러나 또 어떤 곳에서는 침식 작용으로 울퉁불퉁하고 홈이 깊게 파여 있기도 하다. 이는 수세기 동안 파도와 바닷물 포말에 의해 암석이 서서히 용해되었음을 말해준다. 암석은 마치 폭풍파가 몰아치던 모습 그대로 굳어버린 것 같거나, 아니면 달의 표면 같다. 고조선 위아래에서는 작은 동굴이 나 암석이 용해되어 생긴 구멍이 드넓게 펼쳐져 있다. 이런 장소를 찾아갈 때면 나는 으레 발아래에서 오래전에 죽은 암초, 그리고 지금이야 비록 망가지고 흐릿해졌지만 한때는 살아 있는 생명체를 수용하는 섬세하게 조각된 용기였을 산호를 강하게 의식하곤 한다. 이제 그 세계를 빚어낸 것들은 모두 수천 년 전에 죽고 없다. 하지만 그들이 남긴 흔적은 지금도 살아 있는 현재의 일부로 남아 있다.

울퉁불퉁한 암석 위에 몸을 웅크리고 있으면 내 귀에는 그 암석의 표면에 작용하는 대기와 바닷물의 운동에서 비롯된 작은 웅성거림이나 속삭임, 사람의 손길이 닿지 않은 조간대의 목소리가 들린다. 거기에는 황량하고 음울한 미몽을 깨뜨려주는 생명의 기운이 거의 없다. 아마 몸이 검은 등각류, 바다바퀴(sea roach) 한 마리가 메마른 암석 위로 나타나는가 싶다가 쏜살같이 작은 바다 동굴 속으로 사라질 것이다. 이들이 햇빛이나 날카로운 눈매를 지닌 적에게 노출되는 위험을 감수하는 것은 그저 어느 깜깜한 구멍에서 다른 구멍으로 잽싸게 이동하는 짧은 순간에 그친다. 산호석에는 바다바퀴가 바글바글하지만, 이들은 어둠이 해안에 깔려야만 떼 지어 기어 나와 먹잇감인 동물 조각이나 식물 찌꺼기를 찾아 먹는다.

고조선에서는 초소형 식물이 산호석에 검은 띠를 남기는데, 세계의 모든 암석 해안에서 볼 수 있는 이 신비로운 띠는 그곳이 바닷가임을 알려

바다바퀴

주는 표식이다. 산호석의 표면은 가지런하지 않고 깊게 파여 있으므로, 고조선에서는 바닷물이 홈이나 틈새를 통해 암석 밑으로 흘러 들어가고, 그래서 검은 띠가 암석 구멍의 울퉁불퉁한 테두리나 작은 동굴의 가장자리를 짙게 채색한다. 반면 조수선 아래에서 볼 수 있는 산호석의 구멍이나 홈은 노랑과 회색이 섞인 좀더 밝은 빛깔이다.

껍데기에 시원스러운 흑백 줄무늬가 있는 작은 고둥, 곧 갈고둥(nerita)은 산호석의 홈이나 틈새에 옹기종기 모여 살거나 조수가 돌아와 먹이를 잡아먹을 수 있길 기다리며 드러난 암석에서 쉬고 있다. 표면에 거친 구슬이 달린 둥근 껍데기의 비디드총알고둥(beaded periwinkle)은 총알고둥의 일종이다. 총알고둥에 속한 다른 종 대부분이 그렇듯 이 비디드총알고둥도 잠정적으로 육지를 침범했다. 이들은 해안 위쪽의 암석이나 통나무 아래서 살아가기도 하고, 심지어 육지에서 자라는 식물 속에 슬그머니 기어 들어가 살기도 한다. 블랙다슬기(black horn shell)는 고조선 바로 아래 떼 지어 살면서 암석에 막처럼 얇게 붙은 해조를 뜯어 먹는다. 살아 있는 고둥은 조수의 수위와 막연하게나마 유대감이 있지만, 죽고 나면 작은 소라게(hermit crab)가 그 껍데기를 해안의 낮은 곳으로 끌고 가서 자기 처소로 삼는다.

심하게 침식한 암석에는 딱지조개가 산다. 딱지조개의 초기 형태는 고대의 몇몇 연체동물을 연상시킨다. (그중 딱지조개만이 현재까지 살아남았다.) 이들의 껍데기는 가로놓인 8개의 판이 이어진 모습인데, 조수가 빠져나가면 타원형 몸이 바위틈에 꼭 끼어 있다. 딱지조개는 어찌나 암석을 단단히 움켜잡고 있는지 제아무리 심한 파도가 몰아쳐도 경사진 등고선 모양의 껍데기를 떼어내지 못할 정도다. 이들은 고조 때 몸이 바닷물에 잠기면 그제야 기어 나와 암석에서 식물 갉아 먹는 일을 재개한다. 그럴 때 보면 치설이 긁어대는 동작에 따라 몸이 앞뒤로 흔들린다. 딱지조개는 어느 방향으로든 한 달에 불과 1미터 정도만 이동한다. 착생하는 습성 탓에 해조의 포자와 따개비 유생, 그리고 관 만드는 갯지렁이 따위가 딱지벌레의 껍데기에 붙어살면서 발달 과정을 거치기 때문이다. 이들은 어떤 때는 검고 축축한 굴에서 서로 겹겹이 몸을 포개고 있다. 그럴 때면 아래 놓인 딱지조개의 등에 붙은 해조를 긁어 먹는다. 이 원초적인 연체동물은 단순한 삶을 살아온 지난 수백수천 년 동안, 암석에 사는 해조뿐 아니라 미세한 암석 입자 부스러기를 갉아 먹음으로써 지표면을 서서히 깎아내리는 침식 과정에 기여했다. 그렇게 지질학적 변화를 매개해준 것이다.

사주 가운데 몇몇 곳에는 조간대에서 살아가는 작은 연체동물 콩갯민숭이(*Onchidium*)가 작은 암석 동굴 속 깊이 들어앉아 있다. 동굴 입구에는 홍합 군체가 다닥다닥 붙어 살아간다. 콩갯민숭이는 연체동물이자 고둥이지만 껍데기가 없다. 대개 껍데기가 소실되었거나 감춰져 있는 육지 달팽이, 즉 민달팽이(slug)가 주종을 이루는 분류군에 속한다. 이들은 열대 해안에서, 대체로 침식이 심한 암석 해안에 서식한다. 조수가 빠져나가면

딱지조개

검고 작은 콩갯민숭이 여남은 마리가 함께 쓰는 동굴 입구에서 꿈틀꿈틀 기어 나와 걸리적거리는 홍합의 족사 속을 헤쳐 나간다. 그러곤 암석에 붙은 식물을 딱지조개처럼 긁어 먹는다. 이들은 저마다 새까맣게 반짝이는 점액 외투를 걸친 모습이다. 바람이 불거나 해가 나면 몸이 말라서 색깔이 더 짙은 남빛으로 바뀌고, 그 위로 작은 우윳빛 꽃 한 송이가 피어난다.

콩갯민숭이는 돌아다니는 동안 암석 위에서 구불구불한 길을 아무렇게나 따라가는 것처럼 보인다. 그리고 조수가 가장 낮은 지점까지 빠져나가도, 심지어 다시 방향을 바꿔 슬슬 차오르기 시작해도 먹이 활동을 그치지 않는다. 그러다 돌아오는 바닷물이 닿기 전, 물방울이 둥지에 들이치기 약 30분 전 일시에 먹이 뜯어 먹는 일을 멈추고 둥지로 돌아가기 시작한다. 집 밖으로 나가는 길은 구불구불하지만 귀갓길은 곧은 직선이다. 설령 길이 심하게 침식한 암석 위를 지난다 해도, 또 다른 동료들의 길과 교차한다 해도, 이 군체의 구성원은 정확하게 본래의 자기 집으로 돌아간다. 먹이를 먹을 때는 뿔뿔이 흩어지지만 본시 하나의 거주 공동체에 속한 구성원은 모두 거의 같은 순간에 귀가를 서두른다. 이들이 이렇게 행동하도록 이끄는 자극은 무엇일까? 차오르는 중인 바닷물은 아닐 것이다. 아직 이들의 몸에 닿지도 않았으니 말이다. 게다가 돌아온 바닷물이 콩갯민숭이가 먹이 활동을 하던 암석 위로 다시 찰랑거리는 때는 녀석들이 이미 둥지에 안전하게 들어앉은 뒤다.

이 작은 동물의 행동 패턴은 하나같이 우리를 어리둥절하게 만든다. 이들은 어째서 수천 년, 혹은 수백만 년 전 조상이 버린 장소인 바닷가에서 다시 살겠노라고 작정한 것일까? 녀석들은 오직 조수가 빠져나갈 때에만 기어 나온다. 그리고 바닷물이 돌아오는 순간이 임박했음을 감지하고, 최근에 자신이 육지와 친해졌다는 사실을 기억하는 것 같다. 그래서 조수가 자신을 휩쓸어가지 않도록 서둘러서 안전한 곳으로 피신한다. 이들은 어쩌다 바다에 이끌리면서도 바다를 거부하는 이런 행동 패턴을 습득한 것일까? 우리는 그저 이런 질문을 던질 수 있을 뿐 아직껏 거기에 관한 답은 내놓지 못하고 있다.

콩갯민숭이에게는 먹이를 찾아나서는 여행을 하는 동안 자신을 보호하기 위해 적을 감지하고 몰아내는 수단이 있다. 등에 난 작은 가시들은 빛이나 지나가는 그림자에 민감하다. 외투강을 연상케 하는 좀더 단단한 가시에는 강한 산성의 유백색 액체를 분비하는 샘이 있다. 이들은 만약 느닷없는 위험을 느끼면 이 산성 액체를 뿜어내는데, 그 미세한 입자를 허공으로 13~15센티미터, 즉 제 몸길이의 무려 12배 높이까지 분무한다. 필리핀에서 콩갯민숭이를 연구한 옛 독일 동물학자 카를 젬퍼(Carl Semper)는 이 두 가지 장치가 이들을 해변에서 통통 튀는 베도라치(blenny)로부터 보호해준다고 믿었다. 베도라치는 열대의 수많은 맹그로브 해안에서 조수 위로 튀어 오르는 물고기인데, 콩갯민숭이나 게를 잡아먹고 산다. 젬퍼는 콩갯민숭이가 자신에게 다가오는 물고기의 그림자를 감지하고, 유백색의 산성 물보라를 분사해 적을 몰아낸다고 주장했다. 플로리다 주나 서인도제도 지역에는 먹이를 잡으려고 물에서 튀어 오르는 물고기가 없다. 그러나 콩갯민숭이가 먹이를 잡아먹는 암석에서는, 서로 밀치면서 다투어 도망치는 게와 등각류가 콩갯민숭이를 물속으로 밀어내는 것으로 보인다. 콩갯민숭이에게는 암석을 붙들고 있을 만한 수단이 없기 때문이다. 이유야 어찌 되었든 이들은 위험한 적에게 하는 것과 똑같은 반웅을 게와 등각류에게도 해보인다. 즉 그들이 닿으면 역겨운 화학 물질을 방출하는 것이다.

열대의 조간대는 거의 모든 유형의 생명체에게 상황이 몹시 험악하다. 조수가 빠져나가 있는 동안 태양의 열기에 노출될 위험은 한층 더 커진다. 숨을 막히게 하는 퇴적물층이 계속 움직이면서 평평한 바닥이나 완만하게 경사진 사면에 쌓이는데, 이 때문에 더 깨끗하고 차가운 북쪽 바다의 암석 해안에서 서식하는 것과 같은 유형의 수많은 동식물이 살아남기도 어렵다. 뉴잉글랜드에서는 따개비와 홍합이 드넓은 벌판을 형성하는 데 반해, 이곳 열대 조간대에서는 오직 군데군데 작은 밭을 이룰 따름이다. 사주마다 퍼져 있는 정도는 저마다 다르지만 이들이 진짜로 풍부하게 서식하는 곳은 그 어디에도 없다. 여기에는 북쪽의 거대한 록위드 숲 대신 오직 부서질 것 같은, 석회를 분비하는 여러 종류의 작은 해조가 간간이 흩어져 자랄 뿐이다. 이 해조는 결코 수많은 동물에게 안전한 거처나 은신처가 되어주지 못한다.

소조 때의 고조선과 저조선 사이 지역 역시 대체로 호의적이지 않지만, 그럼에도 여기에는 두 가지 형태의 생명체가 살아간다. 하나는 동물이고, 하나는 식물이다. 다른 어느 곳에서도 풍부하게 자라지 않고 오직 이곳에서만 완벽하게 편안함을 느끼는 존재들이다. 그중 식물은 특이한 아름다움을 자랑하는 해조로, 들쭉날쭉한 구형의 초록색 구슬덩어리다. 바로 커

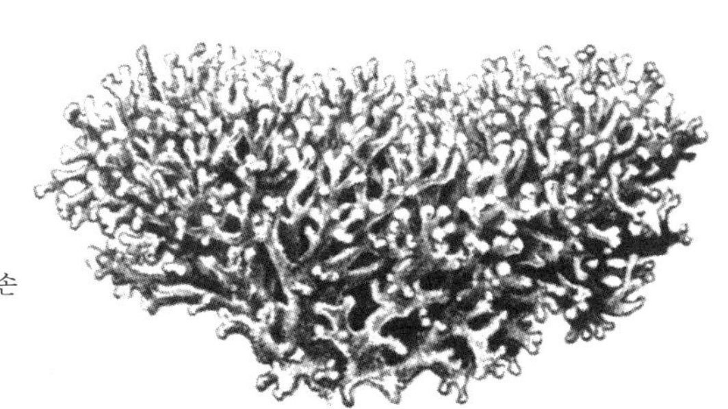

석회를 분비하는 조류(藻類), 고니올리손

다란 수포를 형성하는 녹조류, 곧 바다병(sea bottle, *Valonia*)이다. 수포 속에는 주위의 물과 화학 작용을 일으키는 게 분명한 수액이 들어 있는데, 이 수액은 햇빛의 강도, 쇄파에의 노출 정도, 여러 주변 여건의 차이에 따라 함유한 나트륨과 칼륨 이온의 구성비가 달라진다. 바다병은 바위 턱이나 기타 보호받는 장소에서 작은 에메랄드빛 구슬 덩어리나 시트(sheet) 형태를 이루며, 몸의 절반이 두꺼운 퇴적물층에 묻혀 있다.

산호 해안의 조간대를 상징하는 동물은 바로 고둥 분류군에 속하는 것으로, 이들의 전체적 구조와 모습은 연체동물강에서 전형적으로 볼 수 있는 생활 양식과 극명한 대조를 이룬다. 이들을 버미티드고둥(vermetid snail), 혹은 웜라이크고둥(wormlike snail)이라고 부른다. 껍데기는 여느 복족류와 달리 가시도 없고 고깔도 없으며, 꼭 갯지렁이의 석회질 관처럼 똬리가 없는 헐렁한 관이다. 산호 해안의 조간대에서 이 종은 군체를 이루고 살아가며, 각각의 관이 서로 촘촘하게 얽혀 있다.

버미티드고둥의 바로 이 같은 특성, 그리고 이들이 저와 유연관계에 놓인 연체동물의 모양과 습성에서 출발하고 있다는 사실은 이들이 살아가는 세계가 어떤 환경인지, 이들이 빈 틈새에서 생존하도록 스스로를 적응

해면 속에 묻혀 있는 단생 버미티드고둥

얽히고설킨 군생 버미티드고둥의 껍데기

시킬 준비가 얼마나 잘 되어 있는지 보여준다. 이곳 산호 바닥에서는 조수가 하루에 두 차례씩 밀려들었다 빠져나간다. 그리고 조수가 밀려들 때마다 외안에서 새로운 먹이가 공급된다. 이러한 풍부한 먹잇감을 이용할 수 있는 완벽한 방법이 딱 하나 있는데, 그건 바로 한 장소에 붙박여 있으면서 먹이가 지나갈 때 사냥하는 것이다. 바로 다른 해안에서 따개비, 홍합, 관 만드는 갯지렁이 따위의 동물이 써먹는 방법이다. 이는 고둥의 일반적 생활 방식은 아니다. 하지만 특이한 버미티드고둥은 적응 과정을 거치면서 고둥에게 전형적인 떠돌이 습성을 버리고 착생하기에 이르렀다. 이들은 더 이상 고립 생활을 하지 않고 거대하게 무리 지어 살아간다. 껍데기들이 어찌나 뒤엉켜 있는지 초기 지질학자들은 떼 지어 뭉쳐 있는 이들을 '갯지렁이 암석'이라고 부르기도 했다. 이들은 암석에 붙은 먹이를 긁어 먹거나 다른 덩치 큰 동물을 사냥해 게걸스럽게 먹어치우는 고둥의 습성을 포기했다. 대신 바닷물을 몸 안에 끌어들여 먹이인 미세 플랑크톤을 걸러 먹는다. 이들은 아가미 끝을 내민 다음 마치 그물을 잡아당기듯 물을 끌어들인다. 이는 아마도 고둥 같은 연체동물에게서는 찾아보기 힘든 독특한 적응의 결과일 것이다. 버미티드고둥은 살아 있는 생명체가 자신을 둘러싼 세계에 어떻게 반응하고 적응해왔는지를 온몸으로 보여준다. 동일한 목적에 기여하는 다양한 구조를 발달시킴으로써 똑같은 문제를 해결하는 사례를 우리는 서로 아무런 관련도 없고 저마다 다른 동물

집단 속에서 거듭 확인할 수 있다. 예컨대 뉴잉글랜드 해안에서는 따개비 군단이 조수에 실려온 먹이를 쓸어갈 때, 그 사촌들에게서 볼 수 있는 유영성 부속지의 변형체를 사용한다. 한편 모래파기게는 쇄파가 남쪽 해안으로 몰아치는 곳에 몇 천 마리씩 떼 지어 살면서 더듬이에 달린 강모로 먹이를 거른다. 그런가 하면 이곳 산호 해안에서 무리 지어 살아가는 낯선 버미티드고둥은 아가미로 들어오는 조수의 물을 걸러낸다. 이들은 불완전하고 특이한 고둥이 됨으로써 자신이 거주하는 세계가 제공하는 기회를 이용할 수 있도록 완벽하게 적응한 것이다.

저조의 가장자리에는 짧은 가시를 지닌 바위천공성게(rock-boring sea urchin) 군체가 검은 선을 그어놓았다. 산호석의 구멍이나 홈은 하나같이 이들 성게의 작고 검은 몸으로 꽉 차 있다. 내 기억 속에서는 플로리다키스의 한 장소가 성게의 천국으로 떠오른다. 어느 섬의 동편 바다 쪽 해안이었다. 밑동이 다소 깎이고 심하게 침식해 구멍이나 작은 동굴(대개 지붕이 하늘을 향해 뚫려 있었다)이 형성된 가파른 단구(段丘: 해안에 생겨난 계단 모양의 지형—옮긴이)에서 암석이 급한 경사를 이루고 있었다. 나는 조수선 위쪽에 있는 마른 암석에 서서 바닥에 물이 차 있는 작은 동굴을 내려다보았다. 그런데 부셸 바구니(bushel basket)만 한 어느 동굴에서 25~30마리 되는 성게를 발견했다. 동굴에 담긴 물이 햇빛을 받아 초록색으로 반짝였는데, 그 속에서 성게의 둥근 몸이 검은 가시와 극명한 대조를 이루며 불그스름하게 빛났다.

그 지점을 좀 지나서부터는 더 이상의 하방 침식(下方浸蝕) 없이 해저가 바닷물 밑으로 완만하게 경사를 이루었다. 여기에서는 바위천공성게가 모든 틈새에 빈틈없이 들어앉아 있었다. 이들의 존재는 마치 높낮이가 고르지 못한 바닥이 만들어낸 그림자 같았다. 성게가 아래쪽에 달린 짧고 단단한 5개의 이빨로 암석에 구멍을 냈는지, 아니면 본래부터 있던 구멍을 이용해 그곳 해안을 덮쳐오곤 하는 폭풍에 맞서 안전하게 닻을 내렸는지는 확실치 않다. 알 수 없는 몇 가지 이유로 바위천공성게, 그리고 이들과 유연관계에 있는 세계 다른 지역의 성게 종들은 이 특정 조수 지대에 뿌리를 내렸다. 다른 성게 종은 거초면에 풍부하게 존재하지만, 이들 성게만큼은 거초면까지 멀리 떠돌아다니지 않도록 해주는 보이지 않는 끈에 의해 확실하고도 신비롭게 이 조수 지대에서 묶여 있다.

바위천공성게가 사는 지대 위아래에는 옅은 갈색의 관상동물 무리가 백악질 침전물 위로 몸을 내밀고 있다. 바로 말미잘처럼 생긴 모래말미잘(zoanthid)이다. 조수가 빠져나가면 이들은 조직을 한껏 움츠려 자신이 동물임을 말해주는 모든 걸 숨긴다. 그때 누군가가 이들을 본다면 그저 이상하게 생긴 해양 균류로 여기고 지나치기 십상일 것이다. 물이 다시 차들어오면 이들은 동물로서의 본성을 되찾는다. 모래말미잘이 실려온 먹이를 잡으려고 조수 쪽으로 몸을 기울이기 시작하면 황갈색 관에서 왕관 모양의 에메랄드빛 촉수가 나와 활짝 펼쳐진다. 이들은 살아남으려면 섬세한 촉수 조직을 숨 막히는 퇴적물층 위로 드러나게끔 유지해야만 한다.

모래말미잘. 전체 구조를 드러낸 모래말미잘(왼쪽 위). 오른쪽에서 볼 수 있듯 모래말미잘은 일평생 촉수만 빼고는 토사에 판 굴속에 몸을 숨기고 산다.

그에 따라 비록 평소에는 관이 짜리몽땅하지만 퇴적물층이 두꺼운 곳에서는 몸을 가느다란 실처럼 길게 늘어뜨릴 수 있다.

대다수 플로리다키스 사주의 바다 쪽은 해저가 완만하게 경사져 있고, 400미터 정도는 걸어서 건널 수 있는 깊이다. 일단 바위천공성게, 버미티드고둥, 그리고 초록색과 갈색이 어우러진 보석말미잘(jewel anemone)이 사는 지대를 지나면, 거친 모래와 산호 조각이 깔린 해저에 거북말이 군데군데 검은 밭뙈기를 이루고 있다. 이곳 거초면부터는 좀더 덩치 큰 동물들이 서식하기 시작한다. 검고 몸집 큰 해면은 오직 물 깊이가 자신의 거대한 덩치를 덮을 정도가 되는 곳에서만 산다. 그러나 연안해에 사는 작은 산호는 덩치 큰 조초 동물에게는 치명적일 수 있는 퇴적물 세례를 받고도 어느 정도 버티며, 단단한 가지가 있거나 돔처럼 생긴 딱딱한 몸을 산호석 바닥에 세울 수 있다. 식물처럼 자라는 습성이 있는 부채뿔산호는 연분홍색·갈색·보라색의 키 작은 관목 같다. 이들 속이나 그 아래에서는 무척 다양한 열대 해안 동물군이 살아간다. 따뜻한 바닷속을 자유롭게 누비는 이 생명체들은 거초면 위를 기어 다니거나 미끄러지듯 움직이거나 헤엄쳐 다닌다.

거대하고 굼뜬 로거헤드해면은 생김새만으로는 검게 부푼 몸 안에서 대관절 무슨 일이 일어나고 있는지 알 길이 없다. 납작한 위쪽 표면에 손가락이 드나들 정도의 둥근 구멍이 몇 개 뚫려 있는데, 그중 일부가 조심스럽게 닫히는 순간이 있다. 그런데 오래 기다린 끝에 구멍이 닫히는 광경을 보지 않고서는 이들에게서 아무런 생명의 기척도 느낄 수 없다. 해면은 그 분류군에 속한 것 가운데 가장 작은 것조차 몸 안으로 계속 바닷물을 순환시켜줘야만 살아남을 수 있다. 대형 해면의 특징을 설명해주는

손가락산호

열쇠가 바로 위쪽에 난 구멍이다. 로거헤드해면의 옆벽에는 지름이 작은 흡입구들이 뚫려 있는데, 모두 구멍이 숭숭 난 체판에 덮여 있다. 작은 흡입구들은 거의 수평으로 곧장 내부에 이어지고, 계속 가지를 쳐서 점점 구멍이 작아지는 관들로 통한다. 이들 관은 이 덩치 큰 해면 전체를 관통한 다음 결국 큰 출구용 구멍들로 나가도록 연결되어 있다. 출구용 구멍들은 빠져나가는 물살의 힘 덕택에 침전물에 짓눌리지 않는 듯하다. 어쨌거나 이 구멍들만이 해면 전체에서 유일하게 순수한 검정색으로 보이는 부분이다. 밀가루 같은 흰 암초 퇴적물이 본래는 거무튀튀한 해면의 겉을 온통 뒤덮어버린 탓

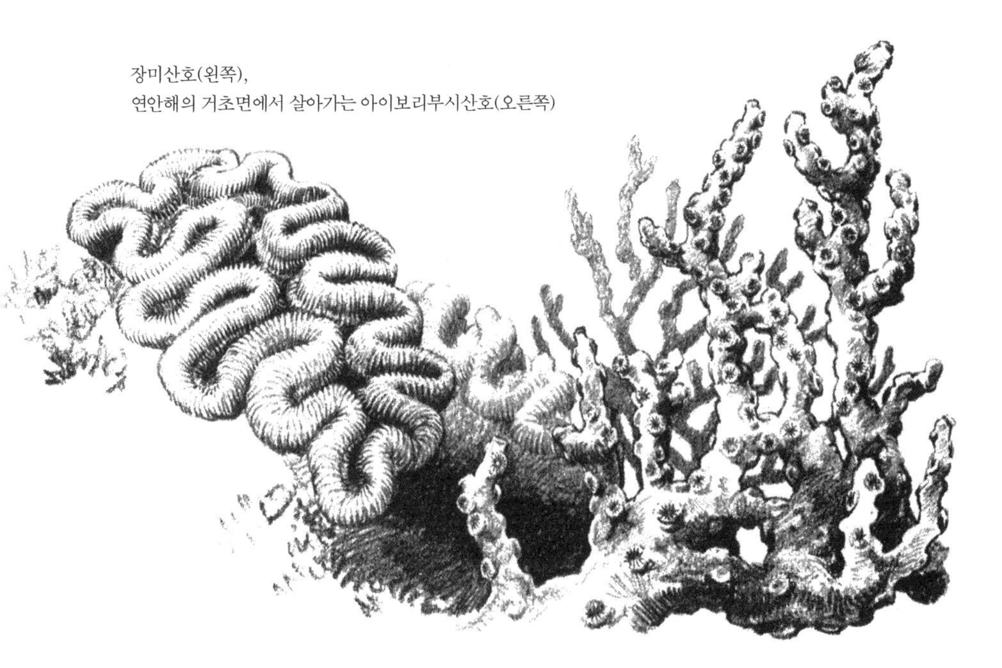

장미산호(왼쪽),
연안해의 거초면에서 살아가는 아이보리부시산호(오른쪽)

이다.

바닷물은 로거헤드해면 속을 통과하면서 먹이인 미세 유기물이나 그 찌꺼기를 내부의 관 벽에 발라준다. 그러면 해면의 세포는 소화하기 좋은 먹이를 취해 몸속 여기저기에 전달하고, 찌꺼기 물질은 흘러나가는 물속에 내뱉는다. 또한 바닷물은 그 안에 녹아 있는 산소를 해면의 세포로 전

닭새우, 긴가시성게와 함께 있는 로거헤드해면.
새끼 성게는 가시에 흰 줄이 그어져 있다.

달하고, 해면이 배출한 이산화탄소는 거둬간다. 어떤 때는 어미 해면 속에서 발달 초기 단계를 거치고 있던 작은 유생들이 마침내 모체에서 떨어져 나와 찌꺼기 물질과 함께 바다로 실려가기도 한다.

복잡한 통로와 이들이 제공하는 거처와 일용할 양식 덕분에 수많은 작은 동물이 로거헤드해면 속으로 몰려들어 함께 살아간다. 어떤 동물은 들락날락하고, 어떤 동물은 일단 해면 속에 자리 잡으면 두 번 다시 떠나지 않는다. 이 같은 영구 거주자 중 하나가 바로 작은 새우다. 큰 집게발로 '딸깍거리는(snapping)' 소리를 낸다고 해서 딱총새우(snapping shrimp)라는 이름이 붙은 분류군 중 하나다. 성체 딱총새우는 해면 속에서 감옥살이를 하지만, 어미의 부속지에 붙은 알에서 부화한 새끼 새우는 흐르는 물에 실려 바다로 나온다. 그러고는 아마도 제법 먼 곳까지 헤엄치거나 떠돌아다니며 한동안 해류와 조수 속에서 살아간다. 새끼 새우는 지지리 운이 나쁘면 해면이 살지 않는 깊은 바다로 들어가기도 한다. 하지만 대부분은 마침맞은 때 로거헤드해면의 거무튀튀한 덩어리를 찾아내고, 그 안에 들어가 부모가 밟아온 길을 걷는다. 딱총새우는 어두운 통로를 배회하면서 해면 벽에 붙은 먹이를 긁어 먹는다. 그리고 원통형 통로를 기어 다닐 때면, 혹시라도 더 덩치 크고 위험한 동물이 접근하는지 알아내기라도 하려는 듯 큰 집게발과 더듬이를 앞으로 쑥 내밀고 있다. 해면 안에는 이 외에도 다른 새우, 이각류, 갯지렁이, 등각류 등 숱한 동물이 숙식을 함께 한다. 해면이 크면 동거 동물의 수가 무려 수천 마리에 이르기도 한다.

나는 플로리다키스의 사주들로부터 약간 떨어진 거초면에서 작은 로거헤드해면을 열어본 적이 있다. 그때 해면 안에서 살아가는 작은 호박색 새우들이 위험을 느끼고 더 깊은 구멍으로 허둥지둥 달아나면서 집게

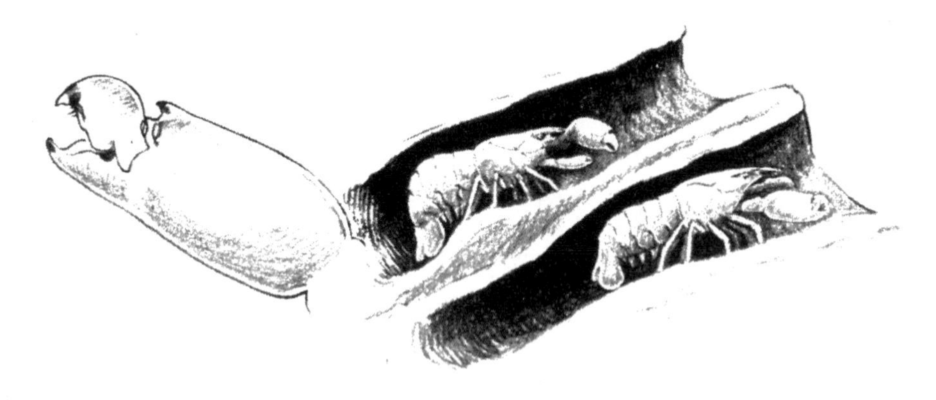

로거헤드해면의 통로에서 살아가는 딱총새우. 왼쪽은 딸깍거리는 소리를 내는 집게발의 상세도다. 움직일 수 있는 발가락에는 고정된 발가락의 소켓에 딱 들어맞는 마개와 열린 상태를 유지하는 데 도움을 주는 흡반이 달려 있다.

발을 딸깍거리는 소리를 들었다. 어느 날 저녁 저조 무렵 그곳 해안에서 발을 담근 채 걷고 있을 때도 그와 똑같은 소리가 주변 공기를 가득 채우는 것을 들었다. 드러나 있는 암초 암석이라면 어디에서나 이상하게 톡톡 두드리는 소리, 땅땅 치는 소리가 자그마하게 들리곤 했다. 하지만 답답하게도 그 소리가 대체 어디에서 나는 것인지는 알아낼 길이 없었다. 바로 옆에서 나는 소리인 만큼 여기 이 암석 조각이 틀림없겠다 싶어 무릎을 꿇고 찬찬히 살펴봤지만 아무 소리도 들리지 않았다. 곧이어 바로 그 암석 조각만 빼고 다른 모든 곳에서 마치 꼬마 요정이 망치질을 하는 듯한 소리가 들려오기 시작했다. 끝끝내 작은 새우를 찾아내지는 못하고 말았다. 하지만 나는 이들이 내가 로거헤드해면에서 본 것과 유연관계인 종이라는 사실만은 알고 있었다. 딱총새우는 저마다 몸의 나머지 부분과 길이가 비슷한, 망치처럼 생긴 거대한 집게발이 달려 있다. 집게발에서 움직이도록 되어 있는 발가락에는 고정된 발가락의 소켓에 꼭 맞게 끼워 넣을 수 있는 덮개가 달려 있다. 움직일 수 있는 발가락을 들어 올린 상태로 유지해주는 것은 아마도 흡반인 듯싶다. 그것을 다시 내리려면 가외의 근력이 필요하다. 흡반을 무력화시키면 그 발가락이 딸깍 소리를 내며 제자리로 돌아오고, 그와 동시에 소켓에서는 물이 뿜어져 나온다. 아마도 이 물대포는 적을 무찌르고 먹이를 잡는 데 도움을 주는 듯하다. 또한 집게발이 엄청난 기세로 닫힐 때 나는 소리도 먹잇감인 동물을 놀라게 만드는 것 같다. 그 작동 원리에 어떤 가치가 있든 딱총새우는 열대와 아열대의 얕은 바다에서 너무도 풍부하게 존재하고, 또 쉴 새 없이 집게발을 딸깍거리므로 수중 측음 장치에 포착된 낯선 소리의 상당수는 이들의 작품임을 알 수 있다. 이들은 지글거리는 소리, 탁탁거리는 소리를 바다 세계에 끊임없이 보태고 있다.

열대 군소(sea hare)와의 조우는 나를 놀라게 만들었다. 5월 초 어느 날, 오하이오키(Ohio Key)로부터 조금 떨어진 거초면에서였다. 거기 어디쯤에 선가 꽤나 키 큰 해조가 이상하리만치 무성한 곳을 걷고 있을 때였다. 갑자기 뭔가가 움직여 눈을 돌려보니 30센티미터 정도 되는 묵직한 동물 대여섯 마리가 해조 속에서 노닐고 있었다. 이들은 옅은 황갈색으로 검은 테가 그려져 있었다. 그중 하나를 발로 조심스럽게 건드리자 녀석은 즉각 크랜베리 주스 색깔의 액체를 뿜으면서 연막을 쳤다.

나는 그보다 몇 년 전 노스캐롤라이나주 해안에서 군소를 처음 보았다. 길이가 새끼손가락만 한 작은 동물이었는데, 돌 잔교 부근에 난 해조 사이를 평화롭게 노닐고 있었다. 물속에 손을 넣어 조심스레 녀석을 집어 들었다. 그리고 신원을 확인한 다음, 살살 본래의 해조에 되돌려놓았다. 군소는 풀 뜯어 먹던 일로 천연덕스럽게 되돌아갔다. 나는 마음속에 새겨진 이 요정 같은 이미지를 과감하게 떨쳐버리고서야 신화책에나 나올 법한 기괴한 모습으로 성장한 오하이오키의 열대 동물들이 내가 노스캐롤라이나주 해안에서 처음 보았던 녀석과 같은 종족이라는 사실을 받아들일 수 있었다.

거대한 서인도제도군소(West Indian sea hare)는 바하마, 버뮤다, 카보베르데뿐 아니라 플로리다키스에도 서식한다. 이들은 대개 힘닿는 대로 외안까지 나가서 살기도 하지만, 산란기가 되면 얕은 바다로 돌아와 엉킨 실타래처럼 생긴 알을 저조대의 해조에 낳는다. 내가 이들을 발견한 곳도 바로 그런 얕은 바다에서였다. 이들은 바다우렁이의 일종이지만 겉껍데기가 없고, 부드러운 외투강 조직에 감춰진 흔적 기관만 내부에 남아 있다. 귀를 연상케 하는 눈에 잘 띄는 2개의 촉수와 토끼를 닮은 몸체 때문에 'sea hare(문자 그대로 옮기면 '바다 토끼'—옮긴이)'라는 이름이 붙었다.

겉모습이 이상해서인지 아니면 이들이 내뿜는, 흔히 독이 있다고 알려진 방어용 액체 탓인지는 몰라도 구세계군소(Old World sea hare)는 대대로 민간에 전해지는 이야기·미신·마법의 단골 메뉴였다. 플리니우스(Plinius: 로마의 정치가, 박물학자—옮긴이)는 군소에 독성이 있다고 분명히 언급하며, 당나귀의 젖에 당나귀 뼈를 갈아 넣어 함께 끓여 해독제로 쓰라고 권했다. 《황금 당나귀(The Golden Ass)》의 저자로 알려진 아풀레이우스(Apuleius: 로마의 철학자이자 풍자 작가—옮긴이)는 군소를 해부한 모습이 궁금한 나머지 어부 2명을 설득해 군소 표본을 한 마리만 잡아달라고 부탁했다가 주술과 독살 혐의로 고소당하기도 했다. 다른 누군가가 용감하게도 해부한 그 생명체의 내부 모습을 기술하고 출판하기까지는 그로부터 1500년이 더 흘러야 했다. 1684년 프란체스코 레디(Francesco Redi)라는 인물이 바로 그 일을 했다. 일반인은 군소를 어느 때는 갯지렁이라고, 어느 때는 해삼이라고, 또 어느 때는 물고기라고 불렀다. 하지만 레디는 적어도 다른 종과의 일반적 관계에서 볼 때 '해양 민달팽이'로 분류해야 맞는다고 주장했다. 지난 세기 동안 대체로 군소의 무해한 속성을 인정하는 분위기가 자리 잡았다. 그러나 유럽이나 영국에서는 이들이 꽤 잘 알려져 있을지 몰라도, 주로 열대 바다에서만 살아가는 아메리카군소(American sea hare)는 아직까지 그렇게 익숙한 동물이 아니다.

이처럼 군소가 낯선 것은 아마도 부분적으로는 이들이 조수를 타고 산란하기 위해 이동하는 횟수가 그리 많지 않기 때문일 것이다. 군소는 암수 동체다. 개체 군소는 수컷과 암컷 중 하나로, 아니면 둘 다로 기능한다. 알을 낳을 때면 긴 실을 한 번에 약 2.5센티미터씩 뿜어내는데, 이 느린 과정을 실이 자그마치 20미터가량 될 때까지, 그러니까 알이 거기에 10만 개 정도 달릴 때까지 계속한다. 분사한 분홍색·주황색 실이 주위의 식물을 칭칭 감는데, 그 결과 마침내 서로 엉겨 붙은 알 덩어리가 만들어진다. 알과 거기서 부화한 새끼는 해양 동물이라면 누구도 피할 수 없는 운명과 마주한다. 즉 수많은 알이 갑각류나 기타 포식자에게(혹은 심지어 동족에게) 잡아먹혀 사라지고, 부화한 유생 중 상당수도 플랑크톤으로 살아가는 동안 목숨을 잃는 것이다. 유생은 해류의 부유물에 실려 외안으로 이동하며, 성체 형태로 변태 과정을 거친 다음에는 해저로 내려가 심해에서 지낸다. 이들의 색깔은 해안으로 이동하면서 어떤 음식을 먹느냐에 따라 달라진다. 처음에는 짙은 분홍색이었다가 갈색으로, 성체처럼 녹황색으로 변한다. 이들의 생애사를 보면 적어도 유럽 종 가운데 하나는 묘하게도 태평양연어(Pacific salmon)와 유사하다는 것을 알 수 있다. 성체가 된 군소는 알을 낳기 위해 해안으로 향한다. 결코 돌아올 수 없는 여정이다. 녀석들은 먹이 활동을 하던 외안에 두 번 다시 모습을 드러내지 않는데,

우리는 이들이 단 한 번의 산란을 마치고 숨을 거두었다는 걸 분명하게 알 수 있다.

거초면의 세계에는 온갖 종류의 극피동물이 서식한다. 불가사리·거미불가사리·성게·연잎성게·해삼 등이 산호석 위에서, 흐르는 산호 모래밭에서, 부채뿔산호가 펼쳐진 바다 정원에서, 그리고 잘피가 융단처럼 드리운 바닥에서 살아간다. 다들 해양 세계를 유지하는 데 더없이 소중한 존재다. 이들은 저마다 필요한 물질을 바다에서 얻고, 서로 전달하고, 바다로 되돌려 보냈다가 다시 얻는 사슬 속에서 하나의 연결 고리 역할을 한다. 그중에는 지구가 건설 및 파괴되는 지질 과정(즉 암석이 닳고 갈려서 모래가 되는 과정, 해저를 뒤덮는 퇴적물이 쌓이고 이동하고 분류되고 널리 퍼지는 과정)에서 중요한 동물도 있다. 이들이 죽으면서 남긴 단단한 뼈대는 다른 동물에게, 혹은 암초를 건설하는 데 필요한 칼슘을 제공한다.

산호초에서 긴가시성게는 산호 벽의 기단에 구멍을 뚫고, 저마다 거기에 들어앉아 가시를 바깥으로 내밀고 있다. 산호초에서 헤엄치는 사람은 검은 가시로 이뤄진 숲을 볼 수 있다. 긴가시성게는 거초면 위를 어슬렁거리다 로거헤드해면의 발치 가까이에 자리를 잡거나, 혹은 숨을 이유가 전혀 없을 때면 이따금 탁 트인 모래밭에서 쉬기도 한다.

다 자란 긴가시성게는 지름이 10센티미터가 넘는 몸, 즉 피각에 30~40센티미터의 가시가 달려 있기도 하다. 이들은 만지기만 해도 독이 옮는 흔치 않은 해안 동물 중 하나다. 속이 빈 가느다란 가시에 살짝 닿기만 해도 말벌에게 쏘인 것과 같은 상처를 입으며, 아이나 유독 민감한 어른에겐 그 결과가 한층 더 심각할 수도 있다. 가시를 뒤덮고 있는 점액이 독을 품고 있는 게 틀림없는 것 같다.

긴가시성게는 환경을 인식하는 데 남다른 구석이 있다. 이들을 향해 손을 내뻗으면, 가시가 기단 위에서 빙글빙글 회전하며 침입하는 물체를 위협적으로 겨냥한다. 손을 이쪽에서 저쪽으로 옮기면 가시도 거기에 따라 왔다 갔다 한다. 서인도제도 유니버시티 칼리지의 노먼 밀럿(Norman Millott) 교수에 따르면, 긴가시성게는 몸 전체에 널리 퍼진 신경수용체를 통해 빛의 강도 변화에 따라 전달된 메시지를 받아들인다. 다시 말해, 위험이 다가오는 전조로 그림자가 지면서 빛이 갑자기 줄어들면 거기에 발빠르게 대처한다는 것이다. 이쯤 되면 긴가시성게는 옆에 지나가는 물체를 사실상 '보고' 있는 것이나 다름없다.

뭔가 신비로운 방식으로 자연의 위대한 리듬과 연결되어 있는 이 긴가시성게는 보름달 때 산란한다. 이들은 여름에는 태음월(lunar month: 초승달에서 다음 초승달이 될 때까지의 시간. 약 29.5일—옮긴이)에 한 번씩, 달빛이 가장 강한 날 밤 난자와 정자를 물속으로 내보낸다. 이 종의 개체 모두가 어떤 자극에 반응해 그러는지는 몰라도, 이 자극은 자연이 종의 영속을 위해 요구하는 엄청난 생식세포의 동시다발적 배출을 한 치의 오차도 없이 보장해준다.

일부 플로리다키스 사주 부근의 천해에는 이른바 석필성게(slate-pencil urchin)가 살고 있다. 짧고 뭉툭한 가시가 있어 붙은 이름이다. 홀로 지내는 습성이 있는 이들 성게는 저조선 부근의 암초 암석 아래나 그 틈새에 숨어 산다. 녀석들은 침입자의 존재를 알아차리지 못하는, 감각이 무디고 굼뜬 동물인 것 같다. 또한 누군가 떼어내려 할 때 어떻게든 관족으로 붙어 있으려고 안간힘을 쓰는 법도 없다. 석필성게는 고생대 때부터 존재해 온 것 가운데 오늘날까지 살아남은 유일한 극피동물과에 속한다. 이 분류

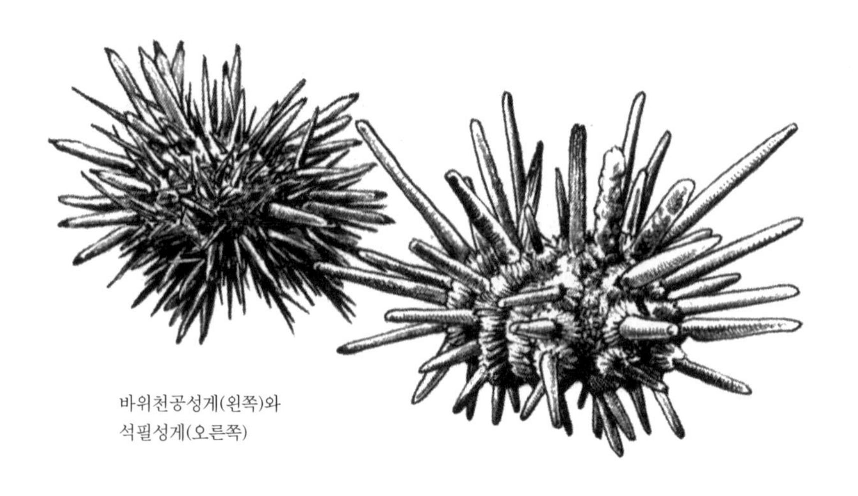

바위천공성게(왼쪽)와
석필성게(오른쪽)

군에 속하는 현생 동물 종들은 수억 년 전에 살던 조상과 형태가 거의 비슷하다.

짧고 가느다란 가시가 있고, 짙은 보라색부터 초록색·분홍색·흰색에 이르기까지 빛깔도 다양한 또 다른 성게가 거북말이 카펫처럼 깔린 모랫바닥에서 무수히 발견되기도 한다. 이들은 잘피 조각이나 조개·고둥 껍데기, 산호 부스러기 따위를 관족에 잔뜩 매달아 위장하고 있다. 수많은 여느 성게와 마찬가지로 이것 역시 지질학적 역할을 수행하고 있는 중이다. 이들은 하얀 이빨로 조개껍데기와 산호석을 갉아 조각을 떼어낸 다음, 소화관에 있는 제분소로 통과시킨다. 성게가 다듬고 갈고 윤낸 이 유기물 조각은 열대 해안 모래의 일부를 이룬다.

불가사리와 가시불가사리 종족도 거초면 도처에서 발견할 수 있다. 몸이 다부지고 힘이 센 불가사리 오레아스테르(*Oreaster*)는 외안에서 좀더 무성하게 살아가는 것 같다. 외안에는 이들이 하얀 모래 위에 별을 뿌려놓은 것처럼 모여 있다. 하지만 외따로 떨어진 개체는 특히 풀이 난 곳을 찾아서 해안 전면부를 배회하기도 한다.

작은 적갈색 불가사리 링키아(*Linkia*)는 팔을 떼어내는 기이한 습성이 있다. 팔이 잘려나간 부분에는 새로운 팔 4개가 생겨난다. 이럴 때면 이 팔은 일시적으로 '혜성(彗星)' 모양이 된다. 링키아는 더러 중심반이 갈라지기도 하는데, 이때는 다시 재생한 결과 팔이 6개, 혹은 7개 달린 동물이 탄생하기도 한다. 이러한 분화는 새끼들의 번식법으로 보인다. 성체 링키아는 분화를 멈추고 알을 만들어내기 때문이다.

거미불가사리는 부채꼴산호의 기단 주변, 해면의 아래나 체내, 끄덕거리는 암석 밑, 침식으로 인해 산호석에 생긴 작은 동굴 아래에서 살아간다. 거미불가사리의 길고 유연한 팔은 모래시계처럼 생긴 일련의 '척추뼈'로 이루어져 있는데, 그 덕분에 물결 모양으로 우아하게 움직일 수 있다. 때로 거미불가사리는 두 팔 끝으로 서고 나머지 팔을 발레리나처럼 우아하게 구부리면서 흐르는 바닷물에 흔들흔들 몸을 맡기곤 한다. 또 팔 가운데 2개를 앞으로 내뻗고 몸, 즉 중심반과 남은 팔을 잡아당기는 식으로 저질 위를 기어 다닌다. 이들은 작은 연체동물이나 갯지렁이, 기타 작은 동물을 잡아먹고 산다. 그리고 다른 한편으로 수많은 물고기를 비롯한 포식자에게 잡아먹힌다. 어느 때는 특정 기생충의 먹이로 희생되기도 한다. 이를테면 작은 녹조류가 거미불가사리의 피부에 붙어 살아갈 때도 있는데 이 녹조류가 석회질 판을 분해하고, 그래서 팔이 떨어져나가는 것

링키아

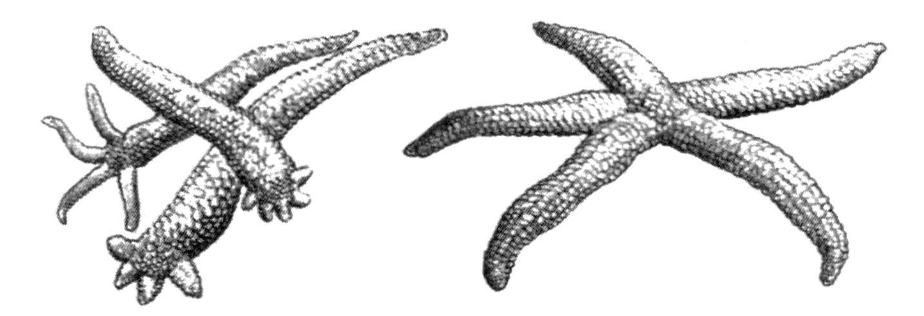

이다. 그런가 하면 이상하게 생긴, 퇴화한 작은 요각류가 거미불가사리의 생식샘 속에 기생충처럼 살아가면서 그들을 불임으로 망쳐놓기도 한다.

처음으로 살아 있는 서인도제도바스켓스타(West Indian basket star)와 만난 일을 결코 잊을 수 없다. 당시 나는 오하이오키에서 조금 떨어진, 무릎 정도 닿는 바닷물 속을 걷고 있었다. 그때 해조 틈에서 조수에 실려 유유히 몸을 움직이는 바스켓스타를 발견했다. 위쪽 표면은 새끼 사슴 색깔이고, 아래쪽은 그보다 더 밝은색이었다. 팔 끝에 달린 작은 가지들은 살펴보고 탐색하는 역할을 하는데, 그걸 보니 몸 붙일 장소를 찾아가는 덩굴식물의 섬세한 덩굴손이 생각났다. 왠지 부서질 것만 같은 예사롭지 않은 아름다움에 거의 넋이 나간 채 그 옆에 한동안 서 있었다. 그걸 '수집'하고 싶은 생각은 없었다. 이토록 아름다운 존재를 건드린다는 게 마치 신성모독처럼 느껴졌으니 말이다. 마침내 조수가 밀려들었고, 물이 너무 많이 차기 전에 산호 바닥의 다른 곳도 챙겨봐야 해서 자리를 떴다. 나중에 다시 돌아와 보니 그 바스켓스타는 사라지고 없었다.

바스켓스타는 거미불가사리의 친척이지만, 구조상 그들과 확연한 차

열대 해안에서 흔히 볼 수 있는, 검은색과 미색 무늬가 교차하는 가시거미불가사리.
15센티미터에 이르는 팔을 거느린 중심반은 지름이 고작 2.5센티미터에 불과한 경우도 있다.

이점이 있다. 5개의 팔은 각각 V자로 갈라지고, 그 V자형 가지는 얽히고 설킨 덩굴손처럼 가장자리가 가득 찰 때까지 같은 방식으로 계속 갈라져 나간다. 그 괴팍한 취향을 인정하는 차원에서, 초기 박물학자들은 그리스 신화에 나오는 괴물의 이름을 따서 이들을 고르곤(Gorgon)이라고 불렀다. 고르곤은 머리카락이 무수히 많은 뱀으로 이뤄져 있는데, 그 못생긴 외모를 본 사람은 돌로 변했다. 그래서 이 괴상한 극피동물이 속한 과는 삼천발이과(*Gorgonocephalidae*)라고 알려져 있다. 머리카락이 뱀으로 되어 있다니 끔찍한 형상이 떠오르지만, 이들은 실제로 보면 더할 나위 없이 아름답고 우아하고 품위가 있다.

북극에서 서인도제도까지 이어지는 연안해에서는 한두 종의 바스켓스타가 살아가고 있다. 그리고 그중 상당수가 해수면에서 1500킬로미터나 아래에 있는, 빛도 들지 않는 해저로 내려간다. 이들은 팔 끝으로 서서 섬세하게 움직이며 해양 바닥을 걸어 다닐지도 모른다. 알렉산더 아가시(Alexander Agassiz)가 오래전에 묘사한 대로 "이 동물은 마치 발뒤꿈치를 들고 서 있는 것처럼 보인다. 그래서 중심반은 지붕이 되고, 팔에서 뻗어나간 가지는 바닥까지 끌리면서 주위에 온통 격자 문양을 만들어낸다". 아니면 이들은 부채뿔산호나 다른 착생 생물에 달라붙어 팔을 내뻗을지도 모른다. 가지 많은 팔은 작은 바다 생물을 잡아들이는, 코가 촘촘한 그물 노릇을 한다. 어떤 곳에서는 바스켓스타가 풍부할뿐더러 무슨 공동 목표라도 있는 양 수많은 개체가 떼 지어 몰려 있다. 그럴 때면 이웃한 바스켓스타들의 팔이 서로 뒤엉켜 계속 이어진 살아 있는 그물을 형성한다. 수백만 개의 덩굴손이 그물을 치고 있는 공간에 겁 없이 찾아온, 혹은 속수무책으로 떠내려온 동물은 아주 작은 치어조차 빠져나갈 방도가 없다.

해안 전면부 부근에서 바스켓스타를 보게 되는 것은 언제나 우리 기억 속에 살아 있는 드문 경험 가운데 하나다. 그러나 가시 돋친 극피동물 종족의 또 다른 일원인 해삼은 사정이 완전히 다르다. 나는 거초면 위를 걸어 다닐 때면 예외 없이 해삼을 만나곤 했다. 이름이 말해주듯 꼭 오이(cucumber)처럼 생긴 크고 검은 몸은 이들이 흐느적거리며 반쯤 묻혀 있는 흰 모래와 극명한 대조를 이룬다. 해삼은 바다에서, 거칠게 말하면 육

회초리산호, 바스켓스타, 부채산호, 블랙에인절피시, 회초리산호

지의 지렁이에 비견되는 역할을 한다. 다시 말해, 엄청난 양의 모래와 진흙을 삼켜서 몸속으로 통과시키는 것이다. 이들 대부분은 강한 근육으로 작동하는 왕관 모양의 뭉툭한 촉수로 바닥의 침전물을 입안에 떠 넣는다. 그런 다음 그 침전물이 몸체를 통과할 때 거기에 들어 있는 음식 입자를 빼간다. 해삼의 몸에서 화학 작용이 일어난 결과, 약간의 석회 물질이 분비되는 것 같다.

해삼은 지천으로 존재하는 데다 앞서 말한 대로 육지의 지렁이와 같은 역할을 하므로 산호초와 산호섬 주변 바다 침전물의 분포에 영향을 미친다. 약 5제곱킬로미터의 면적 안에 사는 해삼이 단 1년 동안 무려 1000톤에 달하는 해저 물질을 재분배하는 것으로 추정된다. 이들이 심해저에서 무슨 일을 하는지 보여주는 증거도 있다. 천천히 그러나 끊임없이 쌓이는 퇴적물이 질서 있게 층을 이루므로, 지질학자들은 이것을 보고 지난 지구 역사의 여러 시기를 읽어낸다. 하지만 더러 이 퇴적물층이 희한하게 뒤죽박죽되기도 한다. 예를 들어, 오랜 과거에 베수비오 화산이 폭발할 때 생긴 화산재 조각이 어떤 장소에서는 그 폭발을 상징하고 시기를 알려주는 얇은 층이 아니라, 엉뚱한 퇴적물층 여기저기에 널리 흩어져 있기도 한 것이다. 지질학자들은 이것을 심해에 사는 해삼이 저지른 소행으로 여긴다. 바다 바닥에 쌓인 퇴적물을 표집해 얻은 또 다른 증거를 보면, 해삼은 깊은 해저에 무더기로 살아가면서 바닥을 갈아엎는다. 그러다 대규모로 서식지를 옮기기 위해 여행을 떠난다. 이들이 이주하는 것은 계절 변화에 따른 게 아니라, 빛도 들지 않는 그 지역에 먹잇감이 다 떨어졌기 때문이다.

해삼을 식용으로 삼는 세계 일부 지역의 사람들만 빼면〔아시아권에서는 흔히 트레팡(trepang)이라 부르는 해삼을 시장에서 쉽게 구입할 수 있다〕, 이들에게는 거의 알려진 적(敵)이 없다. 그러나 이들은 적에게 크게 위협을 받으면 이상한 방어 기제를 발동한다. 만약 누군가가 위해를 가하면 몸을 잔뜩 수축하고, 체벽을 파열시켜 내장의 상당 부분을 바깥으로 내보낸다. 이러한 내장 적출은 더러 자멸을 초래하기도 하지만, 대체로 해삼은 새로운 장기를 재생해 계속 살아갈 수 있다.

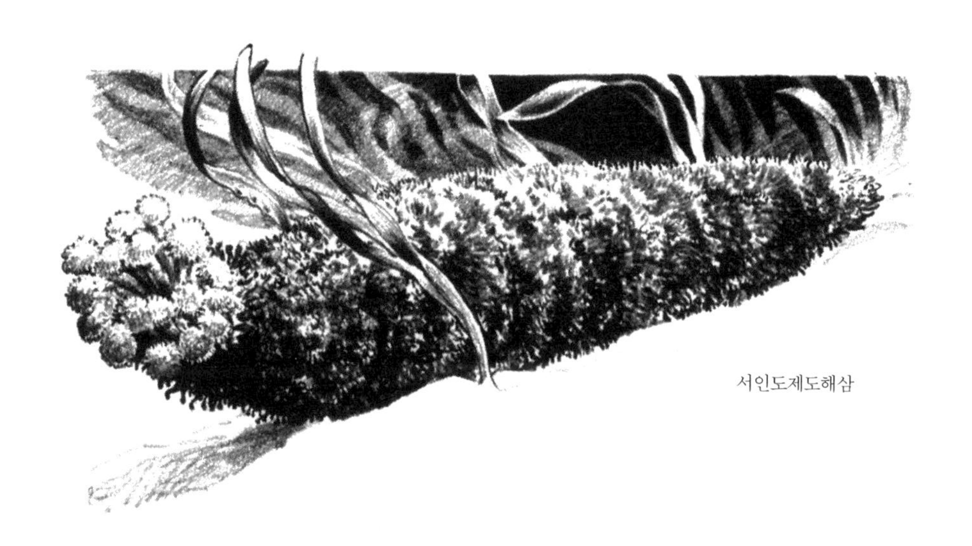
서인도제도해삼

뉴욕동물학회의 로스 니그렐리(Ross Nigrelli) 박사와 그 동료들은 최근 커다란 서인도제도해삼(역시 플로리다키스 주변에서 발견했다)이 아마도 화학적 방어 수단으로, 우리에게 알려진 동물의 독성 중 가장 강력한 것을 만들어낸다고 밝혔다. 실험실 연구를 통해 이 독은 극소량만으로도 원생동물에서 포유류에 이르는 모든 종류의 동물에게 해를 끼칠 수 있다는 사실이 드러났다. 해삼과 함께 어항에 갇힌 물고기는 해삼이 내장 적출을 하면 어김없이 죽는다. 이 천연 독성에 관한 연구는 다른 동물과 관계를 맺으며 살아가는 수많은 작은 동물의 삶이 얼마나 위험천만한지를 잘 보여준다. 해삼은 이렇게 함께 살아가는 동물, 즉 공생 동물을 수도 없이 끌어들인다. 이 특이한 종은 흔히 작은 실늘보장어(pearl fish)와 함께 발견되곤 한다. 실늘보장어는 해삼의 배설강을 안식처 삼아 살아간다. 산소를 잘 공급해 호흡 활동이 원활하도록 바닷물을 계속 대주는 기관이다. 하지만 이 작은 실늘보장어의 생존과 안녕은 끊임없이 위협받는 것 같다. 해삼과 공생하는 이 물고기는 실제로 언제 터질지 모르는, 치명적 독이 든 통 옆에서 살아가기 때문이다. 니그렐리 박사에 따르면, 해삼이 위협받을 경우

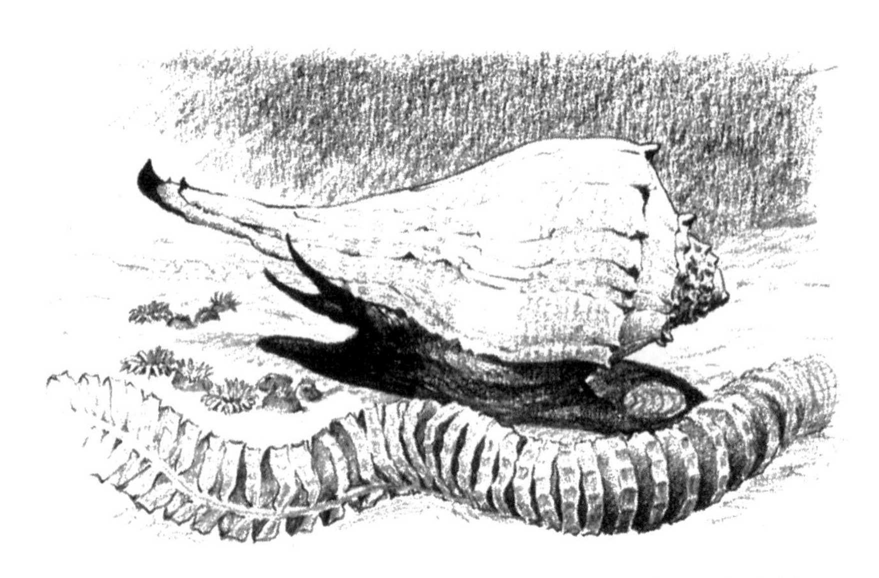

번개쇠고둥(왼손잡이쇠고둥)

실제로 내장 적출이 일어나지 않는다 하더라도 거기에 얹혀사는 실늘보장어는 제풀에 까무러치고 만다. 이 사실로 미루어 실늘보장어는 해삼의 독에 면역력이 없는 게 분명하다.

구름 그늘 같은 검은 밭뙈기가 해안 전면부 얕은 바다의 거초면 여기저기에 드리워 있다. 펑펑한 풀잎을 모래 위로 비쭉 내민 잘피가 빽빽하게 무리 지은 모습인데, 물에 잠긴 이런 섬들은 많은 동물에게 안전한 은신처를 제공한다. 사주 부근에서 이 잘피밭은 주로 거북말로 이루어져 있고, 해우초(manatee grass)와 사주초(shoal grass)가 이따금 섞여 있기도 하다. 이 모든 식물은 가장 고등한 식물 분류군인 종자식물에 속해 있어 해조, 즉 바닷말과는 다르다. 해조는 지상에서 가장 오래된 식물로 항상 바닷물이나 민물에서 살아간다. 그러나 이 종자식물은 지난 6000만 년 동안은 육지에서만 살았으나, 서서히 바다로 귀환해 오늘날에는 그 후손이 바다에서 살아가고 있다. 하지만 어떻게, 왜 그렇게 된 것인지는 알기 어렵다. 이제 이들은 바닷물로 뒤덮인 곳에서 서식한다. 그리고 물속에서 꽃을 피운다. 당연히 이들의 꽃가루도 바닷물이 옮겨다준다. 영근 씨가 떨어지면 조수가 실어간다. 잘피는 모래나 움직이는 산호 퇴적물에 뿌리를 내림으로써 뿌리 없는 바닷말보다 훨씬 더 단단하게 부착할 수 있다. 잘피가 무성하게 자라는 곳에서는 외안 모래밭이 해류의 피해를 덜 입는다. 마치 육지에서 모래 언덕에 자라는 풀이 그 마른 모래밭을 바람의 피해로부터 막아주는 이치와 같다.

수많은 동물이 먹이와 은신처를 얻으려고 거북말을 찾아든다. 거인불가사리(giant starfish), 오레아스테르도 여기에서 살아간다. 큰 분홍거미고둥〔pink(queen) conch〕, 파이팅콘치(fighting conch), 줄무늬튤립고둥, 헬멧셸(helmet shell), 캐스크셸(cask shell)도 마찬가지다. 갑옷을 입은 것처럼 이상하게 생긴 물고기, 뿔복(cowfish)은 해저 바로 위로 헤엄치면서 풀잎을 뒤적이며 거기에 붙어사는 실고기(pipefish), 해마(sea horse)를 찾아다닌다. 풀뿌리에 숨어 있던 새끼 문어는 추격을 당하자 부드러운 모래 속으로 깊이 숨어 들어가 이내 종적을 감춘다. 잘피의 뿌리 밑에는 여러 종류의 수많은 미세 동물이 서늘하고 그늘진 곳에 깊이 들어앉아 있는데, 오직 밤

튤립고둥

이 되고 어둠이 깔려야만 밖으로 기어 나온다.

그러나 낮이라 해도 물속 군데군데 조성된 풀밭을 걸으면서 수중망원경을 통해 아래를 내려다보거나, 더 깊이 자리한 풀밭 위를 헤엄치면서 안면 보호구를 통해 아래를 내려다보면, 대담하게 나다니는 동물을 적잖이 만날 수 있다. 이곳에서는 해변에서나 수집상을 통해 조개껍데기며 우리에게 낯익은 큰 연체동물의 살아 있는 모습을 보게 될 가능성이 아주 많다.

이곳 풀밭에는 분홍거미고둥이 서식한다. 한때 거의 모든 빅토리아식 벽난로 장식 선반에 놓여 있었고, 오늘날에도 플로리다주 거리 곳곳에서 관광객을 상대로 기념품을 파는 가판에 숱하게 진열되어 있는 조개껍데기의 주인이다. 하지만 분홍거미고둥은 지나친 남획으로 인해 플로리다키스에서 점점 자취를 감추고 있다. 이제는 카메오(cameo: 패각 등에 돋을새김을 한 장신구—옮긴이)를 만들기 위해 그 조개껍데기를 바하마에서 들여오고 있는 실정이다. 분홍거미고둥 껍데기의 무게와 크기, 날카로운 나탑(螺塔), 나선형의 단단한 갑옷을 보면 그 선조가 수세기에 걸쳐 서서히 환

분홍거미고둥

경과 상호 작용하면서 방어력을 키워왔음을 알 수 있다. 껍데기가 육중한 분홍거미고둥은 거대한 몸을 내밀어 기괴하게 뛰거나 공중제비를 돌면서 굼뜨게 이동한다. 그럼에도 제법 날렵하고 예민한 동물인 듯하다. 기다란 관상의 촉수 끝에 눈이 달려 있어 더 그런 것 같다. 이들은 두 눈을 이리저리 굴려 자신을 둘러싼 주위 환경을 탐지하고, 그 인상을 뇌 역할을 하는 신경 센터에 전달한다.

분홍거미고둥은 감각이 날카롭고 힘도 세서 포식 생활에 적합할 것 같지만, 아주 이따금씩만 살아 있는 먹이를 잡아먹는 포식자다. 틀림없이 이들의 적(敵)은 수도 별로 없고 무능하지만, 그래도 양방은 그간 신기한 연합을 형성해왔다. 분홍거미고둥의 외투강 안에서는 으레 작은 물고기가 한 마리 살아간다. 분홍거미고둥의 몸과 발이 껍데기 안으로 들어가면 공간이 거의 안 남지만, 2.5센티미터 정도 되는 열동가리돔(cardinal fish)이 비집고 들어갈 틈은 있다. 위험을 감지하면 열동가리돔은 분홍거미고둥 껍데기 안 육질의 동굴 속으로 냅다 도망을 친다. 분홍거미고둥이 껍데기 속으로 철수해 낫처럼 생긴 딱지를 닫으면 열동가리돔은 거기서 한동안 숨어 지낸다.

분홍거미고둥은 껍데기 안에 들어오는 열동가리돔보다 작은 다른 동물한테는 그렇게 관대하지 않다. 해류에 실려온 수많은 바다 동물의 알, 갯지렁이의 유생, 작은 새우나 물고기(혹은 모래 알갱이 같은 무생물 입자)가 떠다니다 안으로 들어와 분홍거미고둥의 껍데기에 붙어서, 혹은 외투강 속에서 둥지를 틀기도 한다. 그런데 분홍거미고둥은 이들에게는 여지없이 짜증을 부리며 예전 방식대로 방어벽을 친다. 즉 그들을 차단해 더 이상 자신의 예민한 조직을 건드리지 못하도록 하는 것이다. 외투강에 있는 샘이 그 외부 물질의 주위에 여러 겹의 빛나는 진주층(mother of pearl)을 분비한다. 껍데기의 내벽을 이루는 것과 동일한 물질이다. 분홍거미고둥의 안에서 이따금 발견되곤 하는 분홍색 진주는 이렇게 해서 탄생한다.

거북말 위를 한가로이 헤엄쳐 다니는 사람은 인내심이 상당하고 관찰력이 좋다면 산호모래 위에서 살아가는 다른 생명체도 얼마간 볼 수 있다. 산호모래 위로 뻗은 얇고 납작한 풀잎이 바닷물의 흐름에 따라 고조 때는 해안 쪽으로 눕고, 저조 때는 바다 쪽으로 누우며 이리저리 흔들린다. 찬찬히 살펴보면, 분명 풀잎이라고만 여기고 말았을 어떤 것(색깔이며

왕고둥, 문어, 실고기, 해마, 군소, 거인불가사리, 뿔복

모양, 움직임 따위가 너무도 완벽하게 풀잎 같다)이 모래에서 떨어져 나와 물속으로 헤엄쳐가는 모습을 목격할 수 있다. 전혀 물고기처럼 보이지 않는, 믿을 수 없으리만치 길고 가느다랗고, 얇은 고리 모양의 무늬를 띤 실고기가 풀밭 속에서 어느 때는 수직으로, 어느 때는 수평으로 유유히 섬세하게 몸을 놀리며 헤엄친다. 실고기는 길고 앙상한 주둥이가 달린 날렵한 머리를 쑥 내밀어 거북말의 풀잎이나 뿌리 주변을 쑤시면서 먹잇감이 될 만한 작은 동물을 찾는다. 그러다 볼이 갑자기 불룩해지면서 빨대로 음료수를 빨아 먹듯 관처럼 생긴 주둥이로 작은 갑각류를 흡입한다.

실고기는 기이한 방식으로 삶을 시작하는데, 속수무책의 영아기를 훌쩍 지나서까지 애비 몸에서 발달 과정을 거치며 보호를 받는다. 애비는 새끼를 제 보호낭에 넣어둔다. 암수가 교미하는 동안 알이 수정되는데, 암컷은 수정란을 수컷의 보호낭에 넣는다. 수정란은 거기서 발달하고 부화한다. 새끼는 제 힘으로 헤엄쳐 바다로 나갈 능력을 갖추고 한참이 지난 뒤에도 위험한 순간이 닥치면 몇 번이고 이 보호낭으로 되돌아오곤 한다.

거북말에서 사는 또 다른 동물 해마는 위장술에 능해서 눈매가 몹시 날카로운 사람만이 쉬고 있는 녀석을 알아볼 수 있다. 이들은 유연한 꼬리로 풀잎을 꽉 붙든 채 마치 그 식물의 일부인 양 앙상한 작은 몸을 해류에 내맡긴다. 해마는 서로 맞물린 뼈 판들로 이루어진 갑옷에 완전하게 싸여 있다. 비늘의 대용물인 이것은 물고기가 적의 위험을 막기 위해 무거운 갑옷에 의존하던 진화사의 먼 과거를 떠오르게 한다. 이 뼈 판들이 만나는 자리에 이랑·옹이·돌기가 생겨나 해마만의 특징적인 표면이 만들어진다.

해마는 흔히 뿌리내린 식물보다 부유하는 식물 속에서 살아간다. 개체 해마는 식물과 그 속에서 살아가는 동물, 무수히 많은 바다 동물의 유생을 싣고 끊임없이 북쪽 대서양 외해로, 유럽을 향해 동쪽으로, 그리고 사르가소해(Sargasso Sea: 서인도제도 북동쪽의 모자반이 무성한 해역—옮긴이)로 이동하는 흐름에 합류한다. 멕시코 만류를 타고 여행하는 해마 무리는 바람에 날리거나 해류에 실려오는 모자반에 붙어서 남부 대서양 연안까지 떠밀려가기도 한다.

거북말 숲 중 일부에서는 거기에 사는 작은 거주민이 하나같이 환경과

거미게

비슷한 보호색을 띠기도 한다. 나는 이런 곳에서 해저를 조금 훑어본 적이 있다. 이때 같이 딸려온 몇 움큼의 풀잎 속에 얽혀 있는 다양한 종의 작은 동물 수십 마리를 발견했는데, 이들은 놀랍게도 하나같이 밝은 초록색이었다. 거기엔 관절로 연결된, 엄청 기다란 다리를 가진 초록색 거미게도 있었다. 역시나 풀과 같은 초록색인 작은 새우도 보였다. 아마도 가장 환상적인 빛깔의 동물은 몇 마리의 새끼 뿔복이었을 것이다. 흔히 고조선에 밀려온 쓰레기 더미에서 잔해를 발견할 수 있는 성체 뿔복처럼 이들 새끼 뿔복도 머리와 몸이 단단한 외피에 싸여 있다. 외피 밖으로는 지느러미와 꼬리만 돌출되어 움직일 수 있다. 꼬리 끝부터 앞으로 약간 튀어나온 암소 뿔 모양의 구조(이 때문에 이 물고기의 이름이 영어 일반명은 'cowfish'이고 우리말 일반명은 '뿔복'이다—옮긴이)에 이르기까지 이 작은 뿔복은 온통 그들이 살고 있는 풀과 같은 녹색이었다.

특히 사주 사이를 흐르는 해협의 가장자리, 잘피로 뒤덮인 여울에서는 간간이 그곳을 찾는 바다거북(sea turtle)을 볼 수 있다. 이들은 바깥쪽 암초에서 몇 마리씩 무리 지어 살아간다. 대모거북(hawksbill turtle)은 멀리 바다까지 헤매고 다니며, 좀처럼 육지 쪽으로 돌아오지 않는다. 하지만 초록바다거북(green turtle)과 붉은바다거북(loggerhead turtle)은 종종 호크해협의 얕은 바다로 헤엄쳐오거나, 조수가 빠르게 흐르는 사주 사이의 물길을 찾아가곤 한다. 잘피로 뒤덮인 여울을 찾은 이들 거북은 대체로 거기서 살아가는 불룩한 연잎성게, 방패연잎성게(sea biscuit)를 탐색하는 중이다. 소라(conch)를 잡으려 애쓰는 중인지도 모른다. 소라에게는 동족의 다른 소라를 제외하고 아마도 이 커다란 거북들이 가장 위협적인 적일 것이다.

초록바다거북, 붉은바다거북, 대모거북은 아무리 멀리까지 떠돌아다닌다 해도 산란기에만큼은 어김없이 육지로 돌아온다. 산호석이나 석회암으로 이루어진 플로리다키스에는 산란할 장소가 마땅치 않지만, 드라이토르투가스의 일부 사주에는 바다에서 돌아온 초록바다거북과 붉은바다거북이 둥지를 틀고 알을 낳아 묻기 위해 선사 시대의 짐승들처럼 모래 위를 터벅터벅 기어오른다. 그러나 이들 거북이 가장 선호하는 산란터는

붉은바다거북과 초록바다거북

왕고둥과 고깔 모양의 알집

세이블곶의 해변, 플로리다주의 모래밭, 그리고 조지아주의 북쪽 끝과 노스캐롤라이나주와 사우스캐롤라이나주의 해변이다.

이 거대한 거북들이 잘피밭으로 먹이 사냥을 떠나는 것은 어쩌다 있는 일이지만, 다양한 소라들의 경우는 사정이 영판 다르다. 이들은 하루가 멀다 하고 끊임없이 서로 잡아먹거나, 아니면 홍합·굴·성게·연잎성게를 사냥한다. 소라 중 가장 손꼽히는 포식자는 왕고둥(horse conch)이라고 부르는 원추형의 탁한 붉은색 소라다. 왕고둥이 먹이 사냥 하는 광경을 보면 이들이 얼마나 힘이 센지 알 수 있다. 조개껍데기처럼 붉은 벽돌색의 거대한 몸을 뻗어 먹잇감을 감싸고 제압하는 왕고둥을 보면, 그 거대한 육질이 과연 모두 껍데기 안으로 도로 들어갈 수 있는지 의아할 지경이다. 역시 다른 많은 종류의 소라를 잡아먹는 포식자 왕관소라(king crown conch)조차 왕고둥을 따라올 수는 없다. 미국에 서식하는 그 어떤 복족류(각종 소라·고둥 따위—옮긴이)도 크기에서는 왕고둥의 상대가 되지 못한다. 30센티미터 정도 되는 것은 흔해빠졌고, 큰 것은 60센티미터에 이르기도 한다. 커다란 캐스크셸도 그 자신은 대체로 성게를 먹고 살지만, 왕고둥의 먹잇감으로 희생된다. 그러나 나는 소라의 서식지를 무심코 방문할 때는 이런 식의 무자비한 약탈을 거의 눈치채지 못했다. 그곳 풀밭은 실컷 먹고 늘어지게 조는 한가한 시간이 하염없이 이어져 낮이면 더없이 평화로운 장소처럼 보이기 때문이다. 소라 한 마리가 산호모래 위를 기어 다니고, 해삼이 세월아 네월아 하며 풀뿌리 부근에 구멍을 판다. 언뜻 잽싸게 옆을 스쳐가는 검은 군소만이 그곳에 움직이는 생명체가 살아가고 있음을 느끼게 해준다. 낮에는 생명체가 휴지기에 접어든다. 이들은 암석이나 바위 턱의 구석과 틈새로 숨어들어 몸을 웅크린다. 아니면 해면이나 부채뿔산호, 산호나 빈 조개껍데기 속 혹은 그 아래로 기어 들어가 안전하게 숨는다. 해안의 얕은 바다에서는 수많은 동물이 감각 조직을 자극하거나 포식자 눈에 띄게 만드는 태양빛을 피해야만 한다.

그러나 더없이 고요해 보이는 세계(동물이 굼뜨게 움직이거나 아예 꼼짝도 않는 꿈같은 세계)는 낮이 지나면 돌연 활기를 찾는다. 나는 언젠가 황혼이 내릴 때까지 거초면에 남아 있었는데, 그때부터 긴장감과 위험으로 가득 찬 낯설고 새로운 세계가 나른하고 평화로운 낮의 세계를 밀어내기 시작했다. 사냥꾼과 사냥감이 동시에 활보했다. 닭새우가 몸을 숨기고 있던 커다란 해면 덩어리에서 슬그머니 기어 나와 바닷물 속으로 휙 사라졌다. 그레이스내퍼와 바라쿠다가 플로리다키스의 해협을 위협적으로 돌아다니다 뭔가를 재빠르게 추격하며 연안해로 돌진했다. 게들이 숨어 있던 작은 굴에

플로리다왕관소라

서 기어 나왔다. 다양한 모양과 크기의 바다우렁이가 암석 아래에서 몸을 내밀었다. 해안 쪽으로 걸어가고 있는데, 갑자기 물이 소용돌이치면서 내 앞으로 휙 스쳐 지나가는 흐릿한 그림자가 보였다. 그때 문득 강자들이 약자들을 상대로 펼치는 드라마를 보고 있는 듯한 착각에 빠졌다.

밤에 플로리다키스에 정박해 있는 배의 갑판에서 바다의 소리에 귀를 기울이면, 가까이 있는 얕은 여울물에서 거대한 몸체들이 파닥이는 소리를 들을 수 있다. 가오리가 허공으로 뛰어올랐다 떨어지길 반복할 때면 뭔가 넓적한 물체가 물에 부딪치며 철퍼덕하는 소리가 연신 들린다. 밤이 되면 일순 생기를 되찾는 동물 중 하나가 바로 동갈치(needle-fish)다. 길고 호리호리하면서도 기운 세 보이는 풍채에 새한테나 어울릴 법한 날카로운 부리로 무장한 모습이다. 낮에 부두나 방파제에 서 있으면, 마치 물에 떠다니는 지푸라기처럼 해수면 위를 부유하면서 해안 전면부로 서서히 다가오는 새끼 동갈치를 볼 수 있다. 밤이 되면 멀리 바다를 누비고 다니던 성체 동갈치가 먹이를 잡아먹으러 연안해로 돌아온다. 어느 때는 단독으로, 어느 때는 무리를 지어서 말이다. 이들은 물속에서 뛰어오르기도 하고 통통 물수제비를 뜨기도 하면서, 조용한 밤이면 멀리서도 들릴 정도로 소란을 떨어댄다. 어부들은 동갈치가 불을 보면 뛰어든다고 믿는다. 그래서 만약 작은 배를 타고 밤바다로 나갔을 때 사냥 중인 동갈치를 만나면 상당히 위험하다고 경고한다. 빛을 비추면 녀석들이 배로 뛰어들어 어부들의 목숨을, 앗아갈 정도까지는 아니더라도 크게 위협할 수 있기 때문이다. 그들이 이렇게 믿는 데는 얼마간 근거가 있는 듯하다. 플로리다키스의 몇몇 장소에서는 주변에 물고기 소리가 전혀 들리지 않는데도 조용한 밤바다에 서치라이트를 비추면 난데없이 거대한 물고기 수십 마리가 물 위로 튀어 오르며 철벅대는 소리를 들을 수 있다. 하지만 물고기들은 대체로 불빛과 정확히 직각으로 튀어 올라 마치 불빛을 이리저리 피하려고 애쓰는 모습처럼 보인다.

산호 해안은 물에 잠겨 있는 외안 암초의 세계이고, 가장자리가 거초와 암석으로 이루어진 얕은 거초면의 세계다. 또한 끊임없이 변화하는 고요하고 신비로운 맹그로브의 세계다. 맹그로브는 자신이 속한 세계의 얼굴을 바꾸기에 충분할 만큼의 생명력을 자랑한다. 산호가 플로리다키스의 바다 쪽 가장자리를 주로 차지하고 있다면, 맹그로브는 보호받는 해안, 즉 만 쪽 해안을 장악하고 있다. 맹그로브는 작은 사주 상당수를 온통 뒤덮고, 섬들 사이를 점차 좁히면서 바다 쪽으로 계속 세력을 넓혀가고 있다. 이렇게 해서 한때 여울에 지나지 않던 곳에 섬이 생겨나고, 과거의 바다가 육지로 탈바꿈한다.

맹그로브는 식물계에서 가장 멀리 이주하는 종 가운데 하나로, 부모의 몸에서 떨어져 나간 새끼 식물, 즉 번식체(propagule)를 통해 부모로부터 수십·수백·수천 킬로미터 떨어진 곳에서 새로운 군체를 일군다. 그래서 같은 맹그로브 종이 미국 열대 연안과 아프리카 서부 연안에서 동시에 발견되곤 하는 것이다. 아마도 미국의 맹그로브는 아주 오래전 적도 해류를 타고 아프리카에서 대서양을 건너왔을 것이다. 그리고 이런 경로로 이주한 맹그로브가 지금도 더러 부지불식중 미국의 대서양 연안에 도착하고 있을 것이다. 맹그로브가 어떻게 미국의 열대 태평양 연안에 도착하는지는 흥미로운 주제다. 이들이 남아메리카 최남단의 혼(Horn)곶을 돌아 꾸준히 이동하도록 만들어주는 해류가 존재하지 않을뿐더러 남쪽으로 내려오는 한류도 장애물로 작용할 수 있기 때문이다. 맹그로브가 얼마나 일찌감치 생겨났는지는 분명치 않지만, 뚜렷한 화석 기록에 의하면 신생대로 거슬러 올라가는 것으로 보인다. 물론 대서양과 태평양을 가르는 파나마 지협이 훨씬 이른 시기인 중생대 말기에 생겨나긴 했지만 말이다. 그러나 어떻게든 맹그로브는 태평양 연안으로 떠났고, 거기서 자리를 잡았다. 맹그로브가 그보다 더 먼 곳으로까지 이동한 것 역시 신비롭기 짝이 없다. 최소한 하나의 미국맹그로브 종이 피지(Fiji)섬과 통가(Tonga)섬에서 자라고 코코스킬링(Cocos Keeling)섬과 크리스마스섬까지 이동한 것으로 보아, 맹그로브가 제 번식체를 내보낸 게 틀림없다. 1883년의 화산 폭발로 사실상 폐허가 된 크라카토아(Krakatoa)섬에서도 맹그로브는 새로운 군체를 개척했다.

맹그로브는 가장 고등한 식물 분류군인 종자식물에 속한다. 맨 초기 형태는 육지에서 발달했는데, 이들은 언제나 매력적인 바다로 돌아가고자 하는 식물이다. 포유류 중에는 바다표범과 고래가 맹그로브처럼 조상이 살던 서식지로 돌아갔다. 잘피는 영구적으로 물에 잠겨 살아가는 것으로 보아 맹그로브보다 훨씬 더 먼 바다로 진출한 것 같다. 하지만 왜 맹그로브는 바다로 돌아왔을까? 아마도 맹그로브와 그 조상 식물은 북적이는 서식지를 놓고 다른 종과 벌인 경쟁에서 밀려났을 것이다. 이유야 어쨌든 맹그로브는 해안이라는 험악한 세계에 성공적으로 정착했다. 오늘날 플로리다주 남부 해안에서 우점종이 되어 있는 이들의 지위를 넘보는 식물은 없다.

개체 맹그로브의 무용담은 부모의 나무에서 고개를 내민 기다란 초록색 묘목, 즉 번식체가 습지 바닥에 떨어지면서부터 시작된다. 아마도 이

맹그로브스내퍼

런 일은 물이 모두 빠져나간 저조 때 일어나는 듯하다. 번식체는 서로 뒤엉킨 뿌리 사이에 떨어져 누워 있으면서 바닷물이 다시 들어와 자신을 실어가기만 기다린다. 플로리다주 남부 해안에서 해마다 생겨나는 수십만 개의 붉은 맹그로브 번식체 가운데 채 절반도 안 되는 것만 부모 곁에 남아서 발달 과정을 거친다. 나머지는 바다로 항해를 떠난다. 이들은 물에 뜨는 구조여서 해류의 흐름을 따라 움직일 때면 물밑으로 가라앉지 않고 해수면에 남는다. 이들은 수개월 동안 바다를 떠돌면서 이런 여행에 나서면 으레 만나게 되는 부침들, 가령 햇빛·비·격랑을 견디고 살아남는다. 처음에 수평으로 떠다니던 번식체는 나이가 들고 조직이 발달하면서 새로운 단계에 접어든다. 즉 점차 훗날의 뿌리가 될 쪽을 아래로 하고 거의 꼿꼿이 서게 되는 것이다. 이들은 이 상태로 땅에 뿌리내리고 미래를 의탁할 날을 준비한다.

섬 해안가에 파도가 실어온 입자들이 둔덕처럼 쌓인 곳, 혹은 작은 여울 따위가 버티고 서서 원양을 떠도는 번식체들 앞을 가로막을 수 있다. 조수가 새끼 맹그로브를 해안가 둔덕이나 여울까지 실어다주면 아래쪽으로 향해 있던 그 번식체의 뾰족한 끝이 거기(해안가 둔덕이나 여울)에 닿고, 땅속으로 뻗어 마침내 묻히게 된다. 이 작은 식물은 오르내리는 조수의 움직임을 이겨내고 자신을 너그러이 받아들이는 그 땅에 단단히 뿌리를 내린다. 그러고는 아마도 그 옆에서 같이 살게 하려고 다른 번식체들을 불러들이는 것 같다.

어린 맹그로브는 닻을 내리자마자 자라기 시작해 둥그렇게 구부러진 뿌리를 여러 개 뻗어 환상(環狀)의 버팀목을 형성한다. 급격하게 자라면서 서로 얽히고설킨 뿌리 사이로 썩은 식물, 떠다니는 목재, 조개껍데기, 산호 부스러기, 뿌리 뽑힌 해면, 그 밖의 바다 동식물 등 온갖 종류의 찌꺼기가 들어와 머문다. 이렇게 단순한 과정을 거쳐 섬이 탄생하는 것이다.

어린 맹그로브는 20~30년 지나면 제법 나무 꼴을 갖춘다. 성숙한 맹그로브는 무지막지한 허리케인이 불어닥치면 또 모를까 웬만큼 거센 쇄파에는 꿈쩍도 하지 않는다. 몇 년에 한 차례씩 그런 허리케인이 불어오기는 하나 뿌리가 확실하게 지탱해주므로 희생당하는 맹그로브는 거의 없다. 그러나 폭풍을 실은 밀물이 깊숙이 들이닥쳐 우거진 맹그로브 습지 안쪽에 외해의 염분을 부려놓을 때는 있다. 그리고 빠져나가는 바닷물은 떨어진 맹그로브의 이파리와 잔가지를 어딘가로 실어 나른다. 바람이 몹

맹그로브에서 자라는 맹그로브굴. 맹그로브총알고둥(오른쪽 위)은 조상대의 맹그로브, 혹은 말뚝이나 방조제에 붙어서 살아간다.

농게

시 세차게 불면 커다란 나무의 줄기와 가지가 흔들리면서 서로 쓸린 나머지 껍질이 종잇장처럼 벗겨져 바닥에 나뒹군다. 이렇게 해서 벌거벗게 된 나무줄기는 염분기 실린 후텁지근한 폭풍에 속절없이 몸을 드러낸다. 이게 아마도 플로리다주 해안의 가장자리에 죽은 맹그로브 숲이 생겨난 경위일 것이다. 그러나 이런 재앙은 극히 드물며, 플로리다주 남서부에서는 맹그로브 숲 전체가 그 어떤 심각한 피해도 입지 않은 채 번성하고 있다.

염해에 자리 잡은 뒤 짙은 습지로까지 서서히 세력을 키워나가는 맹그로브 숲과 그 가장자리를 장식한 나무는 육중하면서도 뒤틀린 줄기, 서로 뒤엉킨 뿌리, 거의 빽빽하게 하늘을 뒤덮은 짙푸른 이파리로 신비로운 아름다움을 자랑한다. 맹그로브 숲과 거기에 딸린 습지는 기이한 세계를 만들어낸다. 조수는 고조 때면 가장 바깥쪽 나무의 뿌리를 덮치고 습지까지 밀려든다. 그리고 먼 바다를 떠돌던 바다 동물의 유생 같은 작은 이주민을 수없이 실어다준다. 오랜 세월 동안 이들 중 상당수는 살아가기에 적

합한 기후를 찾아 일부는 맹그로브의 뿌리와 줄기에, 일부는 조간대의 부드러운 모래 속에, 또 일부는 만 연안해 바닥에 눌러앉았다. 맹그로브는 거기서 살아가는 유일한 나무, 즉 유일한 종자식물일 것이다. 이곳에서 더불어 살아가는 동물과 식물은 하나같이 맹그로브와 생물학적 유대 관계를 맺고 있다.

조간대에서는 맹그로브의 지주근에 굴이 다닥다닥 붙어산다. 이 굴은 손가락처럼 튀어나온 고리들이 달려 있어 단단한 지주근을 꽉 붙잡아 진흙에 빠지지 않도록 해준다. 밤에 저조 때가 되면 너구리들이 빠져나가는 물을 따라 내려간다. 이들은 굴 껍데기 안에 든 먹이를 찾아 이 뿌리에서 저 뿌리로 움직이느라 진흙밭에 구불구불한 자취를 남긴다. 왕관소라 역시 맹그로브 숲에 사는 굴을 즐겨 먹는다. 농게는 진흙에 터널을 파고, 바닷물이 들어올 때면 그 안에 깊이 들어앉는다. 이 게의 수컷은 거대한 집게발, 일명 '깽깽이'를 갖고 있는 것으로 유명하다(fiddler crab의 'fiddler'는

'깽깽이(바이올린) 켜는 사람'이라는 뜻—옮긴이]. 농게는 틀림없이 방어나 의사소통을 위해서겠지만 어쨌거나 끊임없이 깽깽이를 세차게 흔들어댄다. 수컷 농게는 모래나 진흙 표면에서 식물 부스러기를 주워 먹는다. 이에 비해 암컷은 2개의 스푼형 집게발이 있다. 수컷은 깽깽이 때문에 스푼형 집게발이 하나만 있다. 진흙밭은 유기물 부스러기가 가득하고, 산소는 매우 부족하다. 따라서 맹그로브는 진흙 속에 박힌 뿌리만으로는 충분한 공기를 확보할 수 없어 부족분을 메우려면 공중에 드러난 뿌리로 숨을 쉬어야 한다. 그런데 농게가 집게발 움직이는 활동을 함으로써 빽빽한 진흙밭에 공기를 불어넣는다. 맹그로브 뿌리 주위에는 거미불가사리와 굴을 파는 이상한 갑각류들이 모여 살고, 위쪽 가지에는 펠리컨과 왜가리가 둥지를 틀어 거대한 군체를 이룬다.

맹그로브가 가장자리를 장식한 이곳 해안에서는 몇몇 선구적인 연체동물과 갑각류가 최근까지 살던 바다에서 벗어나 살아가는 법을 익히고 있다. 맹그로브 숲속이나 잘피 뿌리 위로 조수가 밀려드는 습지에는 육지 쪽으로 계속 옮아가는 작은 고둥이 하나 있다. 이 커피빈고둥(coffee-bean shell)은 환경에 따라 초록색이나 갈색이 감도는 작은 타원형 껍데기에 들어 있다. 조수가 차오르면 이들은 맹그로브의 뿌리나 잘피의 줄기를 타고 기어 올라가 어떻게든 바다와 접촉하는 순간을 늦추려 한다. 그런가 하면 게 중에서도 육지형이 진화하고 있다. 보라집게발소라게(purple-clawed hermit crab)는 고조가 부려놓은 부유물 위쪽 지대, 즉 육지 식물이 해안가를 장식하고 있는 곳에서 살아가지만, 번식기가 되면 바다로 내려온다. 보라집게발소라게 수백 마리가 떠다니는 목재나 통나무 아래 살면서, 암컷이 몸 밑에 지니고 다니는 알이 부화하길 기다린다. 이들은 때가

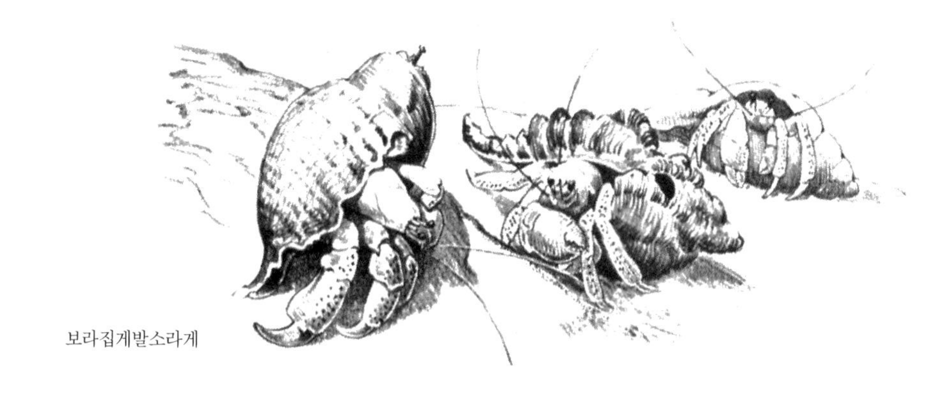

보라집게발소라게

되면 바다로 돌진해 조상들이 살던 바닷속에 새끼를 풀어놓는다. 이 진화의 여정 막바지에는 바하마와 플로리다주 남부에서 살아가는 커다란 흰게(white crab)가 자리하고 있다. 육지 생활을 하면서 공기를 흡입하는 흰게는 딱 한 가지만 빼고는 바다와의 유대 관계를 모조리 끊어버린 것으로 보인다. 이들은 봄이면 나그네쥐처럼 바다를 향해 행진을 벌이고, 새끼를 낳기 위해 바닷속으로 들어간다. 이윽고 바다에서 배아기를 마친 새로운 흰게 세대는 물에서 나와 부모의 근거지인 육지의 집을 찾아 나선다.

맹그로브가 만든 숲과 거기에 딸린 습지 세계는 플로리다주 본토 남단 인근의 플로리다키스에서 멕시코만 해안 북쪽의 세이블곶을 거쳐 텐사우전드제도에 이르기까지 북쪽으로 수백 킬로미터가량 펼쳐져 있다. 이곳이 바로 세계에서 가장 거대한 맹그로브 습지 가운데 하나로, 인간의 개발 손길이 미치지 않을뿐더러 찾아오는 이들도 거의 없는 야생의 공간이다. 비행기에서 내려다보면 여전히 성장 중인 맹그로브 숲을 볼 수 있다. 또한 텐사우전드제도가 중요한 형태와 구조를 지니고 있다는 것도 확인할 수 있다. 지질학자들은 텐사우전드제도가 마치 남동쪽 방향으로 떼 지어 헤엄치는 물고기 같다고 묘사하곤 한다. 섬들이 저마다 물고기 형상을 하고 있는데, 남동쪽을 가리키는 작은 '물고기'의 머리인 섬 한쪽 끝에 물로 이루어진 '눈'이 박혀 있다는 것이다. 누구라도 생각해낼 수 있듯 이 섬들이 탄생하기에 앞서 얕은 바다에 이는 작은 파도로 인해 해저에 모래가 쌓여 작은 이랑들이 생겨났을 것이다. 그리고 거기에 맹그로브가 모여 살기 시작하면서 그 이랑들이 섬으로 바뀌고, 살아 있는 초록 숲속에 그 모래 이랑의 형태와 흐름이 영구히 새겨졌을 것이다.

우리는 여러 세대를 이어가는 동안 몇몇 작은 섬이 하나로 합쳐지거나 육지가 더욱 넓어져 섬과 결합하는 모습, 즉 바다가 우리 눈앞에서 바야흐로 육지로 변하고 있는 모습을 봐왔다.

맹그로브 해안의 미래는 어떻게 될까? 그 해안의 역사가 얼마 되지 않았다면 우리는 미래를 이렇게 점쳐볼 수 있다. 즉 오늘날에는 섬이 점점이 박혀 있는 바다인 그곳이 언젠가는 거대한 육지로 바뀔 거라고 말이다. 하지만 이는 어디까지나 오늘을 사는 우리의 짐작일 뿐이다. 밀려드는 바다는 얼마든지 우리의 예상과 다른 역사를 쓸 수도 있기 때문이다.

맹그로브는 지금까지와 다름없이 열대의 하늘 아래에서 조용히 차츰차츰 숲을 넓히고, 뿌리를 아래로 내리뻗고, 번식체를 하나씩 하나씩 떨어뜨려 먼 여행을 떠나도록 등을 떠밀면서 조수에 띄워 보낼 것이다.

달빛이 은백색으로 흐릿하게 비치는 연안해의 해수면 아래에서는, 그리고 고요한 밤 해안 쪽으로 흐르는 조수 아래에서는 약동하는 생명의 기운이 산호초를 뒤덮는다. 수십억 마리의 산호충은 재빠른 신진대사를 통해 갑각류의 조직, 고둥의 유생, 작은 갯지렁이 따위를 제 몸에 필요한 물질로 전환하는 식으로 생존에 필요한 것을 얻는다. 이에 따라 산호 역시 성장하고 번식하고 발달한다. 작은 산호충들이 저마다 자신의 석회질 공간을 산호초에 덧붙이는 것이다.

무수한 세월이 흐르는 동안 산호초 건축가들과 맹그로브 습지는 먼 미래의 초석을 다질 것이다. 그러나 이들이 짓는 건축물이 언제 육지가 될지, 혹은 그 육지가 언제 바다로 되돌아갈지 결정하는 것은 산호도 맹그로브도 아닌 바다 그 자체다.

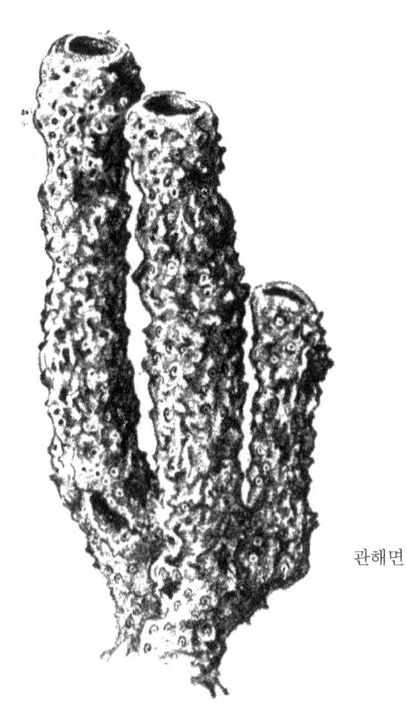

관해면

맺음말: 영원한 바다

나는 지금 나를 둘러싸고 있는 바다의 소리를 듣는다. 밤에 밀물이 차오르면서 서재 창가의 암석에 부서지며 소용돌이치는 소리를……. 망망대해에서 만으로 밀려온 안개가 암석 위에, 육지의 가장자리 위에 깔리면서 가문비나무 속으로 번지고, 향나무와 월계수나무 사이로 부드럽게 스며든다. 고집불통의 바다, 차가운 안개의 축축한 숨결이 빚어내는 세계에서 인간은 어쩔 수 없이 부자연스러운 침입자다. 바다의 위협과 위력을 깨달은 인간이 투덜거리듯 안개 경적을 삐삐 울리면서 밤의 정적을 깨뜨리고 있는 것이다.

밀려드는 파도 소리를 들으며 내가 알고 있는 다른 해안들에서는 고조가 어떤 식으로 차오르는지 떠올려본다. 안개가 끼지는 않지만 달빛이 파도 가장자리를 은빛으로 물들이고 젖은 모래를 반짝이게 해주는 남부의 해안, 그리고 이보다 훨씬 더 먼 곳에 위치한, 어두운 산호석 동굴과 달빛이 비치는 산호석 위까지 해류가 흐르는 해안을 말이다.

그러면 내 마음속에서는 그 해안들이 저마다 특성이며 거기서 살아가는 거주민이 매우 다르긴 해도 바다의 손길에 의해 하나의 통합된 이미지로 떠오른다. 바로 이 특별한 순간에 내가 느낀 차이란 시간의 흐름 속에서, 긴 바다의 리듬 속에서 지금 서 있는 장소가 어디인지에 따라 결정되는, 오직 일순간의 차이일 뿐이기 때문이다. 지금 내 발밑에 있는 암석 해안은 한때 모래밭이었다. 그런데 바다가 융기하고, 그에 따라 새로운 해안선이 생겨난 것이다. 먼 미래에는 파도가 이 암석을 조금씩 침식시켜 모래로 만듦으로써 다시 이전의 모래 해안으로 되돌려놓을 것이다. 그리하여 내 마음의 눈에는 해안의 여러 형태가 끊임없이 변화하는 패턴 속에서 통합되고 뒤섞이는 광경이 보이는 듯하다. 지구는 바다 자체처럼 쉼 없이 변화하고 있다.

이 모든 해안에서는 과거와 미래를, 전에 있었던 일을 모두 지워버린 듯해도 여전히 어딘가에 간직하고 있는 시간의 흐름을, 조수와 부서지는 파도 그리고 밀려드는 해류처럼 형성되고 변화하고 지배하는 영원한 바다의 리듬을, 옛날부터 먼 미래까지 해류처럼 가차 없이 흐르는 연속적인 생명을 느낄 수 있다. 시간이 흐르면서 해안의 형태가 달라지는 것처럼 생명체의 유형도 결코 전과 같지 않고 해를 거듭하면서 달라지기 때문이다. 바다가 새로운 해안을 만들 때마다 생명체는 거기에 몰려들어 근거지를 마련하고 군체를 형성한다. 이렇듯 우리는 생명을 바다의 물리적 실재처럼 마치 손에 잡힐 듯한 힘으로 느낄 수 있다. 밀물이 그렇듯 결코 제 본분을 잊은 적이 없을 만큼 강력하고도 목적의식적인 힘으로서 말이다.

해안의 풍요로운 생명력을 떠올리노라면 우리는 어설프게나마 우리의 이해를 넘어서는 보편적 진리에 얼마간 다가갈 수 있다. 밤바다에서 미세하게 빛나는 규조류 떼가 건네는 메시지는 무엇일까? 무리 지어 살면서 암석을 허옇게 뒤덮은 따개비가, 부서지는 쇄파 속에서 살아가는 데 필요한 것을 얻는 이 작은 생명체가 표현하고자 하는 진리란 무엇일까? 투명한 원형질 조각처럼 생긴 작은 생명체 막이끼벌레가 나로서는 도무지 알 길 없는 무슨 이유에서인지 해안의 암석과 해조 속에서 무수히 살아가는데, 그 존재의 의미는 과연 무엇일까? 이런 질문이 우리를 괴롭히지만, 우리로서는 좀체 그 답을 알아낼 재간이 없다. 다만 그 의미를 파헤치는 과정에서 우리는 '생명' 그 자체의 궁극적 신비에 한발 더 다가갈 수 있을 따름이다.

부록: 생물의 분류

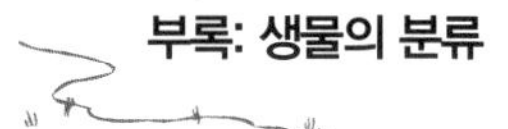

원생식물문과 원생동물문: 단세포 식물과 단세포 동물

가장 단순한 형태의 생물이 바로 원생식물문(*Protophyta*)과 원생동물문(*Protozoa*)이다. 하지만 이 두 분류군에는 대체로 식물의 특징으로 여겨지는 것과 대체로 동물의 특징으로 여겨지는 것이 혼재해 명확하게 어떤 하나의 범주에 가두기 어려운 유형이 두루 존재한다. 와편모충(*Dinoflagellata*)이 바로 그런 애매한 분류군의 예인데, 동물학자와 식물학자는 이들을 두고 서로 제 영역이라 다투고 있다. 확대하지 않고 볼 수 있을 만큼 큰 것도 얼마간 있긴 하지만, 대부분의 단세포 생물은 눈에 잘 보이지 않을 정도로 작다. 어떤 것은 가시가 있거나 정교한 무늬가 새겨진 껍데기에 싸여 있다. 또 어떤 것은 눈 모양의 특이한 감각 기관을 지니고 있다. 모든 와편모충은 물고기를 비롯한 여러 동물의 먹이로 바다의 생태에서 무척이나 중요한 존재다. 야광충(*Noctiluca*)은 연안해에서 살아가는 비교적 큰 와편모충으로 그곳에서 푸른 인광으로 빛나거나, 아니면 낮 동안 착색된 수많은 세포가 바닷물을 붉게 물들인다. 그 밖의 종은 '적조'라고 알려진 현상의 원인이 되기도 한다. 적조 현상이 발생하면 바다는 변색하고, 물

스파에렐라

고기를 비롯한 바다 생물이 미세 세포가 내뿜는 독소 탓에 죽어간다. 고조대의 조수 웅덩이에서 볼 수 있는 붉은색·초록색의 더깨, '붉은 비(red rain)', '붉은 눈(red snow)'도 바로 이 같은 형태나 녹조류(예컨대 스파에렐라)가 자라난 것이다. 바다가 푸른 인광을 띠는 것은 바로 와편모충 때문인데, 이들은 빛이 특정 지역에 몰리지 않고 균일하게 발산하게끔 해준다. 그릇에 담긴 바닷물을 자세히 살피면 그 빛이 마치 작은 불꽃으로 이루어진 것처럼 보인다.

방산충(*Radiolaria*)은 실리카(silica: 규소와 산소의 화학적 결합체—옮긴이)를 함유한 너무나도 아름다운 껍데기 속에 원형질을 담고 있는 단세포 생물이다. 밑으로 가라앉아 쌓인 작은 껍데기들은 특징적인 연니, 즉 해저 퇴적물을 형성한다. 유공충(*Foraminifera*)은 또 다른 단세포 분류군이다. 유공충 중 일부는 모래 입자나 해면의 침골로 보호용 구조물을 짓기도 하지만, 그 대부분은 석회질의 껍데기를 지니고 있다. 마침내 해저에 내려앉는 유공충 껍데기는 석회질 침전물로 넓은 지역을 뒤덮는다. 이 석회질 침전물은 지질학적 변화를 거치면서 석회암이나 백악으로 굳어지고, 결국 융기해 잉글랜드의 백악 절벽 같은 오늘날의 지형을 이룬다. 대부분의 유공충은 매우 작아 모래 1그램 속에 무려 5만 마리 가까이 들어 있다. 그런가 하면 화석 종인 화폐석(nummulite)은 너비가 15~18센티미터로, 북아프리카·유럽·아시아에서 석회암 기단을 형성했다. 스핑크스와 대형 피라미드를 건설하는 데 쓰인 것이 바로 이 석회암이다. 유공충 화석은 석유업계 소속 지질학자들이 암석층의 연관성을 따져볼 때 흔히 사용

와편모충

한다.

규조류

규조류(*Diatom*: 그리스어 'diatomos'는 '두 조각을 내다'라는 뜻)는 작은 황색 알갱이를 함유하고 있어 대개 황녹조류의 일종으로 분류한다. 규조류는 단세포, 혹은 단세포의 사슬로 존재한다. 규조류의 생체 조직은 실리카로 된 껍데기에 싸여 있는데, 이 껍데기는 절반이 다른 쪽 절반 위에 마치 상자의 뚜껑처럼 딱 포개진다. 껍데기 표면에 새겨진 섬세한 문양은 아름다운 패턴을 띠며, 이들이 속한 다양한 종의 특색을 드러낸다. 대부분의 규조류는 외해에서 살아가고 헤아릴 수 없이 풍부하게 존재한다. 따라서 바다에서는 가장 중요한 먹이로 수많은 작은 동물 플랑크톤뿐 아니라 홍합이나 굴 같은 좀더 큰 동물의 양식이 되어준다. 이들의 단단한 껍데기는 조직이 죽고 나면 해저에 가라앉아 서서히 쌓임으로써 드넓은 지역을 뒤덮는 규조류 연니를 형성한다.

남조류

남조류(*Cyanophyceae*)는 지극히 단순한 형태의 생명체로, 현존하는 것 가운데 가장 오래된 식물이다. 이들은 널리 분포하고, 심지어 환경이 열악해 다른 식물은 도저히 살아갈 수 없는 곳이나 온천 같은 데에서도 서식한다. 때로 경이적으로 불어나 연못이나 기타 잔잔한 해수면을 '녹조'라 일컫는 유채색 막으로 뒤덮곤 한다. 이들 대부분은 젤라틴으로 이뤄진 싸개에 싸여 있어 극심한 열기나 추위로부터 보호를 받는다. 암석 해안의 고조선 위쪽 '검은 지대'에 주로 나타난다.

엽상식물문: 고등한 바닷말

녹조류(*Chlorophyceae*)는 강한 빛을 견딜 수 있으며, 고조대에 풍부하게 서식한다. 여기에는 잎이 무성한 파래(sea lettuce), 그리고 높은 암석과 조수 웅덩이에 사는 엔테로모르파(*Enteromorpha*: '내장 모양'이라는 뜻)도 포함된다. 엔테로모르파는 끈처럼 생긴 관상의 낯익은 해조다. 열대 지방에서는 가장 흔한 녹조류 중 하나인 붓 모양의 분생자두(*Penicillus*)가 산호 거초면 위에 작은 숲을 이루며, 뒤집어진 작은 초록색 버섯처럼 생긴 아름다운 컵 모양의 아세타불라리아(*Acetabularia*)도 볼 수 있다. 열대 지방에 서식하는 녹조류는 칼슘을 농축하는 존재로 바다의 생태에서 중요한 역할을 한다. 녹조류는 온대나 열대의 바다에서 가장 전형적이지만, 햇빛이 강한 곳이라면 어느 해변에서나 찾아볼 수 있다. 이 분류군에 속한 몇몇 종은 민물에서 살아가기도 한다.

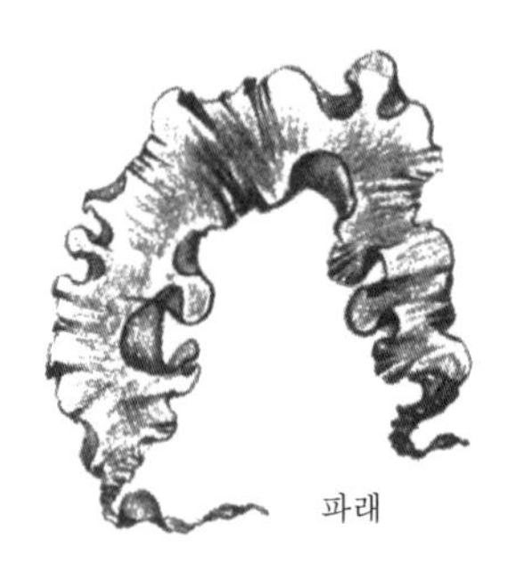
파래

갈조류(*Phaeophyceae*)는 다양한 색소를 지니고 있어 엽록소를 숨겨주므로 주된 색깔이 갈색, 노란색 혹은 황갈색이다. 이들은 강한 열기와 햇빛을 견디지 못하는 까닭에 저위도 지역에서는 깊은 바닷속을 빼고는 살아가기 어렵다. 예외가 하나 있기는 한데, 바로 열대 지방의 해안에 서식하는 모자반이다. 모자반은 멕시코 만류를 타고 북쪽으로 밀려온다. 북부 해안에서 모자반은 조간대에, 켈프와 오어위드는 저조선과 12~15미터 깊이의 바다 사이에서 살아간다. 모든 해조류가 바다에 존재

모자반

하는 다양한 화학 물질을 골라서 조직 속에 농축하긴 하지만, 갈조류 특히 켈프는 유별나게 많은 양의 요오드를 체내에 보유하고 있다. 과거에는 갈조류가 요오드를 생산하는 산업에서 널리 사용되었다. 그런데 오늘날에는 내화성 섬유, 젤리, 아이스크림, 화장품을 비롯해 다양한 산업에 쓰이는 탄수화물 알긴산(alginic acid: 바닷말에 포함된 고점도의 다당류—옮긴이)을 생산하는 데 중요한 역할을 한다. 알긴산은 유연함을 부여해 갈조류가 격랑에도 끄떡없이 버티게끔 해준다.

덜스

해조 중 빛에 가장 민감한 홍조류(*Rhodophyceae*)는 주름진두발이나 덜스 등 강인한 일부 종만을 조간대에 내보낸다. 홍조류는 대부분 연약하고 우아하게 생긴 해조로, 대개 조하대에서 살아간다. 다른 것들보다 더 깊은 곳에서 사는 어떤 종은 해수면 360미터 아래 어둠침침한 지역까지 내려간다. 산호말은 암석이나 조개껍데기 위에 단단한 피각을 형성하기도 한다. 탄산칼슘뿐 아니라 탄산마그네슘도 함유하고 있는 산호말은 마그네슘이 풍부한 백운암을 형성하는 데 도움을 주는 식으로 지구 역사에서 지구화학적으로 중요한 역할을 해왔다.

해면동물문: 해면

해면(*Porifera*: '구멍 소지자'라는 뜻)은 가장 단순한 형태의 동물 중 하나로, 단지 세포의 무리에 지나지 않는다. 하지만 어떤 것은 물을 빨아들이고, 어

해면

떤 것은 먹이를 흡수하고, 또 어떤 것은 생식을 담당하는 식으로 기능이 분화해 있음을 보여주는 내배엽과 외배엽을 지닌다는 점에서 단세포 동물로부터 한발 더 나아간 존재다. 모든 세포는 서로 결합하고 함께 작용해 해면의 유일한 존재 이유, 즉 체내의 체로 바닷물을 걸러내는 일에 이바지한다. 해면은 섬유질 혹은 광물질의 기질 속에 있는 관이 정밀한 구조를 이루고 있다. 해면 전체에는 무수히 많은 작은 흡입구와 그보다 큰 배출구가 뚫려 있다. 가장 안쪽 중앙에 있는 구멍들은 단세포 동물인 편모충을 연상케 하는 편모가 달린 세포들과 연결되어 있다. 채찍처럼 생긴 이 편모를 휘둘러 해류가 몸 안에 들어오도록 하는 것이다. 바닷물은 해면의 몸을 통과하면서 먹이·광물질·산소를 제공하고 배설물을 수거해간다.

해면문(門)에 속하는 더 작은 분류군은 저마다 얼마간 특징적인 물리적 외양과 습성을 보여주지만, 해면은 환경과의 관련성 속에서 다른 동물보다는 형태를 마음대로 바꿀 수 있는 가소성을 더 많이 지닌 것 같다. 쇄파가 들이치면 종과 무관하게 거의 납작한 피각 형태를 취하지만, 깊고 잔잔한 바다에서는 꼿꼿한 관 모양을 띠거나 무슨 관목이라도 되는 양 가지를 한껏 뻗치기도 하는 것이다. 따라서 해면은 형태만 봐서는 식별하기 거의 불가능하므로 제대로 분류하려면 주로 골격의 특징을 찬찬히 살펴봐야 한다. 이들의 골격은 침골이라는 작고 단단한 구조물이 느슨하게 연결되어 있는 망이다. 어떤 종은 침골이 석회질로 되어 있다. 바닷물은 실리카를 극소량 함유해 이것으로 침골을 만들려면 어마어마한 바닷물을 여과해야 하는데, 그럼에도 침골이 실리카로 이뤄져 있는 종도 있다. 바

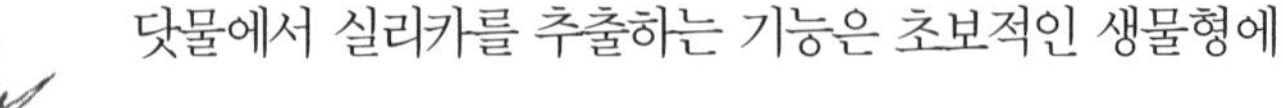
닷물에서 실리카를 추출하는 기능은 초보적인 생물형에

해면의 침골

서만 찾아볼 수 있으며, 해면보다 고등한 동물에게서는 나타나지 않는다. 상품화한 해면은 세 번째 분류군에 속하는 것으로, 골격이 단단한 섬유질로 되어 있다. 이들은 오직 열대 바다에서만 서식한다.

자연은 종 분화가 시작될 무렵, 거꾸로 되돌아가 다른 물질들을 가지고 새 출발을 한 것 같다. 모든 증거가 강장동물과 그 밖에 더 고등한 다른 동물은 해면과 기원이 다르다는 걸 보여주니 말이다. 해면은 진화 과정에서 어두운 뒷골목에 홀로 남겨졌다.

강장동물문: 말미잘, 산호, 해파리, 히드라충

강장동물은 단순하긴 하지만 정교화하면 좀더 고등한 동물로 진화할 소지가 있는 기본 구조를 지녔다. 이들에겐 분명하게 구분되는 2개의 세포층(외배엽과 내배엽)이 있다. 더러 세포는 아니지만 제3 세포층의 전조인, 고등한 분류군에서나 볼 수 있는 중배엽이라는 분화하지 않은 중간층도 보인다. 강장동물은 기본적으로 벽이 두 겹의 속 빈 관으로 이뤄져 있는데, 관의 한쪽 끝은 막히고 다른 쪽 끝은 열려 있다. 이러한 기본 구조가 결국 말미잘·산호·해파리·히드라충 같은 다양한 형태로 갈라지게 된다.

히드라충

모든 강장동물에겐 자세포가 있다. 자세포는 부푼 액체낭에 들어 있는 돌돌 감기고 끝이 뾰족한 실(thread) 형태인데, 쏠 준비를 하고 있다가 먹잇감이 지나가면 찔러서 걸려들게 만든다. 자세포는 고등동물에서는 찾

해파리

아볼 수 없다. 편충(flatworm)이나 갯민숭이에 있는 것으로 보고되기도 했지만, 어디까지나 강장동물을 섭취함으로써 이차적으로 얻은 것이다.

히드라충강(*Hydrozoa*)은 세대 교번이라고 알려진 이 분류군의 또 다른 특징을 유감없이 보여준다. 식물처럼 생긴 착생 세대는 작은 해파리처럼 보이는 메두사 세대를 만들어낸다. 메두사는 다시 식물처럼 생긴 또 하나의 세대를 만들어낸다. 히드라충강에서 가장 눈에 띄는 세대는 가지를 지닌 착생 군체로, '줄기'에 촉수가 난 개체(히드라 꽃)를 달고 있다. 히드라 꽃은 대체로 작은 말미잘처럼 생겼으며 먹이를 잡아들인다. 다른 개체는 새로운 세대를 출아한다. 그러면 여러 형태의 작은 메두사가 헤엄을 쳐서 떠나고, 성체가 되어 바닷속으로 알과 정자를 내보낸다. 메두사가 낳은 알은 수정되어 또다시 식물 모양의 단계로 발달한다.

또 하나의 분류군인 해파리강(*Scyphozoa*)에서, 식물처럼 생긴 세대는 눈에 잘 띄지 않고, 메두사 세대는 고도로 발달해 있다. 해파리는 아주 작은 것부터 거대한 북극해파리에 이르기까지 다양하다. 북극해파리는 최대 지름이 2.4미터(보통은 30~60센티미터)에 달하고 촉수 길이가 무려 22.5미터나 된다.

산호충강(*Anthozoa*: '꽃처럼 생긴 동물'이라는 뜻)에서 메두사 세대는 완전히 사라진다. 이 분류군에는 말미잘·산호·부채산호·회초리산호가 포함된다. 말미잘은 기본적인 구조를 띠고 있으며, 이 분류군에 속한 나머지 동물은 모두 군체를 형성한다. 군체에서는 말미잘 모양의 개체 폴립이 암초를 건설하는

산호
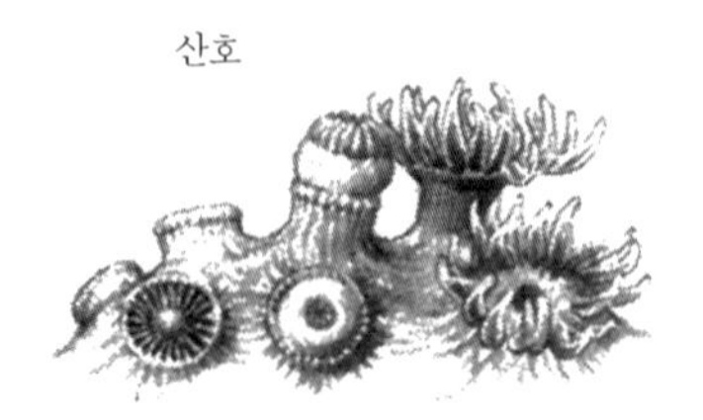

산호처럼 단단한 기질에 박혀 있다. 부채산호나 회초리산호의 경우 기질은 척추동물의 머리카락·손톱·피부 등을 구성하는 케라틴 단백질과 유사한 속성을 지닌 단단한 물질로 이루어져 있다.

말미잘

빗해파리동물문: 빗해파리

영국 작가 바벨리온(W. N. P. Barbellion)은 언젠가 햇빛 아래서 노니는 빗해파리가 세상에서 가장 아름답다고 말한 바 있다. 빗해파리의 조직은 거의 수정처럼 맑으며, 이 작은 타원형의 생명체는 물속에서 회전할 때면 무지갯빛으로 빛난다. 빗해파리는 투명하므로 이따금 해파리로 오인받기도 하지만, 둘 사이에는 여러 가지 면에서 구조적으로 차이가 있다. 빗해파리문(*Ctenophora*)의 특징은 바로 겉면에 여덟 줄의 '즐판대(row)'가 있다는 점이다. 즐판은 경첩처럼 한쪽이 붙어 있으며, 떨어져 있는 다른 쪽 가장자리에는 머리카락처럼 생긴 섬모가 있다. 이 동물이 물속에서 앞으로 나아가기 위해 즐판을 연속해서 깜빡거리면 섬모가 햇빛을 잘게 부수어 깜빡깜빡하는 그들 특유의 움직임을 만들어낸다.

일부 해파리와 마찬가지로 대부분의 빗해파리는 긴 촉수가 있다. 촉수는 자세포를 가지고 있지 않지만, 끈적끈적해서 먹이를 잡아 칭칭 감을 수 있다. 빗해파리문은 수많은 치어와 작은 동물을 먹어치우며, 주로 바다 표층에서 살아간다.

빗해파리문은 100종 미만에 그치지만, 이 분류

빗해파리

군에 속한 것 가운데 하나는 몸이 납작하며 헤엄치지 않고 바다 바닥을 기어 다닌다. 일부 전문가는 바다 바닥을 기어 다니는 이 빗해파리문에서 편충이 생겨났다고 믿는다.

편형동물문: 편충

편충에는 자유롭게 살아가는 수많은 형태뿐 아니라 많은 기생충이 포함된다. 나뭇잎처럼 얇고 자유롭게 살아가는 편충은 암석에 낀 살아 있는 막처럼 흐르듯 움직이거나, 때로 스케이트를 연상케 하는 방법으로 몸을 진동하면서 헤엄치기도 한다. 진화의 측면에서 이들은 의미심장한 진척을 이루었다. 즉 모든 고등 동물의 특징이랄 수 있는 3개의 기본 세포층(외배엽·내배엽·중배엽)을 가진 최초의 동물인 것이다. 또한 머리 쪽 끝이 늘 먼저 움직이는 좌우대칭형(한쪽이 다른 쪽의 거울에 비친 꼴)이기도 하다. 이들은 단순한 초기의 신경 조직과 그저 단순히 색소를 지닌 점에 불과한 눈(어떤 종에서는 렌즈를 지닌 좀더 발달한 기관이기도 하다)을 갖고 있다. 이들에게는 순환계가 없는데, 몸이 얇은 것도 아마 그 때문일 것이다. 편충의 얄팍한 몸속에서는 모든 부분이 외부와 손쉽게 교류할 수 있고, 산소와 이산화탄소가 표피막을 거쳐 아래에 있는 조직까지 쉽게 이동한다.

편충

편충은 해조 속이나 암석 위, 조수 웅덩이, 혹은 죽은 연체동물 껍데기 안에서 발견할 수 있다. 대체로 육식이며 갯지렁이, 갑각류, 작은 연체동물 등을 잡아먹는다.

유형동물문: 끈벌레

끈벌레는 몸이 매우 유연한데, 어떤 종은 둥글고 어떤 종은 납작하다. 영국 해역에 서식하는 긴끈벌레(*Lineus longissimus*) 종은 길이가 27미터로 무척추동물 가운데 가장 길다. 한편 미국의 얕은 연안해에 사는 세레브라툴루스(*Cerebratulus*)는 길이 6미터, 너비 2.5센티미터 정도다. 그러나 대부분 종은 길이가 10센티미터 안팎이고, 2.5센티미터에 한참 못 미치는 종도 적지 않다. 이들은 무언가로부터 공격을 받으면 똬리나 매듭 모양으로 몸을 움츠리는 습성이 있다.

모든 끈벌레는 근육이 잘 발달해 있지만, 고등한 갯지렁이가 지닌 근육과 신경의 협응 능력은 결여되어 있다. 이들에겐 단순한 신경절로 구성된 뇌가 있다. 어떤 종은 초보적인 청각 기관이 있고, 머리 양쪽의 길쭉한 틈에는 중요한 감각 기관이 자리한 것으로 보인다. 자웅동체인 종도 일부 있긴 하지만, 대부분의 끈벌레는 암수가 구분되어 있다. 그러나 무성생식을 하려는 경향이 강하며, 이와 관련한 점으로 뭔가가 닿으면 여러 조각으로 끊기는 성질이 있다. 끊긴 조각은 다시 완전한 개체로 재생된다. 예일 대학교의 웨슬리 코(Wesley Coe) 교수는 끈벌레에 속한 종 가운데 어떤 것은 본래 개체 크기의 10만 분의 1도 안 되는 초미니 끈벌레를 얻을 때까지 분열을 계속한다는 사실을 밝혀냈다. 코 교수에 따르면 끈벌레는 몸집을 줄여 양분 부족에 대처함으로써 먹이 없이도 1년을 버틸 수 있다.

끈벌레는 이른바 '주둥이(proboscis)'라는 신축성 있는 무기를 지녔다는 점에서 이채롭다. 주둥이는 싸개 속에 들어 있는데, 먹이가 주위에 다가오면 빠르게 뒤집히면서 덤

끈벌레

벼들어 상대를 휘감아버린다. 이후 주둥이는 입속으로 다시 후퇴한다. 많은 종에게 이 주둥이는 날카로운 창, 즉 바늘 모양의 문침(stylet, 吻針)으로 무장해 있다. 문침은 없어지면 재빨리 창고에 보유한 새것으로 대체된다. 끈벌레는 모두 육식으로, 대다수가 갯지렁이를 잡아먹고 산다.

환형동물문: 갯지렁이

환형동물문(*Annelida*: annelid는 '체절, 혹은 고리가 있다'는 뜻)은 여러 강(綱)을 포함한다. 그중 하나인 다모강(*Polychaeta*: '강모가 많다'는 뜻)에는 대부분의 바다 갯지렁이가 속해 있다. 갯지렁이는 헤엄치는 데 능숙해 포식자로서 살아간다. 그런데 어느 것은 다양한 종류의 관을 만들고, 그 안에 들어앉아 착생 생활을 하기도 한다. 이들은 모래나 진흙에 들어 있는 찌꺼기나 물에서 걸러낸 플랑크톤을 먹고 산다. 몇몇 갯지렁이는 바다에서 살아가는 동물 가운데 가장 아름답다. 이들의 몸은 무지갯빛으로 빛나며, 부드럽고 아름다운 깃털이 달린 촉수 왕관으로 장식되어 있다.

이들은 하등한 유형보다 훨씬 발달한 구조를 보여준다. 대부분은 순환계가 있고, 그래서 편충처럼 몸이 납작하지 않아도 살아갈 수 있다. 〔미끼로 흔히 사용하는 붉은지렁이(blood worm, *Glycera*)는 혈관이 없고, 피부와 소화관 사이에 피로 가득 찬 강(腔)이 있다.〕 왜냐하면 혈관을 통해 흐르는 피가 먹이와 산소를 몸 곳곳에 전달해주기 때문이다. 피가 어떤 갯지렁이는 붉고 어떤 갯지렁이는 초록색이다. 이들의 몸은 일련의 체절로 이루어져 있는데, 앞부분에 있는

갯지렁이

체절 몇 개는 한 덩어리로 합쳐져 머리를 구성한다. 각 체절에는 노처럼 생긴 한 쌍의 부속지가 달려 있어 기거나 헤엄을 치는 데 쓰인다.

갯지렁이에는 다양한 유형이 있다. 우리에게 낯익은 참갯지렁이는 흔히 미끼로 사용하는데, 생의 대부분 시간을 해저 돌 틈새에 자연적으로 생긴 굴에서 살아간다. 그렇지만 먹이를 사냥할 때는 모습을 드러내기도 하고, 알을 낳을 때면 떼로 몰려나오기도 한다. 굼뜬 고슴도치갯지렁이는 암석 아래에서, 진흙에 판 굴속에서, 혹은 해조의 부착근에 붙어서 살아간다. 갯지네(serpulid worm)는 다양한 형태의 석회질 관을 만드는데, 관 밖으로는 머리만 내밀고 있다. 그 밖에 아름다운 깃털이 달린 암피트리테 같은 갯지렁이는 암석 밑이나 산호말의 피각 혹은 진흙 바닥에 점액질 관을 만든다. 군체를 이루는 습성이 있는 벌집지렁이(honeycomb worm, *Sabellaria*)는 조잡한 모래 알갱이로 너비 1~2미터에 이르는 정교한 구조물을 만든다. 이들의 거대한 주거지는 구멍이 숭숭 뚫려 있긴 하나 인간이 밟아도 무너지지 않을 만큼 탄탄하다.

절지동물문: 바닷가재, 따개비, 이각류

절지동물문은 거대한 분류군으로, 동물의 나머지 문을 모두 합한 것에 들어 있는 종보다 무려 5배나 많은 종을 포함한다. 절지동물에는 갑각류(게·새우·바닷가재), 곤충, 다지류(지네·노래기), 거미류(거미·진드기·투구게), 그리고 열대에 사는 갯지렁이 모양의 유조동물(*Onychophora*) 따위가 있다. 바다 절지동물은 몇몇 곤충, 일부 진드기, 바다거미, 투구게 등을 제외하

요각류

고는 모두 갑각류강에 속한다.

환형동물에 붙은 쌍쌍의 부속지는 단순히 늘어진 피부의 일부에 불과하지만, 절지동물의 부속지는 여러 개의 관절이 있고 헤엄치기, 걷기, 먹이 다루기, 환경 감지하기 같은 다양한 기능을 수행하도록 특화되어 있다. 환형동물은 내부 기관과 외부 환경 사이에 간단한 각피층만 가로놓여 있으나, 절지동물은 석회염이 배어 있는 단단한 키틴질 골격으로 스스로를 보호한다. 키틴질 골격은 절지동물을 보호할 뿐 아니라 근육을 삽입할 수 있는 단단한 지지대가 되어주는 이점도 있다. 한편 키틴질의 골격은 절지동물이 커가면서 불리한 점도 생기는데, 바로 단단한 외피를 시시때때로 갈아줘야 하는 번거로움이다.

갑각류에는 게·바닷가재·새우·따개비같이 우리에게 친숙한 동물도 있지만, 그보다 덜 알려진 패충류·요각류·등각류·이각류 따위의 동물도 있다. 이들은 저마다 나름의 이유로 중요하고도 흥미로운 존재다.

패충류는 체절이 없고, 두 부분으로 나뉜 납작한 갑각, 즉 껍데기 안에 들어 있으며, 연체동물의 껍데기처럼 근육에 의해 열리고 닫히는 특이한 절지동물이다. 더듬이는 노 같은 역할을 하는데, 열린 갑각 밖으로 뻗어 나와 이 작은 동물이 물속에서 노를 젓도록 해준다. 패충류는 흔히 해조나 해저의 모래 속에서 살아가며, 대체로 낮에는 숨을 죽이고 있다가 밤이 되면 먹이를 찾아 기어 나온다. 수많은 바다 패충류는 빛이 나고, 특히 이동할 때면 담배 연기처럼 훅훅 푸른빛을 내뿜는다. 이들이 바로 바다에서 푸른 인광을 내는 것 중 하나다. 패충류는 심지어 죽거나 말라도 인광을 발산하는 놀라운 특성을 간직하고 있다. 프린스턴 대학교의 뉴턴

이각류

하비(E. Newton Harvey) 교수는 권위 있는 저서 《생물 발광(Bioluminescence)》에서 제2차 세계대전 기간 동안 일본군 장교들이 손전등을 사용할 수 없을 때면 말린 패충류 분말을 써서 유리한 위치에 설 수 있었다고 썼다. 손바닥에 그 분말을 올려놓고 물을 몇 방울 떨어뜨리면 아쉬운 대로 급한 공문서를 읽을 만큼의 빛을 확보할 수 있었던 것이다.

요각류(copepod)는 둥근 몸, 관절 있는 꼬리, 몸을 덜컹거리듯 훽훽 앞으로 나아가게 해주는 노 모양의 다리를 지닌 작은 갑각류다. 요각류는 크기가 아주 작음에도(현미경으로만 볼 수 있는 매우 미세한 크기이거나 기껏 커봐야 채 2센티미터도 되지 않는다) 바다의 가장 기본적인 구성원 가운데 하나이고, 다른 수많은 동물의 먹이가 된다. 이들은 먹이사슬과 불가결한 관련을 맺으면서 결국 그 먹이사슬을 통해 (식물 플랑크톤, 동물 플랑크톤, 육식동물을 거쳐) 물고기나 고래 같은 큰 동물이 바다의 소금을 영양분으로 섭취하게끔 해준다. '붉은 먹이(red feed)'라고 알려진 칼라누스속(*Calanus*)의 요각류는 드넓은 해수면을 붉게 물들이고 청어와 고등어, 일부 고래에게 숱하게 잡아먹힌다. 외해에서 살아가는 슴새(petrel)와 앨버트로스(albatross)는 본래 플랑크톤을 먹지만, 때로 요각류를 주식으로 삼기도 한다. 요각류는 규조류를 잡아먹는데, 하루에 제 몸무게만큼 많은 양을 해치운다.

등각류(isopod)는 위아래로 납작한 데 반해, 이각류는 좌우로 납작하게 생긴 작은 갑각류다. 이각류라는 이름은 이 작은 동물이 갖고 있는 부속지의 종류를 학문적으로 지칭하는 것이다. 이각류는 2개의 발, 곧 헤엄칠 때 쓰는 발, 걷거나 기어 다닐 때 쓰는 발이 있다. 한편 등각류는 '동등한 발을 지닌' 동물로,

등각류

몸의 한쪽 끝에서 다른 쪽 끝까지 부속지의 크기나 형태에 거의 차이가 없다.

해안에서 서식하는 이각류에는 갯벼룩이 있는데, 이들은 외부의 자극을 받으면 해조에서 구름 떼처럼 튀어나온다. (나는 게 아니라 튀는 것이다.) 그 밖에 연안해의 해조 속이나 암석 아래에서 살아가는 이각류도 있다. 이들은 유기 쇄설물을 먹지만, 다른 한편으로 물고기, 새, 기타 자신보다 큰 동물에게 무수히 잡아먹힌다. 수많은 이각류가 물 밖으로 나오면 옆구리를 바닥에 대고 꾸무럭거린다. 그리고 꼬리와 뒷다리를 스프링처럼 사용해 통통 튀듯이 전진한다. 어떤 종들은 헤엄을 치기도 한다.

해안에 사는 등각류〔우리에게 낯익은 정원의 쥐며느리(sow bug)와 밀접한 연관이 있다〕에는 암석이나 부두의 말뚝 위를 뛰어다니는 '바다의 쥐며느리', 즉 바다바퀴 따위가 있다. 이들은 진즉에 물을 떠났으며 좀처럼 물로 돌아오지 않는다. 오히려 물에 오래 잠겨 있으면 익사하고 만다. 그 밖의 등각류는 외안에 서식하는데, 더러 해조 속에서 살아가며 해조의 빛깔과 형태를 따르기도 한다. 또 어떤 것은 조수 웅덩이에서 떼로 살아가며 더러 그곳을 지나는 인간의 피부를 물어 간지럽고 가려운 느낌을 안겨주기도 한다. 등각류는 대부분 썩은 고기를 먹는 바다의 청소부다. 어떤 것은 기생하고, 또 어떤 것은 전혀 무관한 동물 종과 함께 살아가는 공생의 습성을 보여준다.

이각류와 등각류는 바다로 알을 방출하는 대신 육아방에 새끼를 지니고 다닌다. 이런 습성은 육상 생활에 반드시 필요한 사전 준비로, 그중 일부가 해안 위쪽에서 살아가는 데 도움을 준다.

따개비

따개비는 만각류목(*Cirripedia*: 라틴어 cirrus는 '고리'라는

게

뜻)에 속하는데, 우아하게 구부러진 깃털 달린 부속지 때문에 그런 이름이 붙은 듯하다. 이들의 유생은 다른 많은 갑각류의 유생처럼 자유로운 생활을 하지만, 성체는 석회질로 이뤄진 껍데기에 들어가 살면서 암석을 비롯한 단단한 물체에 붙어 지낸다. 민조개삿갓은 가죽처럼 생긴 줄기를 이용해 붙어 있고, 고랑따개비는 몸통이 직접 붙어 있다. 민조개삿갓은 바다에서 살기도 하고, 배나 온갖 종류의 부유 물질에 붙어 지내기도 한다. 따개비 역시 고래의 피부나 바다거북의 등딱지에 붙어살기도 한다.

큰 갑각류(새우·게·바닷가재)는 우리에게 낯익을 뿐 아니라 전형적인 절지동물의 몸 구조를 잘 보여준다. 머리와 흉부는 대체로 하나로 합쳐져 단단한 껍데기, 즉 갑각에 싸여 있다. 오직 부속지만이 마디로 분화해 있다. 반면 유연한 뒷부분, 즉 꼬리 부분은 마디로 갈라져 있으며, 대체로 헤엄치는 데 큰 도움을 준다. 하지만 게는 꼬리 부분을 몸통 아래로 접어 놓는다.

절지동물은 자라면서 단단한 껍데기를 이따금씩 갈아줘야 한다. 이들은 흔히 등을 가로질러 난 좁고 가느다란 구멍을 통해 낡은 껍데기에서 빠져 나온다. 그 아래 수없이 접히고 주름진, 부드럽고 연한 새 껍데기가 들어 있다. 낡은 껍데기를 벗어던진 갑각류는 갑옷이 단단해질 때까지 적의 공격을 피해 격리된 채 며칠을 보낸다.

거미류강(*Arachnoidea*)은 한 분류군에는 투구게, 다른 다양한 분류군에는 거미와 진드기가 들어 있다. 이들 중에는 오직 일부만이 바다에서 살아간다. 투구게

투구게

는 분포 양상이 특이하다. 즉 미국 대서양 연안에 풍부하며, 유럽에는 살지 않고, 인도와 일본에 이르는 아시아 해안에는 세 가지 종이 서식한다. 투구게의 유생기는 캄브리아기의 삼엽충과 매우 흡사해서 그때 당시를 연상케 하므로 흔히 '살아 있는 화석'이라고 부른다. 투구게는 만이나 비교적 잔잔한 해안에 풍부하게 서식하며, 거기에서 조개, 갯지렁이, 그 밖에 작은 동물을 잡아먹고 산다. 이들은 초여름에 일찍 해안으로 나와서 모래에 구덩이를 파고 그 속에 알을 낳는다.

태형동물문: 이끼벌레, 막이끼벌레

태형동물문은 다양한 유형이 들어 있어 그 위상과 관련성이 불확실한 분류군이다. 특히 해안에 마른 채로 발견될 경우 해조류로 오인받기도 하는 이들은 복슬복슬한 식물처럼 생긴 동물이다. 어떤 이끼벌레는 해조류나 암석을 뒤덮으며 자라는 레이스처럼 생긴 단단하고 평평한 조각이다. 또 다른 유형은 젤라틴 같은 질감을 띤 것으로, 가지를 뻗으며 위로 자라는 형상이다. 모든 이끼벌레는 수많은 개별 폴립이 모여 있거나 군체를 이루며, 저마다 인접한 칸 속에 살면서 단일한 기질에 몸을 박고 있다.

피각화한 이끼벌레, 즉 막이끼벌레는 촘촘하게 칸막이가 쳐진 아름다운 모자이크 모양이며, 각 칸에는 얼핏 히드라충 폴립처럼 보이지만 완벽한 소화계, 체강, 단순한 신경계, 그 밖에 여러 고등동물의 특징을 지닌 촉수 달린 작은 동물들이 살아간다. 이끼벌레 군체를 이루는 개체들은 히드라충

이끼벌레

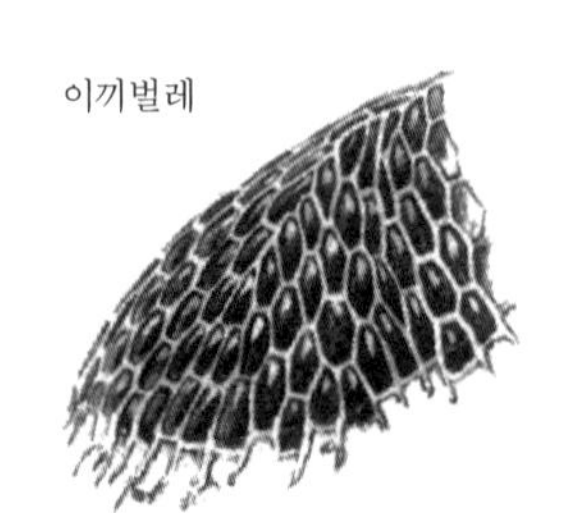

처럼 서로 연결되어 있지 않고 대개 각자 독립생활을 한다.

태형동물문은 캄브리아기에서 비롯한 오래된 분류군에 속한다. 초기 동물학자들은 이끼벌레를 해조라고 생각했으며, 나중에는 히드라충으로 분류했다. 이끼벌레 중 바다에 사는 것은 3000종에 달하지만 민물에 사는 것은 35종에 불과하다.

극피동물문: 불가사리, 성게, 거미불가사리, 해삼

극피동물은 모든 무척추동물 가운데 가장 진정한 의미의 바다 동물이라고 할 수 있다. 거의 5000종에 달하는 극피동물 중 단 한 종도 민물이나 육지에서 살아가지 않기 때문이다. 이들은 캄브리아기에 생겨나기 시작한 오래된 분류군이지만, 그때 이후 수억 년 동안 그 어떤 종도 육지의 삶으로 옮아가려는 시도조차 하지 않았다.

가장 초기의 극피동물은 갯나리류(crinoid)로, 고생대의 해저에 붙어살던 줄기 달린 형태다. 갯나리류 화석은 2100종이나 알려져 있는 데 반해, 현재 살아 있는 것은 800종에 그친다. 오늘날 대부분의 갯나리류는 동인도제도의 해역에서 살아간다. 서인도제도와 멀리 북쪽 해터러스곶에서도 얼마간 나타나긴 하지만 뉴잉글랜드의 얕은 바다에서는 전혀 살지 않는다.

해안에서 흔히 볼 수 있는 극피동물은 극피동물문의 나머지 4개 강으로 불가사리, 거미불가사리, 성게와 연잎성게, 그리고 해삼이다. 이 분류군에 속한 동물은 거듭해서 '5'라는 수를 강조한다. 많은 동물에게서 5 혹은 5의 배수로 된 구조가 되풀이해

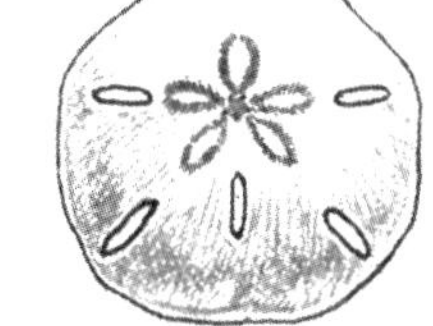
연잎성게

불가사리

나타나고 있어 그것이 이 분류군의 상징이다시피 하다.

불가사리는 몸이 납작하며 팔의 수가 제각각이긴 하지만, 통상적으로 끝이 뾰족한 팔이 5개 달려 있다. 피부는 짧은 가시들이 박힌 단단한 석회질 판 때문에 거칠거칠하다. 대부분의 불가사리 종은 낭창낭창한 줄기에 달린 작은 핀셋 모양의 구조물〔흔히 '차극(pedicellaria, 叉棘)'이라고 부른다〕이 피부에 나 있다. 이것은 피부에 모래 알갱이가 들러붙지 않게 하고, 착생형 유생이 얼씬거리지 못하도록 털어낸다. 주위에는 부드러운 장미 모양의 조직인 섬세한 호흡 기관들도 피부를 뚫고 튀어나와 있는데, 차극은 이 기관들이 먼지 따위에 막히지 않도록 치워주는 역할도 한다.

다른 극피동물과 마찬가지로, 불가사리도 이른바 수관계(水管系)가 있다. 수관계는 몸 전체에 뻗어 있는, 물로 가득 찬 일련의 관을 말한다. 주로 이동하거나 그 밖의 다른 기능을 하는 데 쓰인다. 불가사리는 위쪽 표면에 분명하게 보이는 천공판(madreporite, 穿孔板)을 통해 수관으로 바닷물을 빨아들인다. 바닷물은 수관을 따라 흐르다 마침내 팔 아래쪽 표면의 긴 홈에 늘어선, 수많은 짧고 유연한 관족까지 가닿는다. 각 관족은 끝에 흡반이 달려 있고, 정수압(hydrostatic pressure, 靜水壓)의 변화에 따라 늘어나거나 줄어든다. 관족이 늘어나면 흡반이 아래 놓인 암석이나 그 외 단단한 표면을 붙들게 되고, 그런 식으로 불가사리는 앞으로 나아간다. 이들은 관족을 사용해 먹이인 홍합의 껍데기나 기타 쌍각류 연체동물을 붙들기도 한다. 불가사리가 몸을 움직일 때면 여러 팔 가운데 어느 하나가 맨 먼저 앞장을 서는데, 이럴 경우 그 팔은 잠정적으로 '머리' 구실을 한다.

거미불가사리

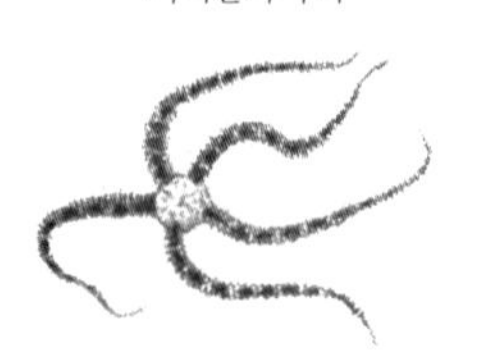

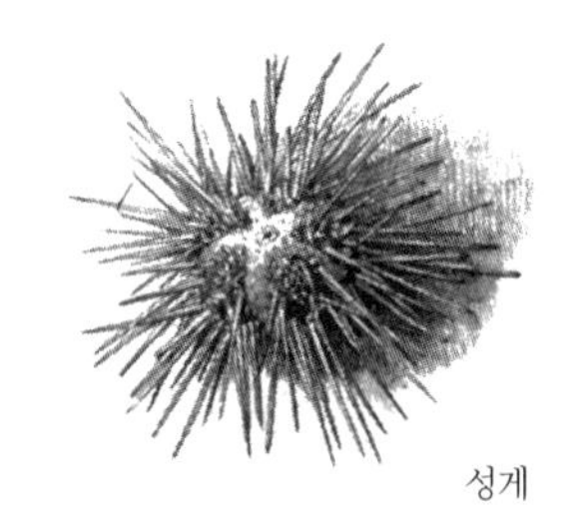
성게

호리호리하고 우아한 거미불가사리는 팔 밑에 도랑이 파여 있지 않고 관족의 수도 적다. 하지만 팔을 휘저으면서 재빨리 앞으로 나아갈 수 있다. 이들은 왕성한 포식자로서 여러 작은 동물을 잡아먹는다. 이따금 외안의 해저에서 살아가는 수많은 동물의 '삶터'에 드러눕기도 하는데, 이렇게 살아 있는 그물을 치고 있어 그 어떤 작은 동물도 무사히 바다 바닥에 다다를 수 없다.

성게는 자오선이 지구의 북극과 남극까지 길게 이어진 것처럼, 관족이 몸 위에서 아래까지 다섯 줄로 정렬해 있다. 성게의 골판은 둥근 개각 모양을 이루도록 섬세하게 관절로 이어 붙어 있다. 이 구조물에서 유일하게 움직일 수 있는 것은 개각에 난 구멍 밖으로 튀어나온 관족, 차극, 골판의 돌출된 부분에 난 가시뿐이다. 성게는 물 밖으로 나오면 관족이 움츠러들지만, 물에 잠겨 있을 때면 가시 너머로까지 늘어나 저질에 달라붙거나 먹이를 잡아먹는다. 관족은 감각을 느끼는 기능도 얼마간 담당한다. 여러 종에서 성게의 가시는 길이와 두께가 저마다 다르다.

입은 아래쪽 표면에 달려 있는데, 암석에 붙은 식물을 긁어 먹거나 이동을 도와주는 데 쓰는 5개의 반짝이는 흰 이빨에 둘러싸여 있다. (다른 무척추동물—이를테면 환형동물—은 깨물 수 있는 턱이 있지만, 성게는 갈거나 씹을 수 있는 조직을 가진 최초의 동물이다.) 이빨을 작동시키는 것은 동물학자들이 '아리스토텔레스의 등(Aristotle's lantern)'이라고 부르는 기관인데, 석회질의 막대와 근육으로 이루어져 있으며 성게의 안쪽에 돌출되어 있다. 위쪽 표면에는 중앙에 자리한 항문 구멍을 통해 소화관이 밖으로 드러나 있다. 소화관 주변에는 꽃잎처럼 생긴 5개의 판이 있는데, 여

아리스토텔레스의 등

기에 난자와 정자를 배출하는 구멍이 나 있다. 이 생식 기관은 위쪽 표면 바로 아래에 5개가 늘어서 있는데, 실제로 성게에서 유일하게 부드러운 부분이다. 사람들, 특히 지중해 연안국 사람들이 식용으로 성게를 찾는 이유는 바로 이 부분을 먹기 위해서다. 갈매기도 사람과 비슷한 목적으로 성게를 사냥한다. 녀석들은 성게를 암석 위에 떨어뜨려 개각을 박살낸 다음 안에 들어 있는 부드러운 부위를 꺼내 먹는다.

성게의 알은 세포의 본성을 탐구하는 생물학 연구에 널리 쓰여왔다. 1899년 자크 러브(Jacques Loeb)는 성게 알을 이용해 인위적인 단성생식(單性生殖)을 증명하는 역사적 연구에 성공했다. 화학 물질로 처리하거나 기계적 자극을 가하는 것만으로 미수정란을 발달하도록 만든 것이다.

해삼은 부드러우면서 길게 늘어나는 탄력 있는 몸을 지닌 신기한 극피동물이다. 가장 앞쪽 끝 입이 달린 면으로 기어 다니고, 그래서 이 문의 특징이랄 수 있는 방사 대칭이 아니라 기능상의 좌우 대칭으로 대체되었다. 관족이 있는 종의 경우, 기능상 몸 아래쪽 표면에만 줄이 3개 나 있다. 어떤 해삼은 굴을 파는 형태로, 몸 겉면에 박힌 작은 침골을 이용한다. 자신을 둘러싸고 있는 진흙이나 모래를 붙들고, 앞으로 나아가는 데 도움을 주기 위해 이들 침골의 형태는 종에 따라 제각각이다. 따라서 정확하게 종을 식별하려면 현미경으로 침골을 관찰해야 하는 경우도 생긴다. 열대 지방의 바다에서는 해삼이 풍부하게 살아가고 덩치도 크다. (이들이 바로 상업용으로 팔리는 '트레팡'이다.) 반면 북부 바다에서는 외안 바닥이나 조간대의 암석과 해조 속에서 그보다 작은 해삼이 서식한다.

해삼

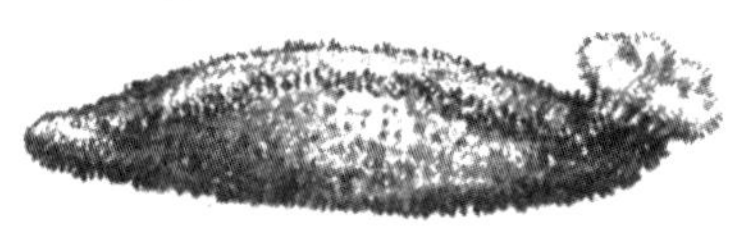

연체동물문: 조개, 고둥, 오징어, 딱지조개

연체동물은 껍데기가 더없이 다양하며 때로 복잡하고 아름답게 장식되어 있어 해안에 사는 그 어떤 동물보다 잘 알려져 있다. 이들은 하나의 분류군으로서 여느 무척추동물과도 다른 특징을 보여준다. 물론 좀더 초보적인 연체동물이나 이들 유생기의 특징을 보면 먼 조상이 편형동물의 조상과 비슷했겠다 싶기도 하지만 말이다. 이들은 딱딱한 껍데기의 보호를 받는, 흔히 체절이 없는 부드러운 몸을 지니고 있다. 가장 특징적인 연체동물의 구조는 바로 몸을 감싸고, 껍데기를 분비하고, 껍데기의 복잡한 구조와 장식을 책임지는 망토 모양의 조직, 곧 외투막이다.

제일 낯익은 연체동물은 고둥 모양의 복족류(gastropod)와 조개 모양의 쌍각류(bivalve)다. 가장 원시적인 연체동물은 굼뜨게 기어 다니는 딱지조개, 가장 덜 알려진 것은 뿔조개(tusk shell), 가장 고도로 발달한 강(綱)은 오징어로 대표되는 두족류다.

복족류의 껍데기는 단각류이고 한 덩어리로 되어 있으며, 똬리를 튼 나선형이다. 거의 모든 고둥은 '오른손잡이'다. 관찰자와 대면할 때면 이들의 입구가 언제나 오른쪽을 향해 있기 때문이다. 유일한 예외는 왼손잡이소라로, 플로리다 해변에서 가장 흔히 볼 수 있다. 이따금 왼손잡이 개체가 대체로 오른손잡이인 종들 속에서 발견되기도 한다. 어떤 복족류는 껍데기가 (군소에서 보듯) 체내 흔적 기관으로 바뀌기도 하고, (갯민숭이나 나새류에서 보듯) 완전히 소실되기도 한다. (물론 갯민숭이의 경우는 배아에서 나선형 껍데기가 존재한다.)

고둥

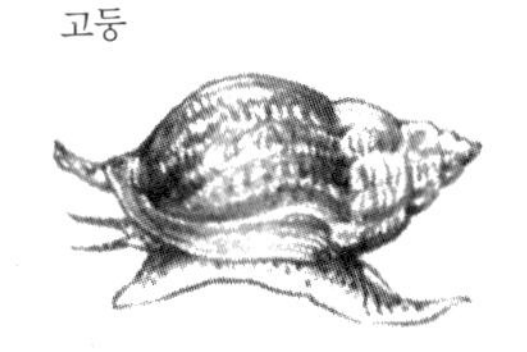

조개

고둥은 대체로 활달한 동물로, 암석에 붙은 식물성 먹이를 뜯어 먹으며 돌아다니는 초식동물임과 동시에 동물 먹잇감을 해치우는 육식동물이기도 하다. 착생을 하는 침배고둥은 예외다. 이들은 다른 조개껍데기나 해저에 몸을 붙인 채 굴·조개 같은 쌍각류처럼 물속의 규조류를 걸러 먹는다. 대부분의 고둥은 납작한 근육질 '발'로 미끄러지듯 움직이거나 그 발을 이용해 모래에 굴을 파기도 한다. 무언가로부터 공격받거나 저조 때가 되면 굴속으로 후퇴한 다음 딱지(operculum)라고 부르는 석회질 판으로 입구를 닫아버린다. 딱지의 형태와 구조는 종에 따라 천차만별이라 종을 식별할 때 요긴하게 쓰인다. 쌍각류를 뺀 다른 연체동물과 마찬가지로 복족류도 인두(pharynx, 咽頭) 바닥에(어떤 복족류 종은 긴 주둥이 끝에) 이빨이 촘촘히 박힌 치설이 있다. 치설은 식물을 긁어 먹거나 먹이를 사냥하기 위해 껍데기에 구멍을 뚫을 때 사용한다.

쌍각류는 일부 예외가 있긴 하지만 기본적으로 고착 생활을 한다. 굴을 비롯한 몇몇 쌍각류는 단단한 표면에 영구적으로 몸을 고정한다. 홍합을 포함한 일부 쌍각류는 견사처럼 생긴 족사를 분비함으로써 제 몸을 정박시킨다. 헤엄을 칠 수 있는 쌍각류는 얼마 되지 않는데, 가리비와 줄칼조개(lima clam)가 그 예다. 맛조개(razor clam)는 가느다랗고 뾰족한 발이 있는데, 이것을 사용해 믿기 어려운 속도로 모래나 진흙에 깊은 구멍을 판다.

쌍각류는 기질 속에 깊숙이 몸을 숨기고 있는데, 그렇게 할 수 있는 이유는 숨 쉬는 기다란 관, 즉 흡관을 갖고 있기 때문이다. 이들은 이 흡관을 통해 물을 빨아들이고 거기에 들어 있는 산소와 먹이를 흡수한다. 대부분 물속의 미세 유기물을 걸러서 먹고 사는 부유물 식자(suspension feeder)이지만, 꽃조개류나 코키나조개를 비롯한 일부 쌍각류는 해저에 쌓인 바다 생물의 잔해 속에서 살아가기도 한다. 쌍각류 중 육식성은 없다.

복족류와 쌍각류의 껍데기는 외투막에서 분비된다. 연체동물의 껍데기를 구성하는 기본적 화학 물질은 탄산칼슘으로, 외층인 방해석(calcite, 方解石)과 내층인 아라고나이트(aragonite: 화학 성분은 방해석과 같지만 더 무겁고 단단한 물질)의 성분이다. 연체동물의 껍데기에는 인산칼슘과 탄산마그네슘도 들어 있다. 이 석회 물질은 키틴과 화학적으로 결합하는 갑개기질(conchiolin, 甲介基質: 대다수 연체동물의 패각을 이루는 단백질—옮긴이)이라는 유기기질 위에 쌓인다. 외투막에는 껍데기를 분비하는 세포뿐 아니라 색소를 형성하는 세포도 들어 있다. 이 두 가지 종류의 세포가 활약함에 따라 연체동물의 껍데기에 놀라운 문양과 색채 패턴이 나타나는 것이다. 조개껍데기가 만들어지는 데는 환경, 혹은 동물 그 자체의 생물학적 기능 및 작용과 관련한 여러 요소가 영향을 끼친다. 그러나 기본적으로 유전 유형이 가장 결정적 요소라서 각각의 연체동물종은 다른 종과 구별되는 고유한 특색을 지닌 껍데기를 얻게 된다.

연체동물문의 세 번째 강은 두족류다. 그런데 두족류는 고둥이나 조개와 달리 얼핏 보아서는 그 관련성을 납득하기 어렵다. 과거에는 껍데기 달린 두족류가 바다를 점령했지만, 이제는 단 하나의 예외(앵무조개)를 뺀 모든 두족류들이 껍데기가 없으며, 그저 눈에 잘 띄지 않는 체내 흔적 기관만 보유하고 있을 뿐이다. 하나의 큰 분류군인 십각류(decapod)는 다리가 10개에 몸은 원통형이다. 십각류를 대표하는 것은 오징어, 스피룰라, 갑오징어(cuttlefish)다. 또 다른 분류군인 팔각류(octopod)는 다리가 8개 달린 자루 모양의 몸통을 지녔으며, 문어와 배낙지가 대표적이다.

오징어

오징어는 힘이 세고 민첩하다. 단거리 경주에서는 바다에서 제일 빠른 동물일 것이다. 이들은 헤엄을 칠 때 흡반으로 물줄기를 내뿜고, 이 흡반을 앞뒤로 가리킴으로써 이동 방향을 조절한다. 크기가 작은 종 가운데 일부는 무리를 지어서 헤엄치기도 한다. 오징어는 모두 육식성으로서 물고기, 갑각류, 그 밖에 여러 작은 무척추동물을 잡아먹는다. 다른 한편 대구·고등어 같은 큰 물고기에게 잡아먹히고, 사람들이 낚시할 때 가장 선호하는 미끼이기도 하다. 대왕오징어(giant squid)는 무척추동물 중 크기가 가장 크다. 뉴펀들랜드의 그랜드뱅크스에서 잡은 대왕오징어의 최대 기록은 다리를 포함한 길이가 무려 16.5미터에 달했다.

문어는 야행성 동물이며, 이들의 습성을 잘 아는 사람들 말에 따르면 겁이 많고 내성적이라고 한다. 이들은 구멍 속이나 바위틈에 살면서 게, 연체동물, 작은 물고기 따위를 잡아먹는다. 그래서 이따금 입구 주위에 빈 연체동물 껍데기가 수북이 쌓여 있는 것으로 미루어 거기에 문어 굴이 있음을 알아채기도 한다.

딱지조개는 원시적인 구조를 가진 연체동물목인 쌍신경류(*Amphineura*)에 속한다. 이들의 껍데기는 가로놓인 8개의 판을 단단한 육대(girdle, 肉帶)가 둘러싸고 있는 꼴이다. 이들은 암석 위를 느릿느릿 기어 다니면서 식물을 긁어 먹는다. 쉴 때는 홈에 들어앉아 있는데, 주위 환경과 어찌나 절묘하게 어우러지는지 거기에 있는지조차 알아차리지 못할 정도다. 서인도제도에 사는 원주민은 딱지조개를 바다에서 나는 쇠고기라 여기며 즐겨 먹는다.

딱지조개

연체동물의 다섯 번째 강은 잘 알려지지 않은 굴족류(scaphopod: 예를 들면 뿔조개)다. 이들의 껍데기는 코끼리 상아를 닮았는데, 길이가 2.5~10센티미터에 이르고 양쪽 끝이 뚫려 있다. 이들은 작고 뾰족한 발로 모랫바닥을 판다. 어떤 전문가는 이들의 구조가 모든 연체동물 조상의 구조와 유사하다고 본다. 그러나 이는 어디까지나 추측에 불과하다. 연체동물 중에서 가장 중요한 강들은 모두 캄브리아기 초기에 등장했으며, 그 조상들의 유형이 어떤 특징을 띠는지는 지극히 모호하기 때문이다. 뿔조개는 약 200종에 달하며, 모든 바다에 널리 분포한다. 하지만 조간대에 서식하는 종은 단 하나도 없다.

척삭동물문: 피낭동물아문(*Subphylum Tunicate*)

우렁쉥이는 흥미로운 초기의 척삭동물 분류군인 피낭동물 중 해안에서 가장 흔히 볼 수 있는 동물이다. 등뼈가 있는 척추동물의 선조 격인 척삭동물은 어느 때인가 단단해진 연골 물질의 긴 막대 모양을 하나 지니게 되었다. 이는 진화 과정에서 모든 고등동물이 갖게 되는 척추를 예고한다. 역설적으로 들릴지 모르지만, 성체 우렁쉥이는 생물학적 기능과 작용이 굴이나 조개와 약간 비슷해서 그 조직이 하등하고 단순한 생명체임을 알 수 있다. 척삭동물로서 특색이 분명하게 드러나는 것은 오직 유생기 때뿐이다. 유생은 비록 크기가 작긴 하지만 척삭과 꼬리가 있고 활발하게 헤엄친다는 점에서 올챙이와 매우 흡사하다. 유생기 막바지에 이르면 우렁쉥이는 어딘가에 정착해 몸을 붙인 다음 척삭동물로서 특징을 거의 잃

우렁쉥이

어버리고 훨씬 단순한 성체 유형으로 탈바꿈한다. 이는 진화에서 상당히 기이한 현상으로, 유생이 성체보다 진척된 특성을 더 많이 보여줌으로써 진보했다기보다 오히려 퇴보했다고 할 수 있다.

성체 우렁쉥이는 물을 들이마시고 내뱉는 데 사용하는 관처럼 생긴 2개의 구멍, 즉 흡관이 달린 자루 모양이다. 이른바 단생 우렁쉥이의 경우 각 동물은 분리된 개체로서 살아간다. 우렁쉥이는 단단한 외피, 곧 화학적으로 섬유소와 유사한 물질로 이뤄진 개각에 둘러싸여 있다. 이 개각에는 더러 모래나 부스러기가 들러붙어 일종의 매트를 이루므로, 우렁쉥이의 본모습이 좀처럼 분명하게 드러나지 않는다. 이런 식으로 우렁쉥이는 부두의 말뚝, 부유물, 바위 턱 위에서 소복이 자라곤 한다. 군생 우렁쉥이의 경우 수많은 개체가 단단한 젤라틴 물질에 몸을 박은 채 모여 산다. 단생 우렁쉥이와 달리, 이들은 군체의 창설자라고 할 수 있는 하나의 개체에서 무성생식을 통해 출아하는 식으로 번식한 결과다. 가장 지천으로 볼 수 있는 군생 우렁쉥이는 만두멍게다. 만두멍게는 암석 아랫면에서는 얇은 매트 형태로, 외안에서는 꼿꼿하게 위로 자란 두툼한 판(slab) 형태로 서식한다. 이따금 몸통에서 떨어져 나온 만두멍게 조각이 해안에 떠밀려오기도 한다. 군체를 이루는 개체들은 쉽게 눈에 띄지 않지만 현미경 아래 놓으면 표면에 구멍들이 보인다. 바로 개체 우렁쉥이가 바깥세계와 소통하는 통로다. 반면 아름다운 군생 우렁쉥이 판멍게에서는 개체들이 꽃 모양으로 무리 지어 있어 쉽게 눈에 띈다.

옮긴이의 글: 해안 생명체에 바치는 찬가

카슨은 《침묵의 봄》의 저자로 널리 알려져 있지만, 실상 그녀의 전문 분야이자 그녀가 가장 매혹을 느낀 것은 바다였다. 《바다의 가장자리》는 카슨의 바다 3부작 가운데 《바닷바람을 맞으며(Under the Sea Wind)》, 《우리를 둘러싼 바다(The Sea Around Us)》에 이은 마지막 작품이다. 그녀가 유일하게 일인칭 주어로 쓴 책이자 개인적 관찰 기록이며 일화 따위를 곁들인 책이다. 몇몇 사정으로 끝내 성사되진 않았지만, 살날이 얼마 남지 않았음을 직감한 카슨이 자신의 장례식에서 읽어달라고 부탁한 글귀가 바로 이 책 맺음말의 첫머리였던 만큼 그녀 자신이 가장 각별하게 여긴 책이기도 하다.

카슨의 데뷔작 《바닷바람을 맞으며》는 출간하고 며칠 안 되어 미국이 제2차 세계대전 참전이라는 소용돌이에 휘말리는 바람에 초판조차 제대로 소화하지 못하고 시장에서 쓸쓸히 사라졌다. 그녀는 이 일로 다시는 책을 쓸 수 없으리라 생각했을 만큼 쓰라린 패배감을 맛보았다. 하지만 그로부터 10년 만에 출세작 《우리를 둘러싼 바다》를 세상에 내놓으며 여봐란 듯 재기했다. (《우리를 둘러싼 바다》의 성공에 힘입어 《바닷바람을 맞으며》가 같은 출판사에서 재출간되었고 결국 그에 버금가는 성공을 거두었다.) 《우리를 둘러싼 바다》가 지질학·지구과학·물리학·화학·생물학 등 온갖 과학적 지식을 총망라한 바다에 관한 본격적 서사라면, 후속작 《바다의 가장자리》는 육지에서 바다 세계로 들어서는 문지방, 즉 해안의 생물학이라는 한층 작은 영역을 조망한다. 이 책은 독자의 반응이 전작만 못할까봐 전전긍긍하던 카슨의 우려를 보기 좋게 날려버리면서 그 못지않은 호응을 얻었다. 그녀가 한 번 수면 위로 떠올랐다 사라지고 마는 일회성 작가가 아님을 똑똑히 보여준 것이다.

카슨은 이 책에서 해안을 크게 암석 해안·모래 해안·산호 해안으로 나누고, 각 해안의 특징이며 그 안에서 살아가는 생명체의 면면을 자세히 소개한다. 미국은 드물게도 이 세 해안을 두루 갖춘 복받은 나라다. 우리나라에서도 암석 해안과 모래 해안은 쉽사리 찾아볼 수 있다. 특색에서 조금씩 차이가 나기는 하지만 세계적으로도 그런 사정은 마찬가지다. 그러나 산호 해안은 다르다. 본문에 언급한 대로 산호가 살아갈 수 있는 곳이 세계적으로 몇 군데에 지나지 않기 때문이다.

이 책을 번역하던 시기는 가족과 1년간 미국에 체류하던 때였다. 그래서 그사이 어느 때인가 가족 여행을 빙자해 플로리다주에 다녀올 수 있었다. 플로리다키스의 해변 표류물에서 해면, 바다병, 바다팬지, 해파리 등 이 책을 통해 알게 된 수많은 동식물의 잔해를 만났다. 또한 해변에 떠밀려온 살아 있는 고깔해파리를 한 마리 발견하고 이리저리 살펴보다 촉수에 쏘여 한동안 손가락이 마비되는 이색적인 체험도 했다. 키웨스트까지 이어진 플로리다키스와 에버글레이즈는 풍광이 단연 독특했다. 기반암인 석회암 위로 얇게 뒤덮인 광막한 평지 곳곳에 조각처럼 흩어져 있는 해먹과 맹그로브 습지, 줄기 중간부터 뿌리를 내리는 특징적인 맹그로브 지주

근과 그 부근에 모여 사는 갖가지 생명체, 바다를 떠다니다 암석이나 여울을 만나면 단단하게 뿌리를 내려 웬만한 힘을 가해서는 뽑히지 않는 맹그로브 순이 서서히 세력을 확장해 육지를 넓혀가는 광경…….

미국을 떠나기 직전 마지막 여행지는 카슨이 그토록 좋아해 결국 별장까지 짓고 생애 후반기에 오랜 기간 머문 메인주로 정했다. 암석 해안을 실컷 볼 수 있는 곳이다. 그런데 그녀의 별장이 자리한 곳에는 옛 자취가 제대로 보존되어 있지 않았다. 그녀가 조카의 아들 로저와 조수 웅덩이 관찰을 즐겼다는 연못(Rachel Carson Salt Pond Preserve)은 표시조차 허술해 찾아내는 것부터가 일이었다. 아무나 가져갈 수 있도록 팸플릿만 덩그마니 꽂혀 있을 뿐 관리도 엉망이고 찾는 이도 거의 없었다. 카슨의 흔적은 그 명성에 못 미칠 만큼 쇠락해 일명 '레이첼 카슨 테마 여행'에 나선 우리를 섭섭하게 만들었다. 카슨의 별장 부근을 배경으로 암석 해안의 특징이 잘 드러나는 바위에서 기념사진을 몇 장 찍는 것으로 아쉬움을 달랬다.

우리 가족이 살던 곳은 오하이오주 콜럼버스시였는데, 당시 운 좋게도 그곳 과학전시관(Center of Science and Industry, COSI)에서 40분짜리 영화 〈바다의 신비(Secret Ocean)〉를 관람할 수 있었다. 프랑스의 위대한 해양 탐험 선구자 자크 이브 쿠스토(Jacques Yves Cousteau)의 아들인 해양학자 장미셸 쿠스토(Jean-Michel Cousteau)가 직접 장비를 구비한 채 바닷속을 헤엄쳐 다니며 거기서 살아가는 생명체를 촬영하고 내레이션까지 맡은 탐사물이다. 책에서 만나본 해양 동식물을 살아 움직이는 기록 영화로 재회한 감동을 잊을 수 없다.

새로운 동식물 종이 등장할 때마다 관련 이미지 컷이며 동영상을 빠짐없이 찾아보았다. 인터넷이라는 바다에서 풍부하게 제공하는 수많은 시각 정보가 진짜 바닷속을 그려보는 데 많은 도움을 주었다. 카슨이 책을 쓴 때로부터 무려 60여 년이 흘렀고, 그간 정보를 구하는 환경도 몰라보게 달라졌다. 밥 하인스의 삽화가 책의 품격을 더해주고 책을 한결 화사하고 풍성하게 만들었지만, 총천연색 영상 시대에 보는 흑백사진 같은 아쉬움은 지울 수 없다. 독자 여러분도 필요할 때마다 인터넷에서 이미지나 영상 자료를 참조하면 도움이 될 것이다.

마지막으로 특별히 언급하고 싶은 사항이 하나 있다. 이 책은 대서양 연안에 살아가는 생명체를 다룬 책이라 그들에게 딱 들어맞는 우리말 이름을 찾아내는 게 여간 어려운 일이 아니었다. 책에 등장하는 생명체의 우리말 일반명 자체가 아예 없는 경우도 더러 있었다. 이럴 때는 부득이 편의상 역자가 나름대로 임시 이름을 지어 붙였다. 가령 'bladder wrack'을 '블래더랙'이라고 부르는 식이다. 다만 혼란을 피하기 위해 생물명이 처음 나올 때는, 예컨대 '블래더랙(bladder wrack)'처럼 우리말과 영어 일반명(혹은 학명)을 병기했다. 본문을 읽는 데 방해가 될 정도는 아니라고 보지만, 나름대로 최선을 다했음에도 생물명을 엄밀하게 표기하지 못한 부분이 군데군데 남아 있다. 이 점을 사전에 인정하면서 독자들의 양해를 구한다.

《바다의 가장자리》는 카슨의 글이 정말이지 아름답다는 것을 잘 보여주는 책이다. 게다가 해안의 생물학에 관한 지식을 제공하는 데 그치지 않고 바다의 가장자리인 해안을, 그 해안을 통해 설핏 엿보게 되는 바다를 무턱대고 사랑하도록 이끌어주는 책이기도 하다. 이 책에서 무엇보다 감명 깊었던 것은 물의 오르내림에 맞춰 먹이 사냥에 알맞은 깊이의 해변을 찾아 끊임없이 거처를 옮기는 모래파기게의 생애였다. 유튜브를 통해 그들이 달인의 몸놀림으로 모래를 파면서 몸을 숨기는 장면을 넋 놓고 바라보았다. 주어진 숙명에 순응하면서 숨 돌릴 새 없이 살아가는 그들의 고단한 삶을 보고 있자니 어쩐지 우리 인간이 마주한 생의 고난도 그와 같지 않을까 하는 숙연한 생각마저 들었다.

부모의 삶에 대해서는 도통 건성인 사춘기 막내딸이 누군가에게 "우리 엄마 요즘 '해물' 번역하세요"라던 말이 떠올라 픽 웃음이 난다. 갖은 해물과 즐거운 만남을 주선해준 에코리브르 박재환 대표님께 언제나처럼 깊이 감사드린다.

2018년 3월

김홍옥

찾아보기